山火事と地球の進化

BURNING PLANET

THE STORY OF FIRE THROUGH TIME

アンドルー・C・スコット著
Andrew C. Scott
矢野真千子訳　矢部淳解説

河出書房新社

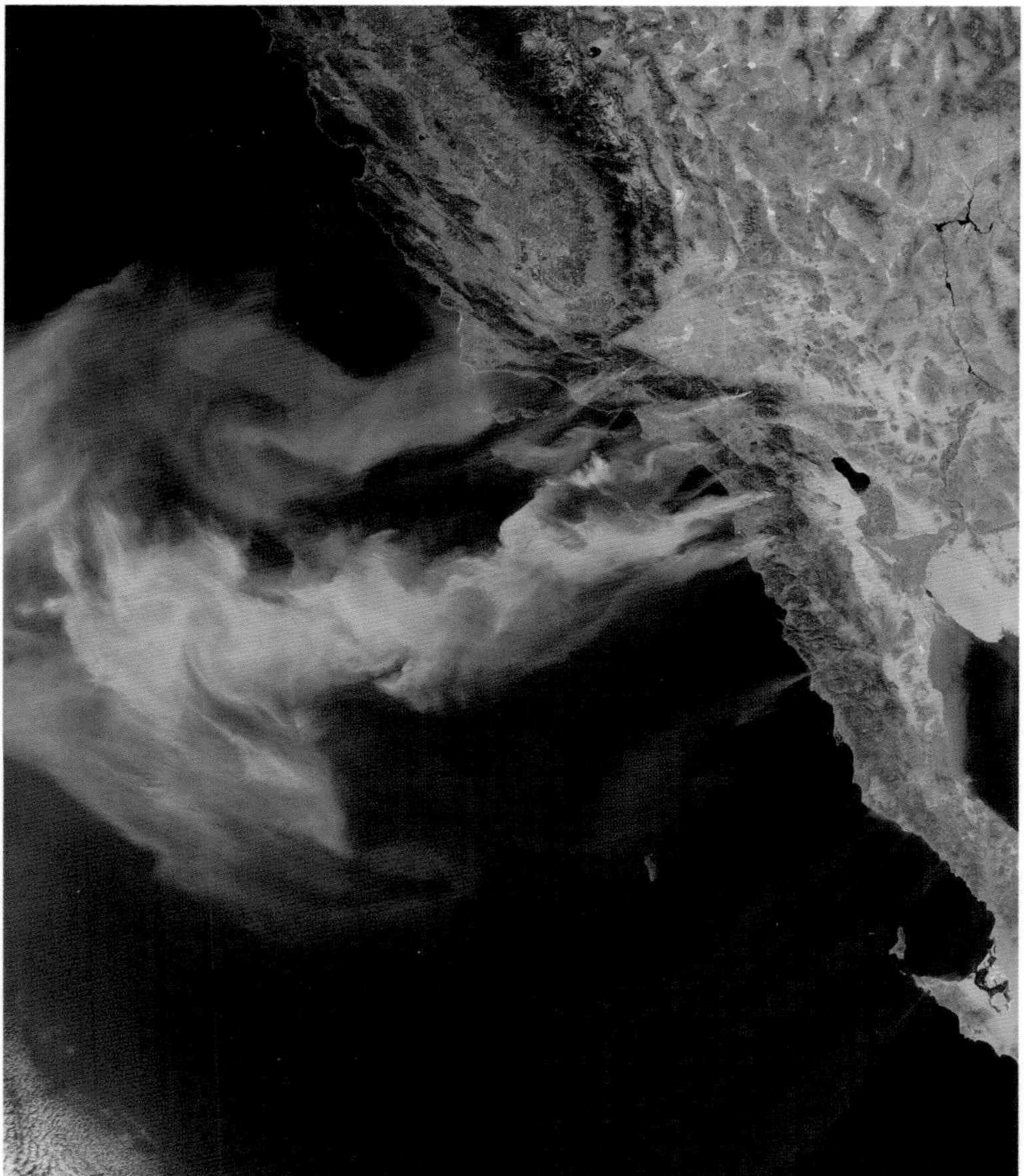

口絵１　2007 年 10 月のある日、人工衛星から見たカリフォルニアの複数の火事。煙プリュームが太平洋のはるか沖まで押しよせている。

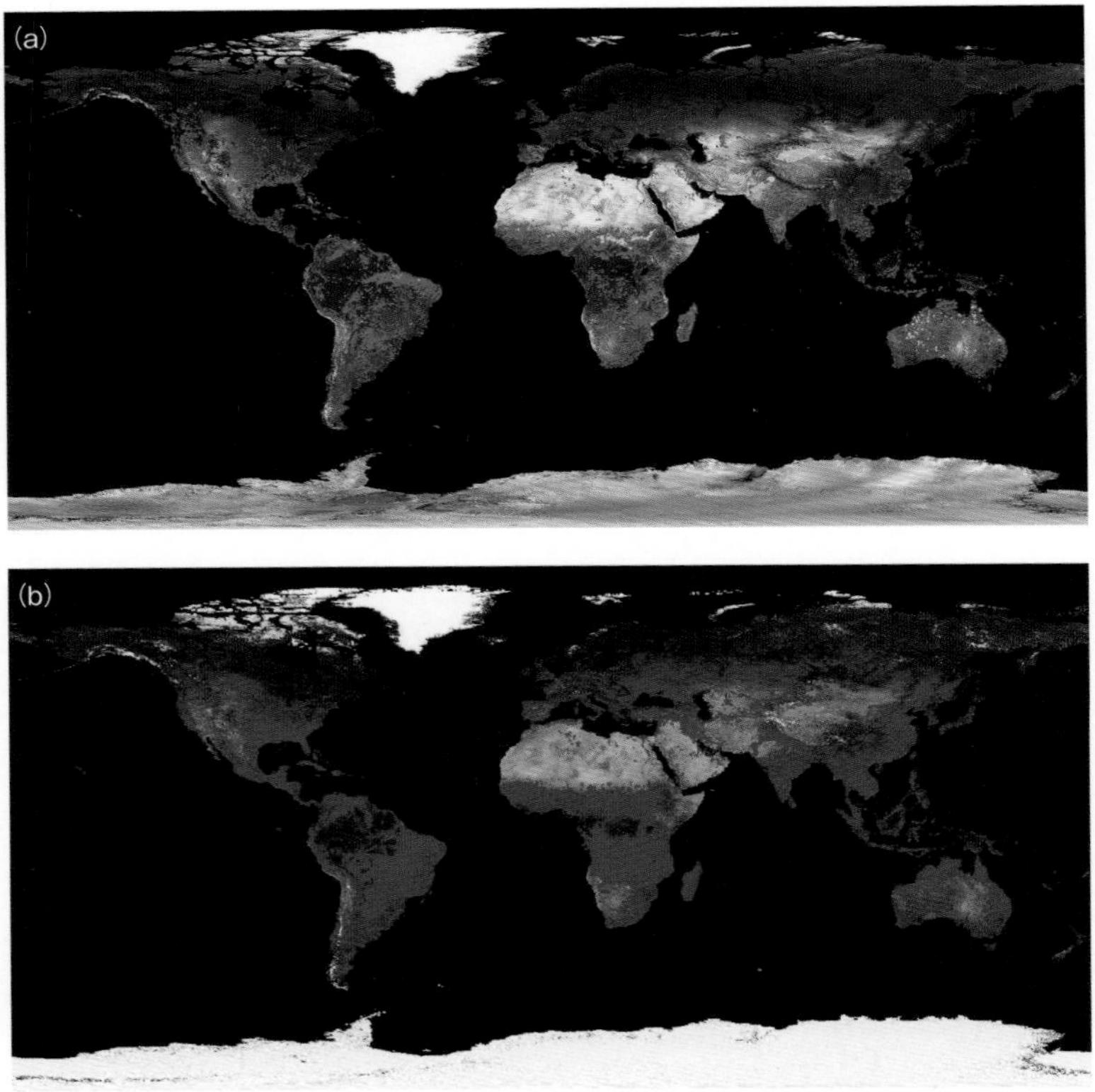

口絵 2　人工衛星が記録した全世界の火事。(a) 2013 年 1 月 1 日〜 10 日に燃焼中の火事。(b) 2016 年の 1 年間に発生したすべての火事を重ねたもの。

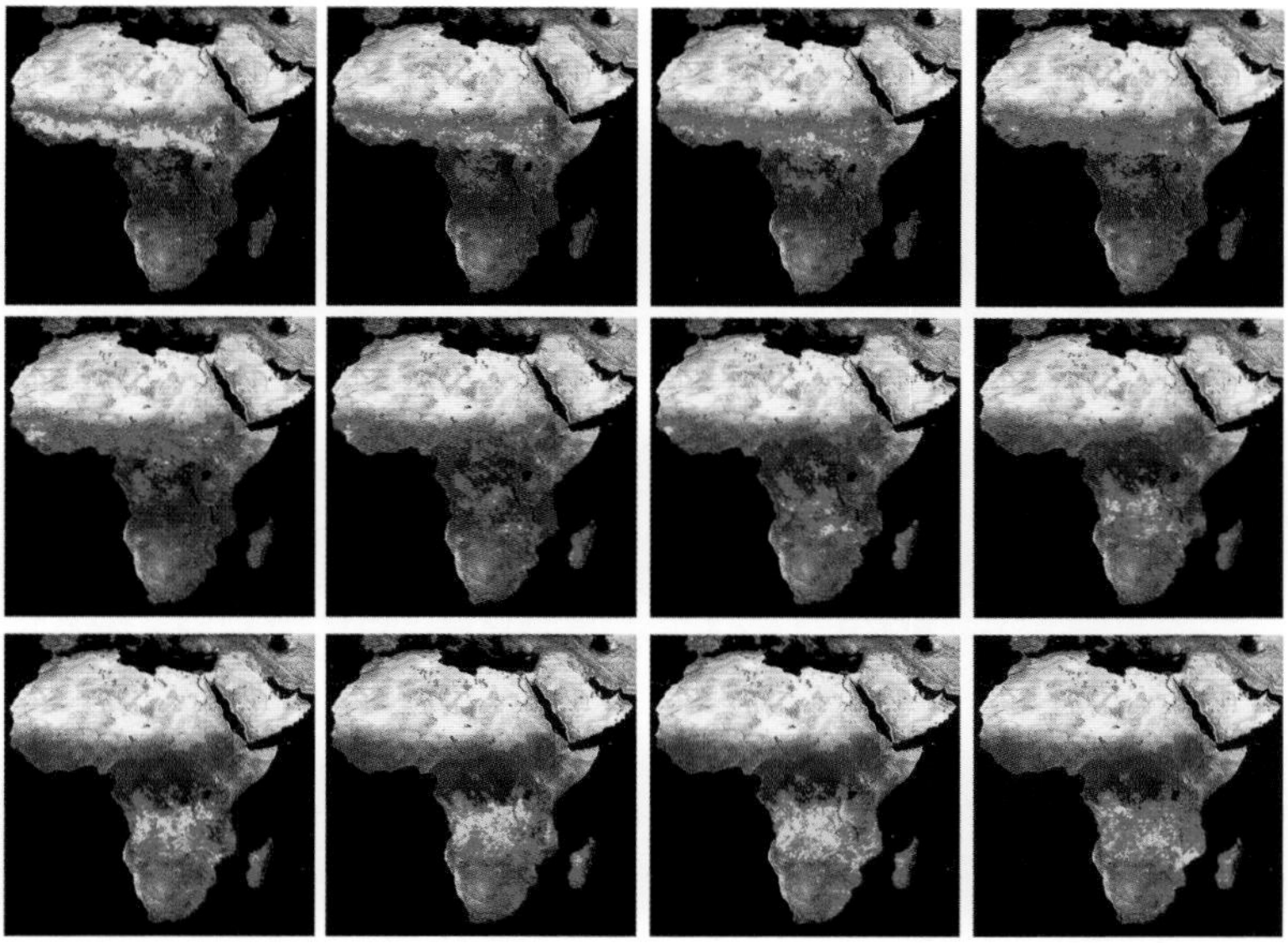

口絵3　人工衛星が記録したアフリカの火事。時期により火事が発生する地域が移り変わる。各画像は、2005年1月から8月上旬までの10日間おきの累積データ。上列左から、1月1～10日、1月21～30日、2月10～19日、3月2～11日。中列左から、3月22～31日、4月11～20日、5月1～10日、5月21～30日。下列左から、6月10～19日、6月30～7月9日、7月20～29日、8月9～18日。

口絵 4　カリフォルニア南部で 2015 年に起きたノース・ファイヤーは、幹線道路を越えて住宅地に飛び火し、住民の命を危険にさらした。

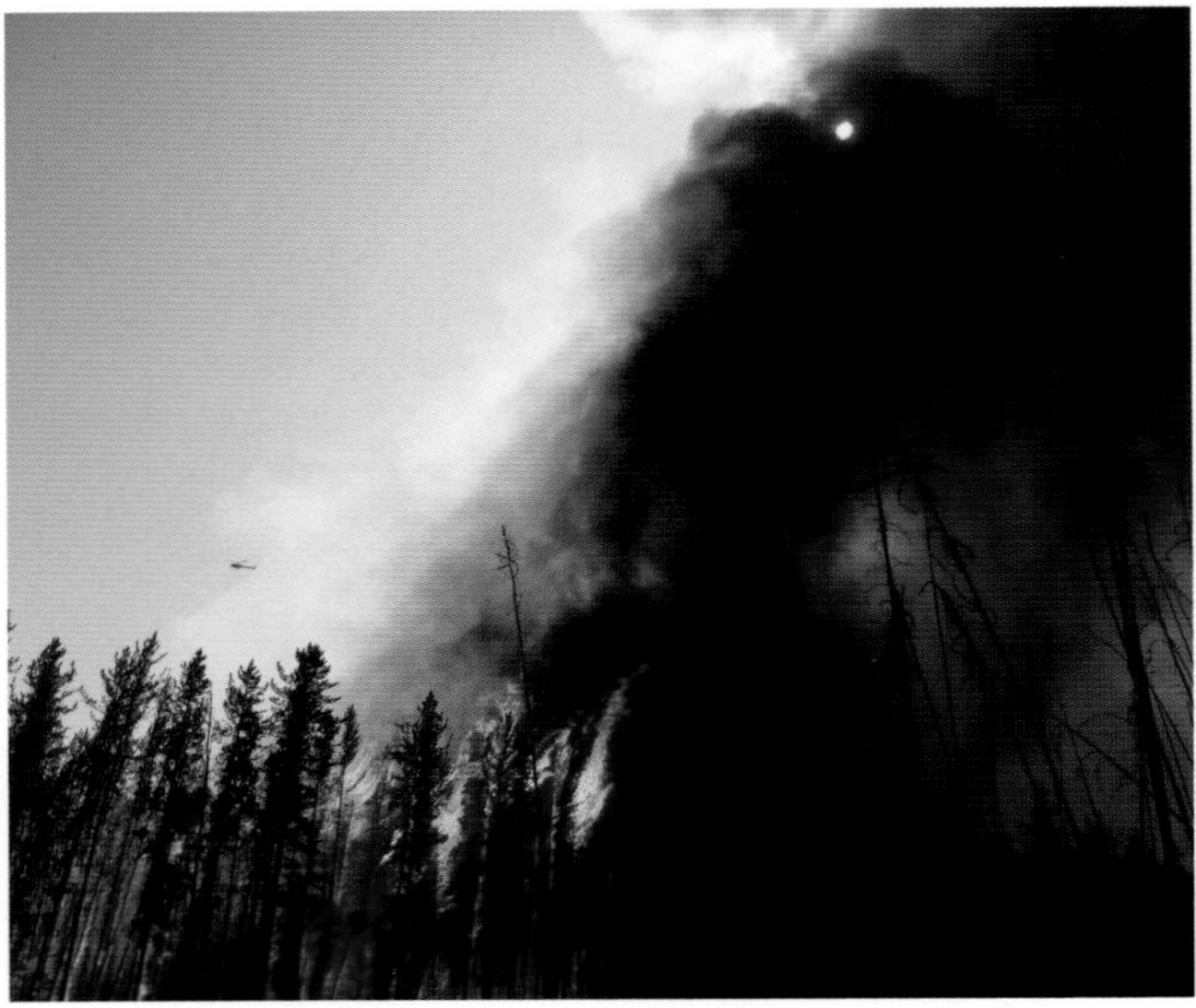

口絵 5　針葉樹林の火事から立ちのぼる真っ黒な煙。

口絵6　北米の山火事で、川に逃げてきたシカ。

口絵7　カナダの亜寒帯にあるバンクスマツとクロトウヒの森。地表火がはしご状の燃料をのぼって樹冠火になっている。

口絵8　オーストラリア南東部の乾燥した森林で起きた火災。ここの植生はユーカリなどの硬葉《こうよう》樹林。勢いを増した地表火が、一本の木をつたって樹冠火となっている。

口絵 9　中新世（2000 万年前）のリグナイト（褐炭）に含まれる木炭。ドイツのケルン近くの炭鉱にて。木炭は 1cm 角の立方体で、黒く光っている。

口絵 10　スコットランド、バーウィックシャーの石炭紀前期（3 億 2500 万年前）の堆積層から出た大胞子嚢。黒いのは木炭。茶色いのは木炭になっていないもの。木炭になった茎も保存されている。

口絵 11　空洞になったリコファイテの幹に砂岩がつまっている。ノヴァ・スコシア、ジョギンズの石炭紀後期（3 億年前）の岩石。

口絵 12　ノヴァ・スコシア、ジョギンズの石炭紀後期（3 億年前）の四肢動物の復元図。火事により内側が空洞になった木の幹が、つぎに火事が起きたとき、小動物の隠れ家あるいは避難所になった。

口絵 13　白亜紀の「火事だらけの世界」の復元図。火から逃れようとする恐竜たち（ストルティオミムス）が描かれている。

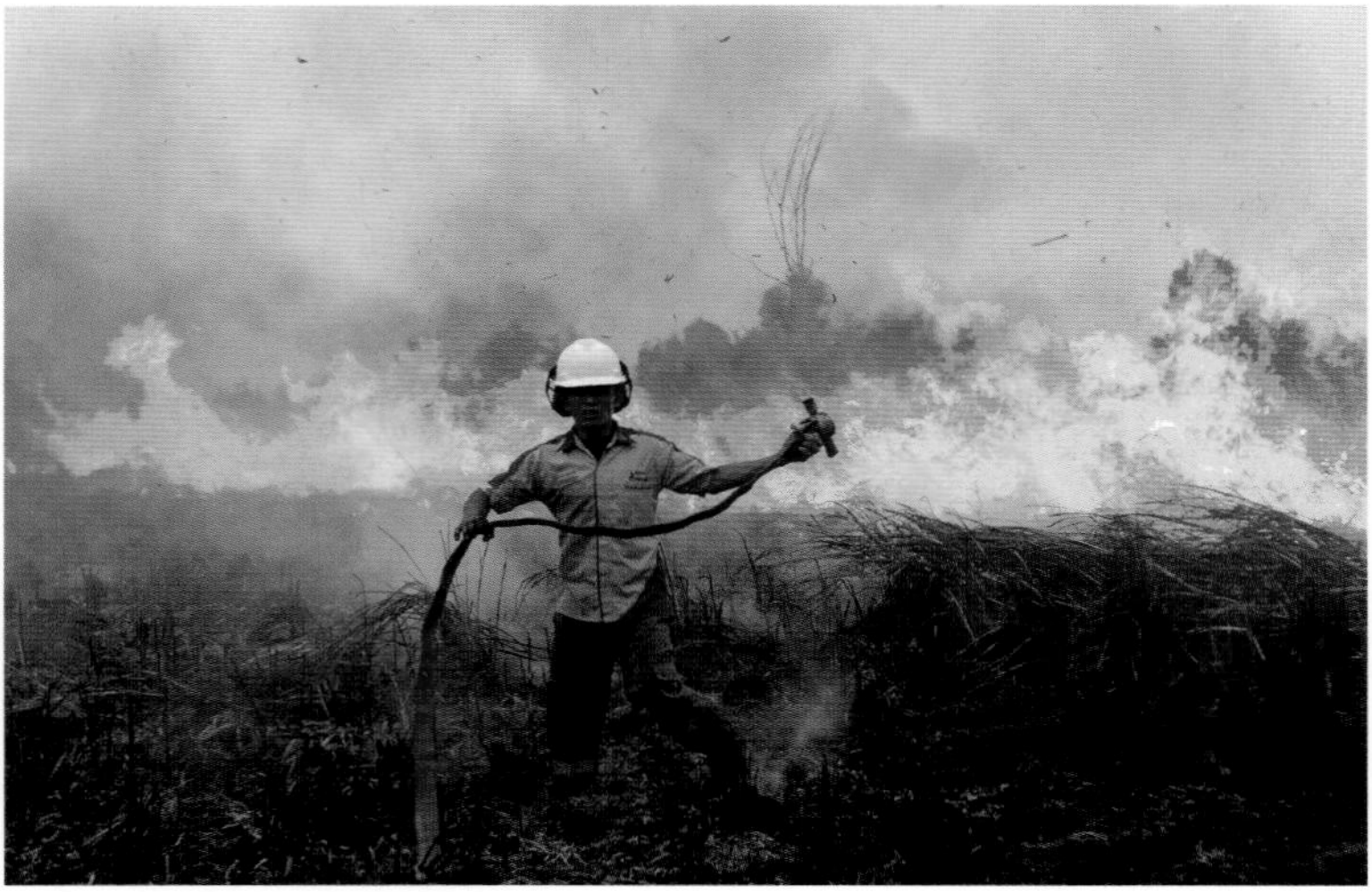

口絵 14　インドネシアの泥炭火災。

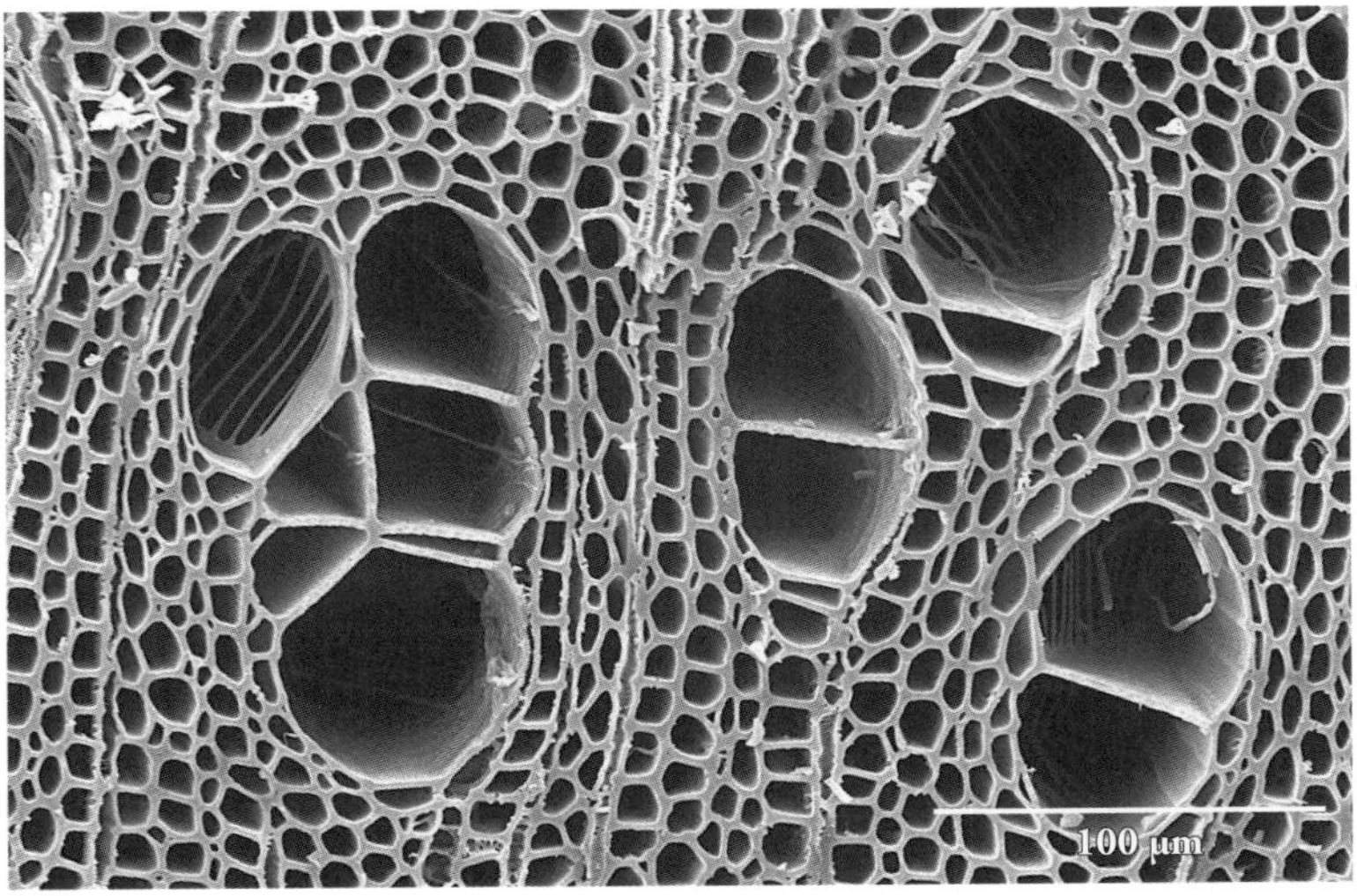

口絵 15　走査型電子顕微鏡で観察したカバノキ類の木炭。組織構造が良好に保存されている。小さい細胞は仮道管（木部の通水細胞）、大きい細胞は道管である。

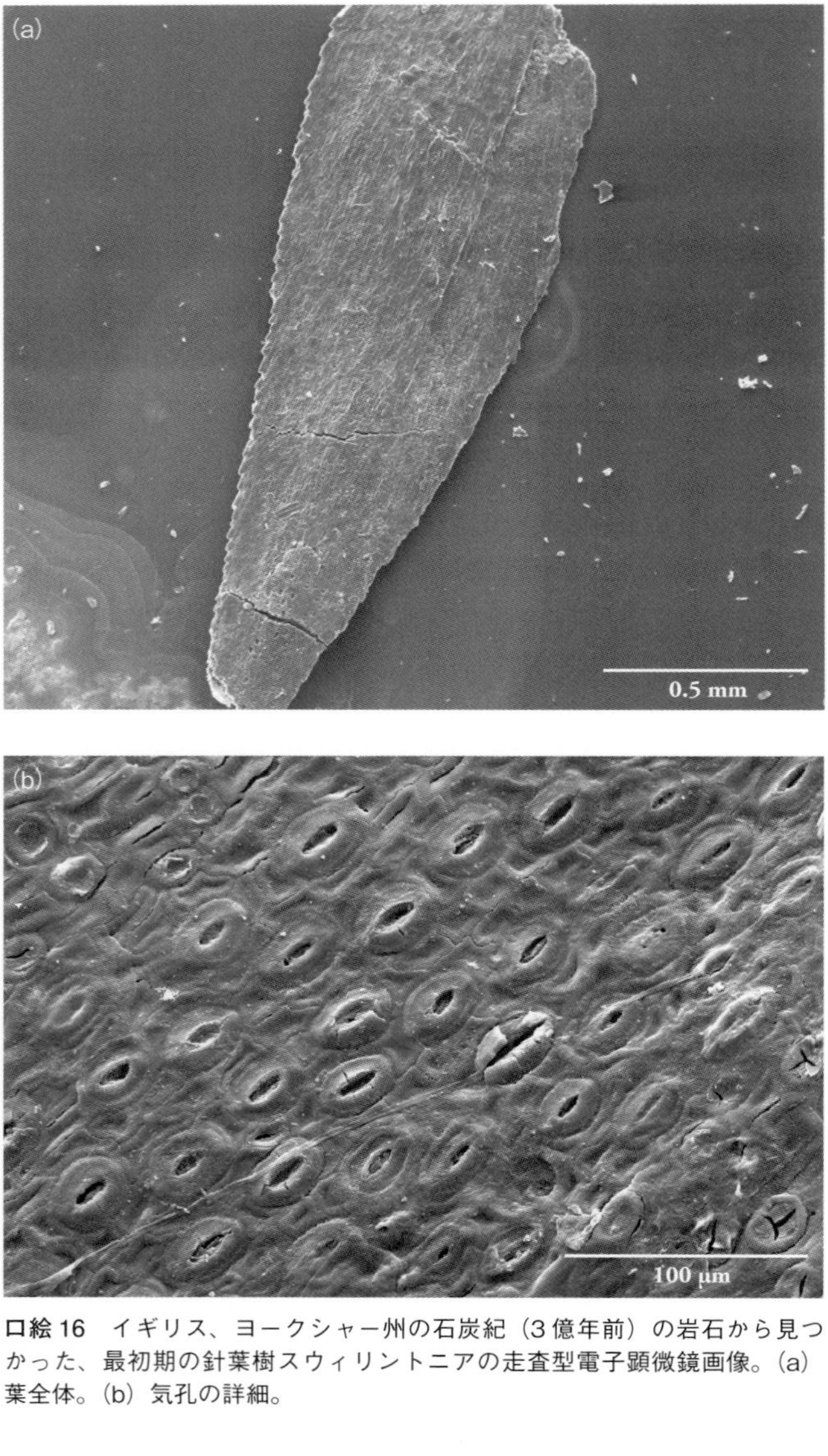

口絵 16　イギリス、ヨークシャー州の石炭紀（3 億年前）の岩石から見つかった、最初期の針葉樹スウィリントニアの走査型電子顕微鏡画像。(a) 葉全体。(b) 気孔の詳細。

(a)

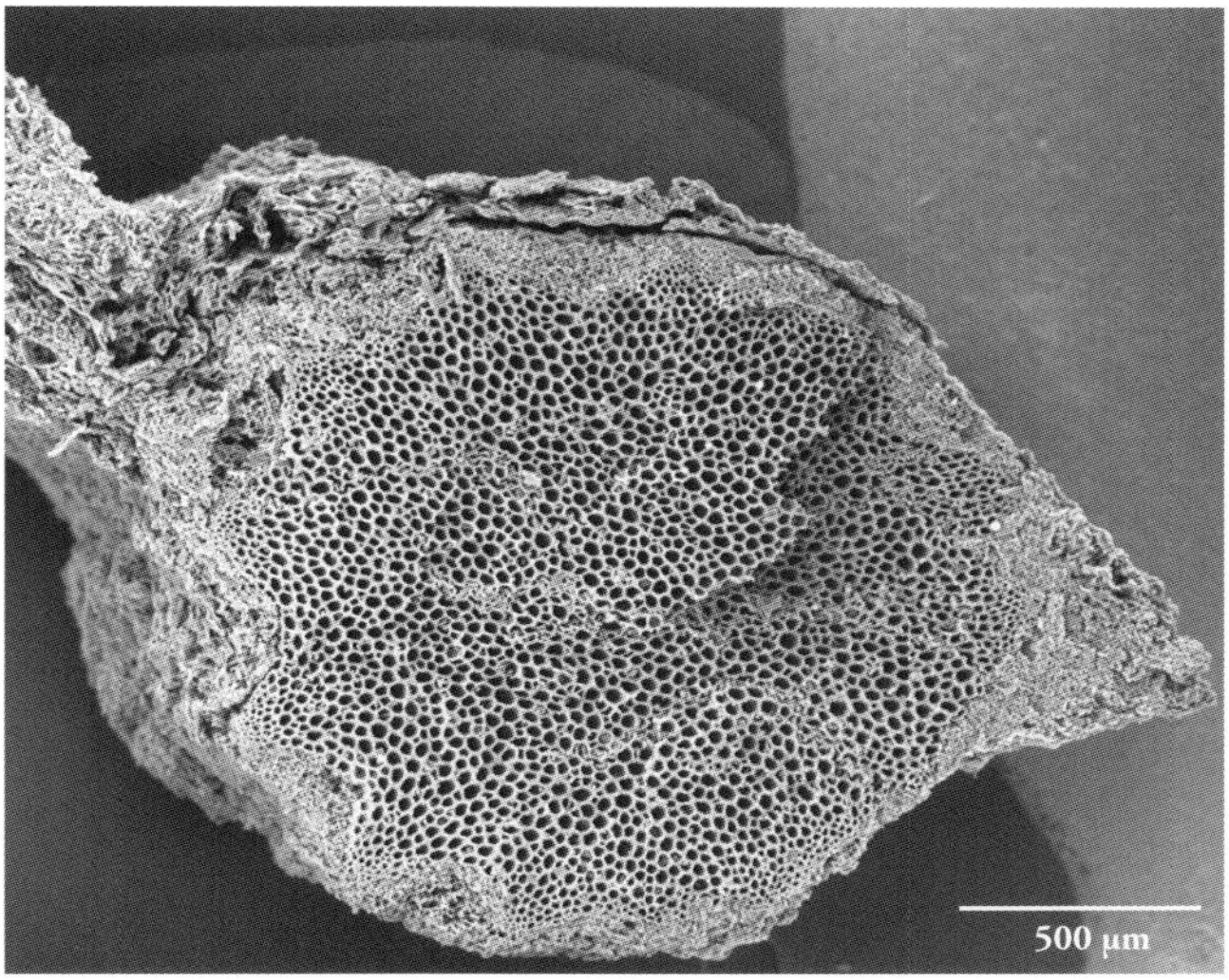

(b)

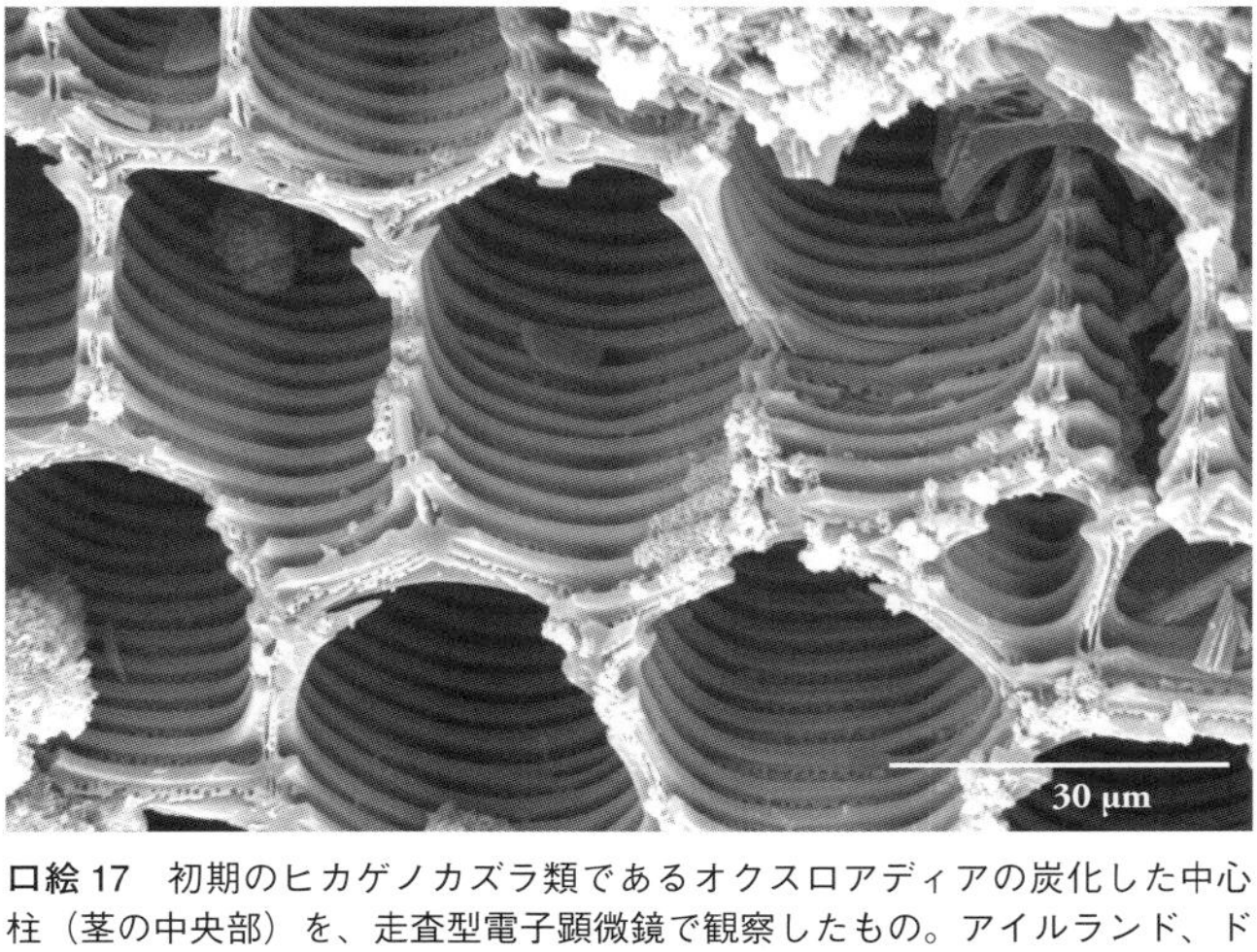

口絵 17　初期のヒカゲノカズラ類であるオクスロアディアの炭化した中心柱（茎の中央部）を、走査型電子顕微鏡で観察したもの。アイルランド、ドニゴールのシャルウィー湾にある石炭紀前期（3 億 2500 万年前）の堆積層より。この標本は、岩石を酸で溶かして取り出したもの。(a) 中心柱の全部。(b) 肥厚した棒状のものが見える仮道管の細部。

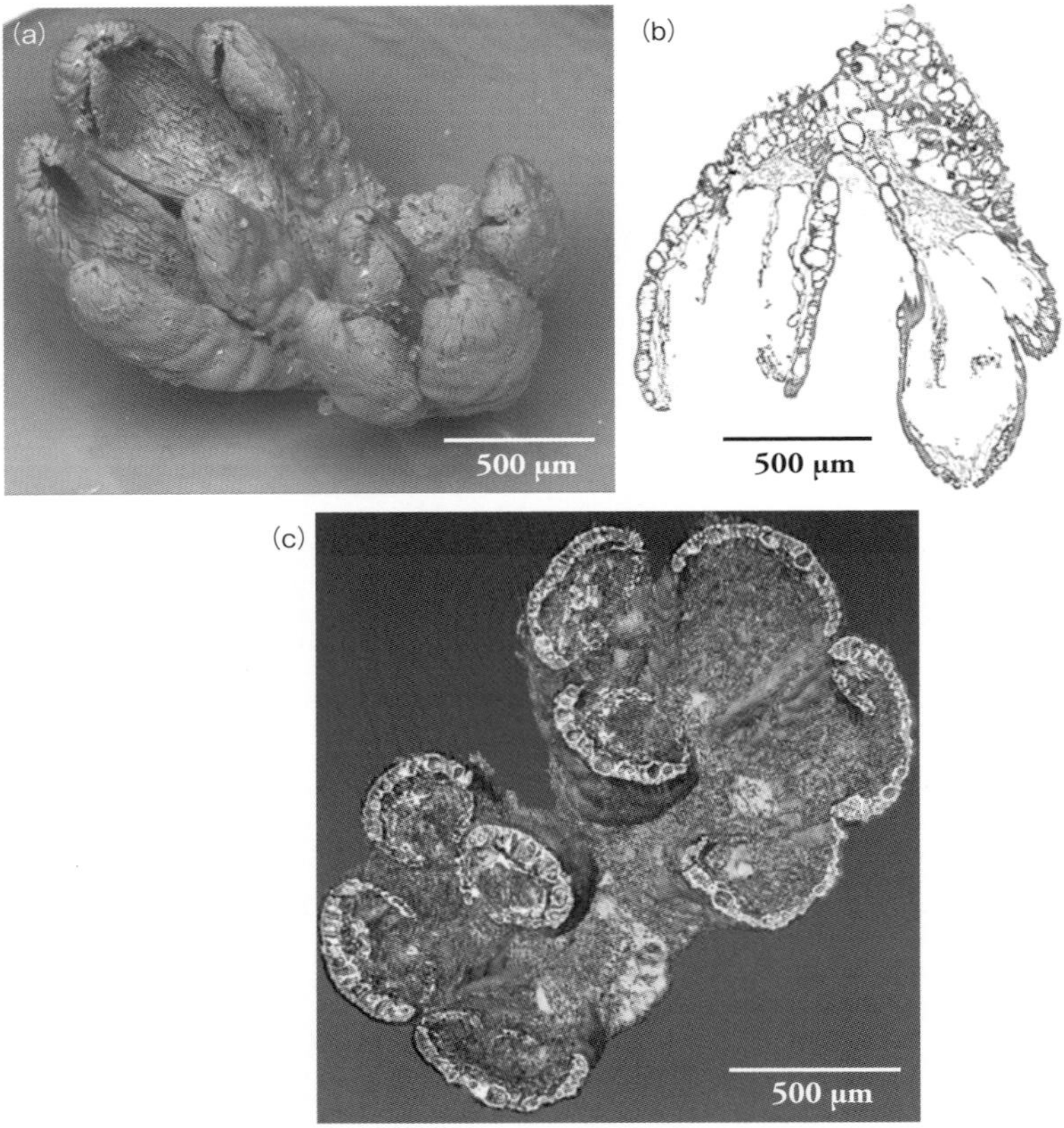

口絵 18　(a) スコットランドの石炭紀 (3 億 3500 万年前) の岩石から出た生殖器官の走査型電子顕微鏡画像。(b) 同じ標本をシンクロトロン X 線断層撮影した仮想断面。(c) 再建された三次元画像。

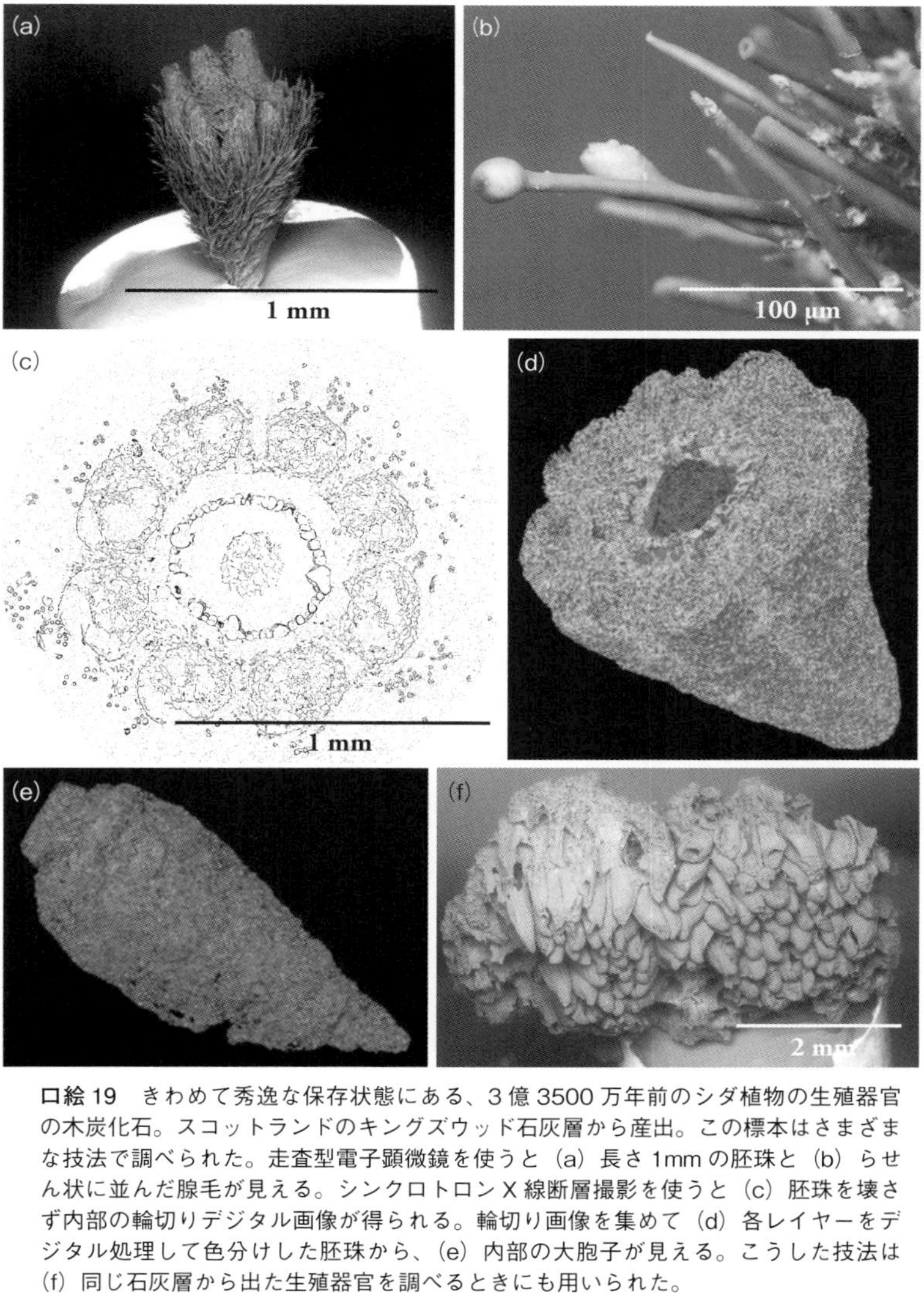

口絵 19　きわめて秀逸な保存状態にある、3 億 3500 万年前のシダ植物の生殖器官の木炭化石。スコットランドのキングズウッド石灰層から産出。この標本はさまざまな技法で調べられた。走査型電子顕微鏡を使うと（a）長さ 1mm の胚珠と（b）らせん状に並んだ腺毛が見える。シンクロトロン X 線断層撮影を使うと（c）胚珠を壊さず内部の輪切りデジタル画像が得られる。輪切り画像を集めて（d）各レイヤーをデジタル処理して色分けした胚珠から、（e）内部の大胞子が見える。こうした技法は（f）同じ石灰層から出た生殖器官を調べるときにも用いられた。

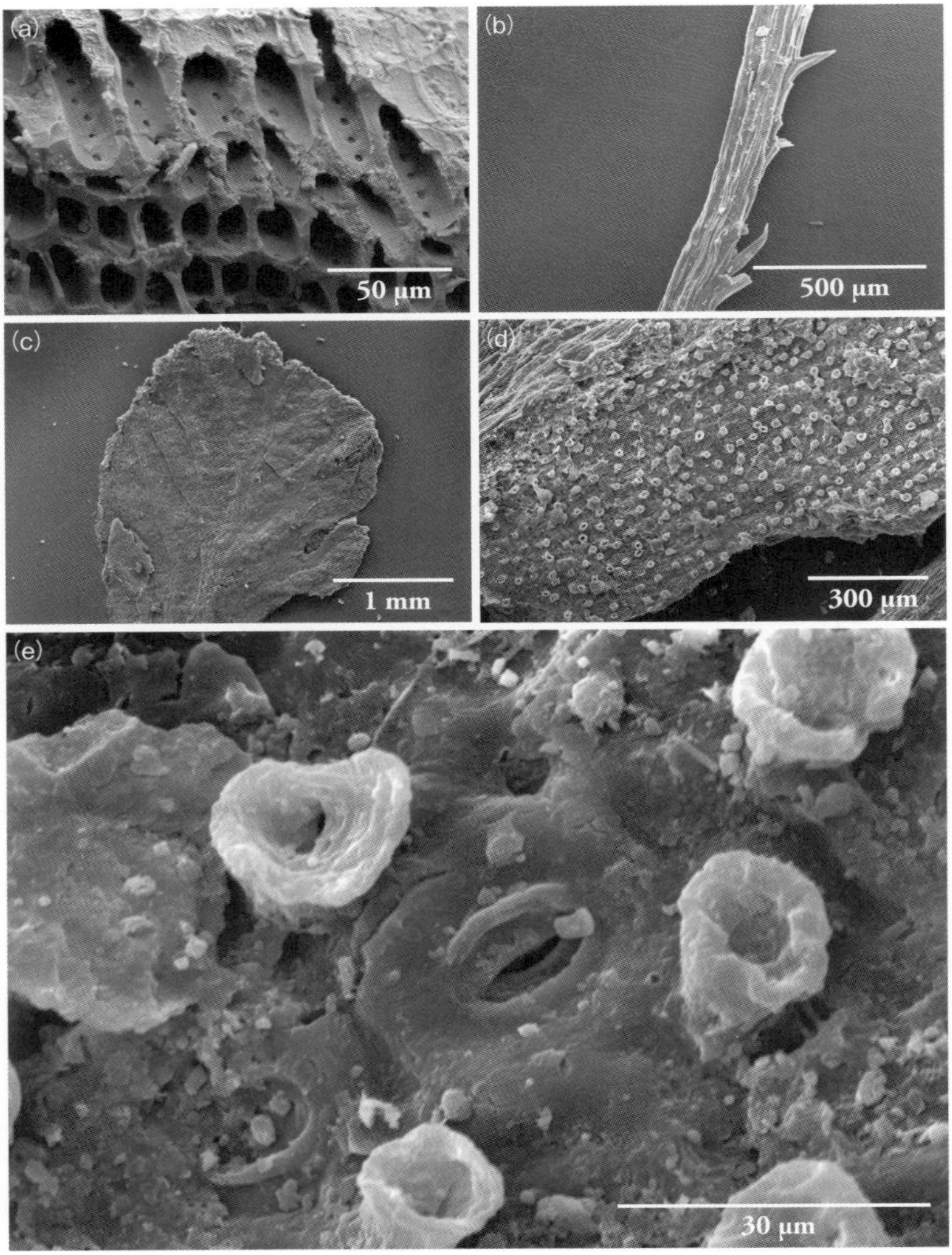

口絵 20　イギリス、ヨークシャー州リーズ近郊のスウィリントン採石場にあった石炭紀（3 億 1000 万年前）の夾炭層から出てきた植物片。一連の植物および植物器官を走査型電子顕微鏡で観察したところ、構造の詳細が美しく保存されていることが浮かび上がった。(a) コルダイテスの木部。(b) トゲのある軸。(c) シダ種子類の葉。(d) コルダイテスの葉。(e) コルダイテスの葉にある気孔と突起の詳細。

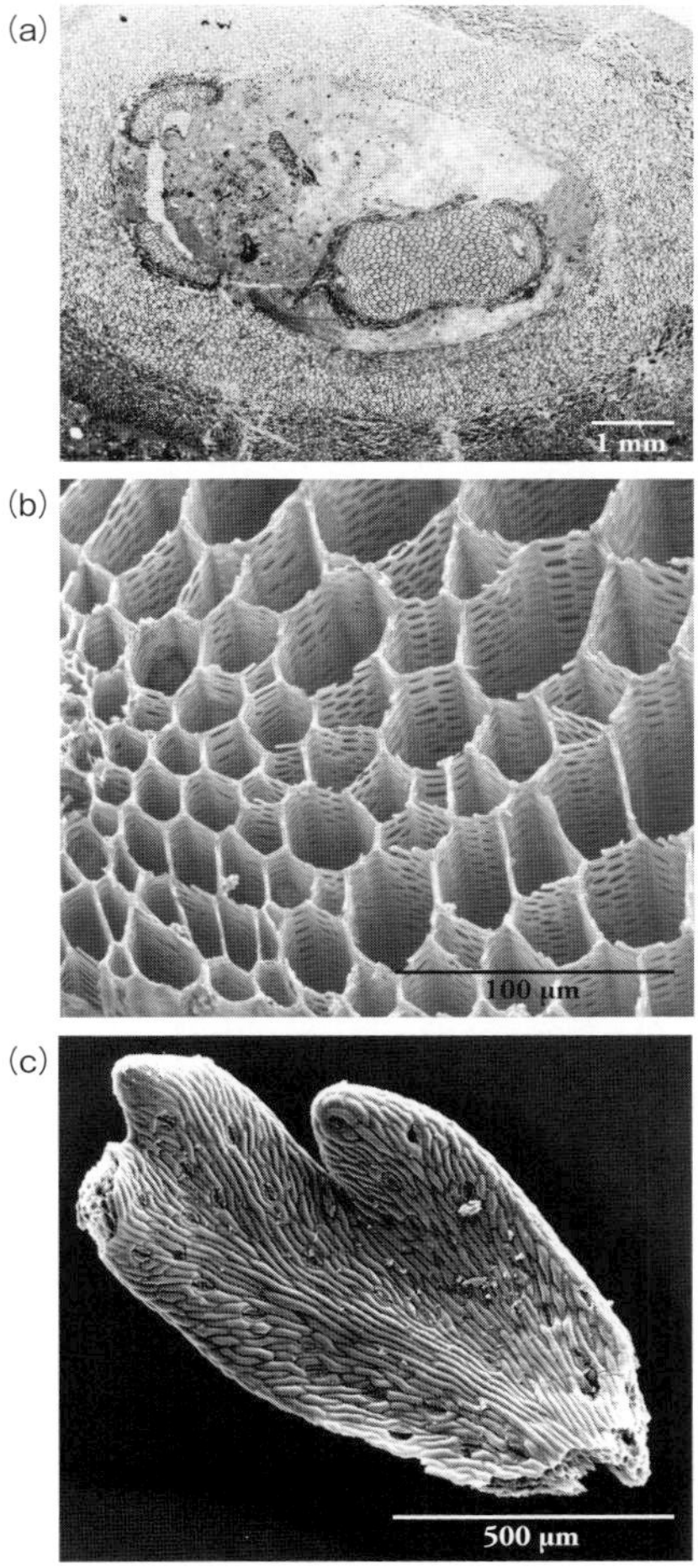

口絵 21　(a) スコットランド、ペティーカーの石炭紀前期(3 億 3500 万年前)の石灰岩に保存されていた黒い木炭片。(b) 走査型電子顕微鏡によるシダの主茎(葉軸)の画像。(c) シダ種子植物の葉。気孔までよく保存されている。気孔の密度から、大気中の二酸化炭素濃度が推測できる。

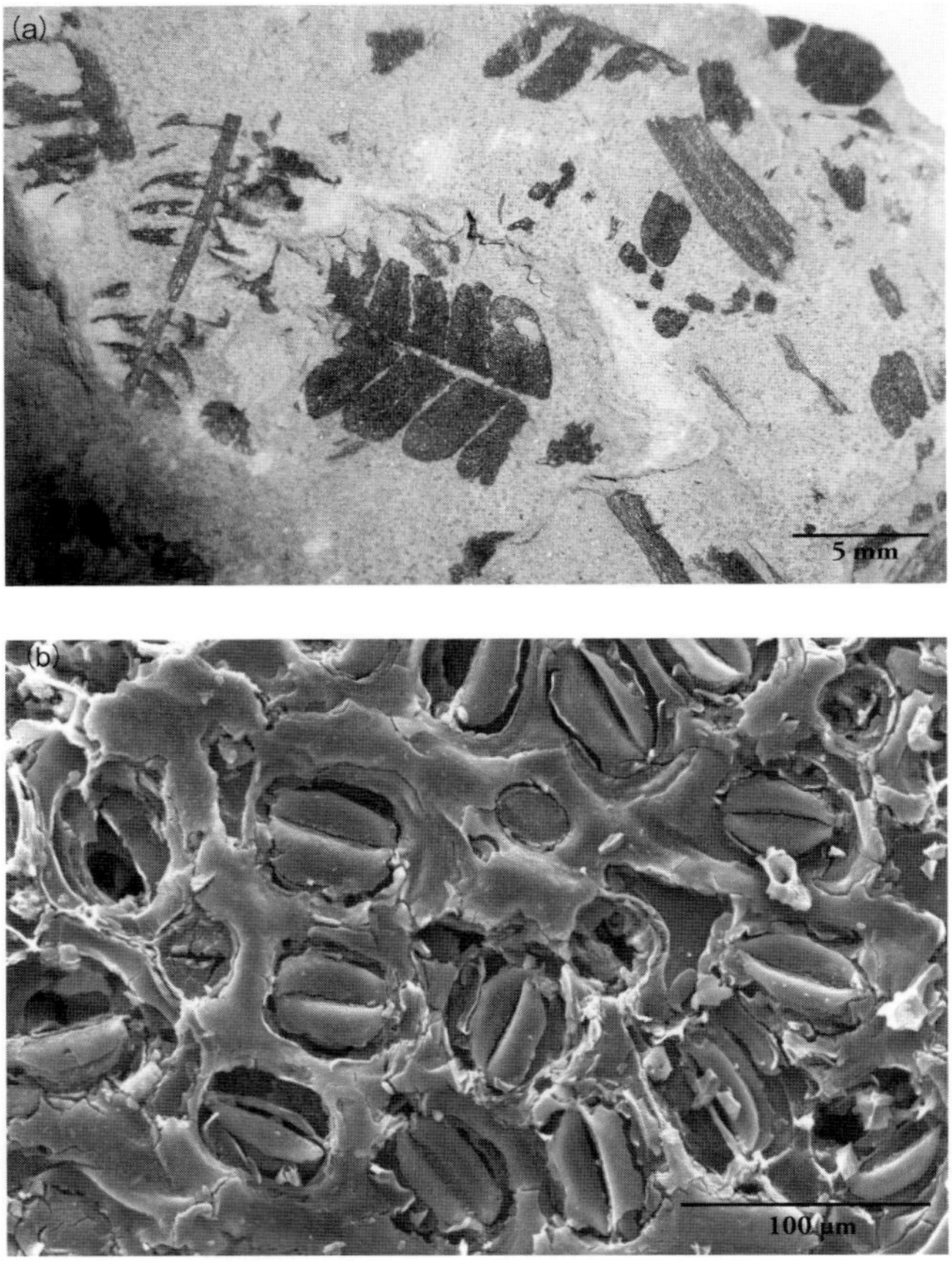

口絵 22　(a) イギリス、ワイト島の白亜紀前期（1 億 2000 万年前）のウィールデン層から出た木炭。炭化したシダが含まれている。(b) その組織構造を走査型電子顕微鏡で観察したもの。葉の裏側に無数の気孔（ガス交換するための開口部）が見える。

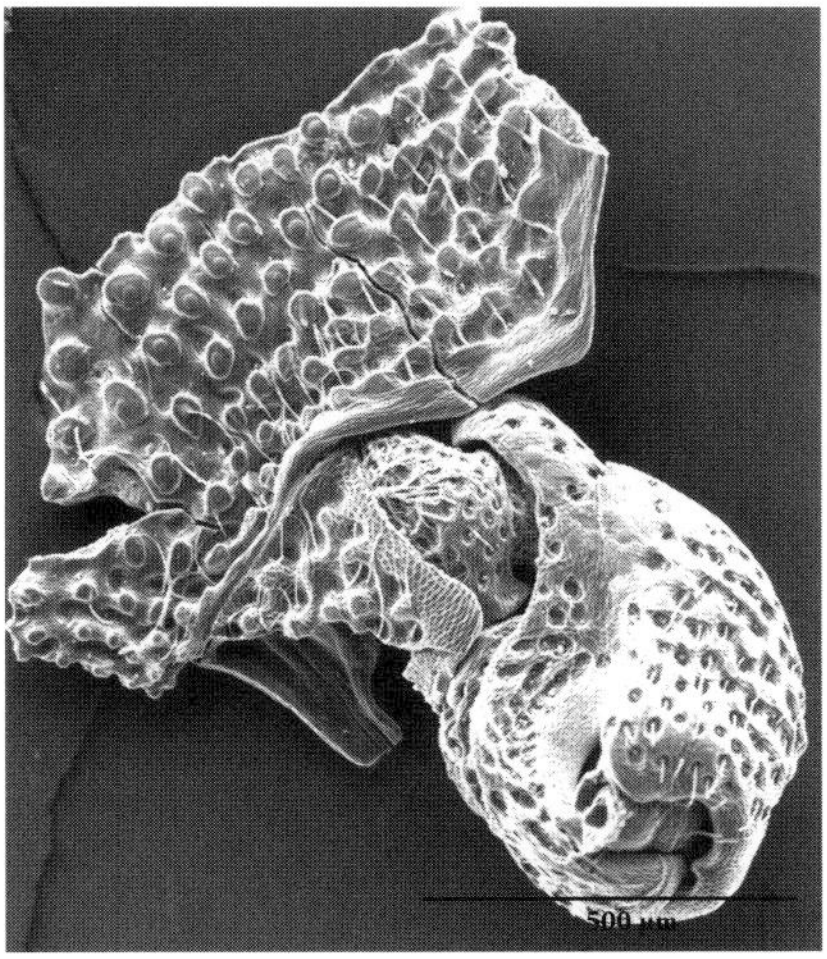

口絵 23　ベルギーの白亜紀前期（1 億 2000 万年前）のウィールデン層から出た木炭。炭化した植物が集まって厚い層になっており、走査型電子顕微鏡で観察すると、大量の植物木炭化石はもちろんのこと、炭化した昆虫の一部まで見える。

口絵 24　(a–c) アメリカ、ジョージア州の白亜紀（1 億 1000 万年前）の炭化した花の、走査型電子顕微鏡による画像。(d) スウェーデンから出たスカンジアンスス（9000 万年前）。

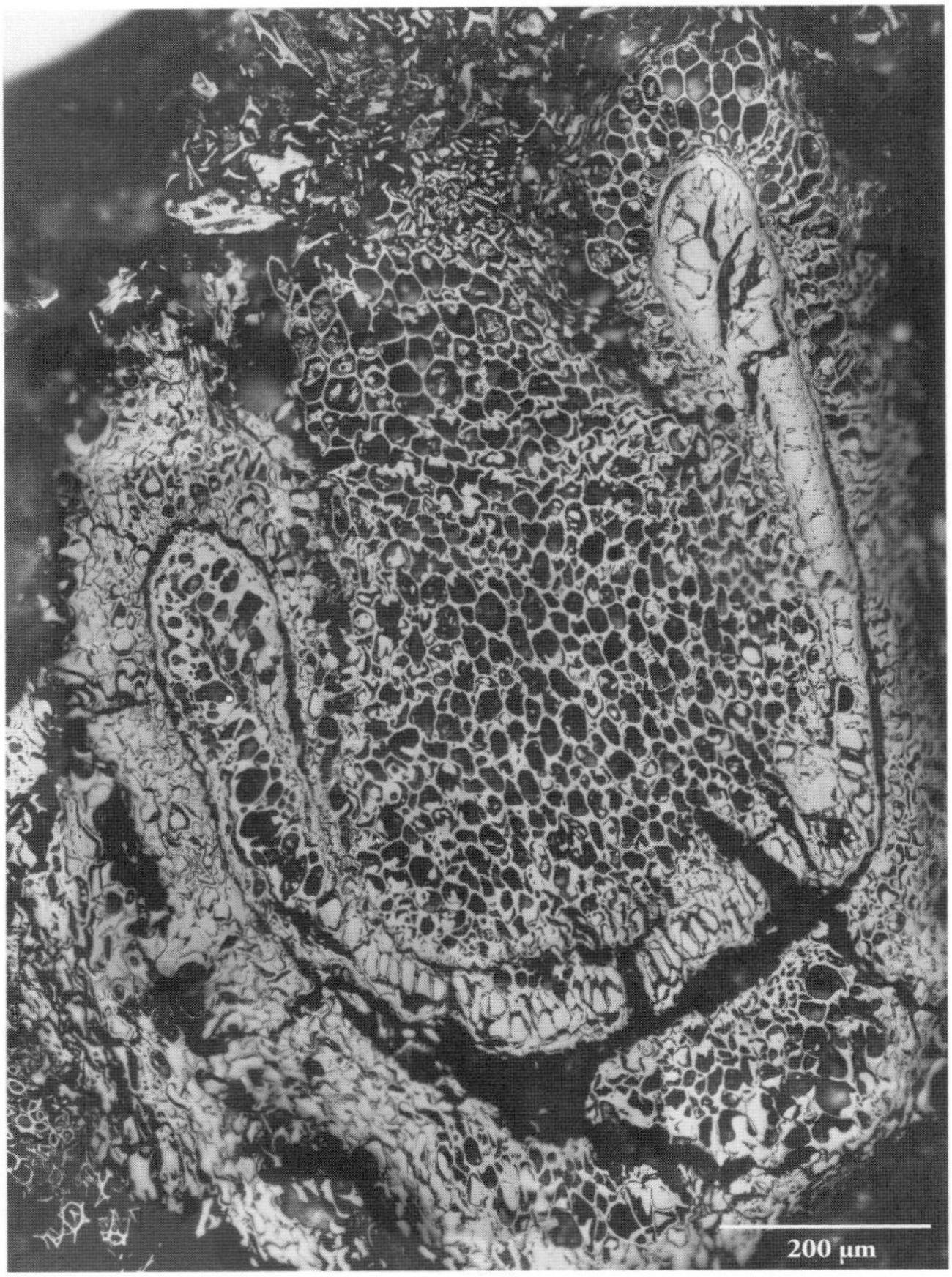

口絵 25　イギリス、ケント州コブハムのリグナイト（5500 万年前）から出てきた、炭化したシダの葉柄。石炭ブロックを油浸レンズで反射光撮影した 56 枚の画像をフォトモンタージュしたもの。

山火事と地球の進化——目　次

＊ 石炭用語の日本語訳と表記は『岩石学辞典』（朝倉書店）に従った。

山火事と地球の進化

地質時代の火事の世界に、この私を導いてくださった
ビル・シャロナーＦＲＳ（一九二八～二〇一六年）に捧ぐ
ならびに、妻のアンの長年の忍耐に感謝を

序文

火事には興奮と恐怖心をかきたてるものがある。制御不能になって荒れ狂う山火事の報告や写真は、ドラマチックなニュースになる。ニュースにおける火事の扱いは、すべて悪いもの、だれかに火をつけられて始まるもの、とされがちだ。でも、それはほんとうだろうか？　私たちは、火が自然の一部であることを忘れている。地球上で毎日のように発生している火事のことをよく理解しておらず、火に四億年もの長い歴史があることに気づいていない。そう、火には歴史があり、その証拠が遠い過去から今に伝えられている。私はこの本で、火の歴史についてこれまでにどんなことがわかったのか、火が生物進化と生態系にどう影響してきたのか、火はヒトによりどう手なずけられてきたのか、そして、地球温暖化に直面する私たちに火はどんな課題を突きつけているのかについて語りたい。

私の職業人生は、火の研究と共にあった。三億年前に木炭となった「葉」について報告した私の論文——当時において最古の針葉樹化石を発見したという論文——が発表されたのは四〇年以上も前のことだ。以来、私は火事によって保存されてきたものを研究対象とし、それが地球史について語ってくれることを調べ続けてきた。そして、山火事の過程でできる木炭が過去をすばらしい形で保存していることを、もっと多くの人に知ってもらいたいと思った。木炭は、たとえば花のような繊細な植物器官を驚くほど詳細に保存してくれている。そうした「木炭化石」から得られる情報をとおして、私たちはこの惑星における火の長い歴史、火で焼かれた植物、その植物が育っていたときの気候を知ることが可能になった。

私はこの本が、火についての入門書となることを願っている。木炭化石に刻まれた物語は、地球の働きと歴史に関心のある人すべてを魅了するだろうと信じている。地質学の専門用語はなるべく使わないよう心がけたが、どうしても使わなければならない場面が何度か出てきた。そういうときは、その用語が最初に出てきたところで説明するようにした。地質学に詳しくない人のために、本書の最後のほうに簡単な用語集をつけておいたので、適宜、参照しながら読んでいただけると幸いである。

地球の過去を語るには、地球の歴史を「代」「紀」「世」に分けて表にした「国際地質年代表」が必須である。本文を読んでいる途中ですぐ確認できるよう、本文の最後に「別表」としてつけておいたので、ぜひご活用いただきたい。

だれよりも最初に謝意を表したいのは、王立協会会員の故ウィリアム・G・シャロナー教授である（文中では親しみをこめてビル・シャロナーと呼ばせてもらっている）。ビルは、大学院生だった私に山火事の歴史を研究するきっかけを与えてくれた、恩師である。その恩師と私が共に教員の立場を退いたあと、二人で共同オフィスをもてたことは存外の喜びであった。ビル・シャロナーの教え子（私と同期）で、ロイヤル・ホロウェイ校で二〇年以上も私の同僚として共に木炭と山火事の研究に情熱を注いだマーガレット・コリンソン（現在はマーガレット・E・コリンソン教授）にも感謝したい。私のかつての教え子で、二〇年以上にわたり片腕となってくれたイアン・グラスプールにも。研究室のほかの教え子たちからも、並々ならぬ助力を得た。ミック・コープ、ケイト・バートラム、リチャード・ベイトマン、ティム・ジョーンズ、レイチェル・ブラウン、ハワード・ファルコン＝ラング、クレア・ベルチャー、ローラ・マクパーランド、ヴィッキー・ハドスピス、マーク・ハーディマン、サラ・ブラウン、ブリタニー・ロブソンは、私のアイデアを磨くのを手伝ってくれた。ロイヤル・ホロウェイ校の同僚たち、ゲアリー・ニコルズ、デイヴ・マッティ、デイヴ・ウォルサム、シャロン・ギボンズ、ニール・ホロウェイ、ケヴィン・ドゥサウザの協力にも感謝を述べたい。研究助手とポスドクフェローのニック・ロウ、ジェニー・クリップス、デイヴィッド・ステアートの献身にも。

現在の山火事についての現地調査は、最初に連絡をとったデボラ・マーティン、ジョン・ムーディ、スーザン・キャノンと、その後はデイヴィッド・ボウマンとジェニファー・ボルチを中心とする山火事地理学研究会のお世話になった。おかげで貴重な機会に参加することができた。イェール大学地質学部と地球物理学部には、客員教授として迎えてもらえたことに感謝する。私はその期間に自分のアイデアを形づくることができた。それが可能になったのは、故ロバート（ボブ）・バーナー、故レオ・ヒッキー、故カール・ツレキアン、デリク・ブリグスのおかげである。スティーヴン・パイン、ウィリアム・ボンド、クリス・ロースその他大勢の方々にも、私のアイデアを発展させるのを応援してもらった。親友のジャスティン・チャンピオン（ロンドン大学ロイヤル・ホロウェイ校の近代思想史の教授）には、この本の歴史的側面について助言をもらった。彼の励ましにお礼を述べておきたい。

スティーヴ・グレブ、イアン・グラスプール、ゲアリー・ニコルズ、ステファン・ドエル、トム・スウェトナム、デボラ・マーティン、ジョン・ムーディ、マーガレット・コリンソン、スチュアート・ボールドウィン、ダン・ニアリー、ダグラス・ヘンダーソン、ミン・ミニー・ウォン、パット・バートレイン、ジェニー・マーロン、サリー・アーチボルド、ジョン・ゴーレット、リロイ・ウェスターリング、グイド・ヴァン・デル・ワーフは、この本のために挿絵を提供してくれた。

私にこの本を書かないかと誘ってくれた編集者のラタ・メノンにも特別な感謝を。彼女がいなければ、この本は存在しなかった。オックスフォード大学出版局の編集補佐ジェニー・ナギーには、出版までのプロセスを並走してもらった。原稿整理担当のダン・ハーディングと、編集進行担当のジェンマ・ウィルキンズにもお礼を言いたい。オフィシャル・リーダーのお二人と、リチャード・ライトからは、有益な助言をいただいた。

最後に、妻のアンと子どもたち、ロブとカトリーナによる、三〇年以上にわたる忍耐と激励に、あらためてお礼を述べておきたい。

1章

火のイメージ

野火の火を一つ、どうか私に分けてください
それを身につける方法を、どうか私に学ばせてください
——ロバート・バーンズ、一七八六年

火には悪いイメージがつきまとう。カリフォルニアやオーストラリアで燃えさかる山火事は、ニュースに大きく取り上げられ、その破壊力のすさまじさと鎮火を願う声が報じられる。けれども、それは火の一面でしかない。火には長い歴史がある。太古の昔から、自然発生する火事は地球の姿を変えてきて、動植物はさまざまな方法でそれに適応してきた。この本は地球上の火の歴史をたどるものだが、まずは現在の、世界各地で発生している自然火災の話から始めよう。そして、人工衛星の登場で火事に対する理解がどう変わったかについても語ってみたい。

私たちのほとんどは、自然火災を間近で見たことがない。テレビのニュースで見聞きしたとしても、いったいだれが火をつけたんだろう、とか、早く消せるといいんだけど、と思うのがせいぜいだ。でも、そんなふうに思う時点で、地球における火の役割をわかっていないと白状するようなものである。私たちは、火を、ヒトがつけるものと考えている。不注意であれ故意であれ、ヒトが原因だと思いこむ。もちろんそういうケースもあるだろうが、地球上で起きている火事の半分以上は自然が原因だ。たいていは雷で、火山活動のこともある。火事は毎日どこかで起きていて、世界の

どこかを燃やしている。もう一つの誤解は、火事は何が何でも消さなければならないという思いこみだ。だが、はたして、山火事はすぐに消さなければならないものなのだろうか？

火事は恐ろしい自然現象だ。強風や嵐なら、それが収まるまでじっとおとなしくしていればいい。火事の場合はじっとしていたら炎に飲まれてしまうし、たとえ逃げたとしても簡単に追いつかれる。山火事で命を落とす人の多くは、火の力を甘く見ていたからだ。火消しの訓練を積んだ人でも炎の勢いに屈することはある。

このあと順々に語っていくが、火事に遭った植物のすべてが同じように燃えるわけではない。火事の種類もさまざまで、地表近くの植物を焼くだけのこともあれば、木の上のほうまで炎が伸びて樹冠を焼くこともある。火事のあとどうなるかもさまざまだ。世界には、火事が生態系に不可欠の要素で定期的に発生しているという場所もあれば、もともと自然火災がないから火事を起こすべきではないという場所もある。単純な二分法に見えるかもしれないが、一つの地域、一つの国の中で、この二種類の状況が混在していることもある。そうした場合、火事に対する国の政策を決めるのも、実施するのも容易でない。たとえばマダガスカルでは、島の半分では火事を必要としているが、もう半分は必要としていないため、一律の方針で対処すると想定外の事態を引き起こしかねない(1)。場合によっては消火活動それ自体がより激しい火事を呼び、さらなる激害をもたらすこともある。つまり、いい火事も悪い火事もモザイク状に存在しているということだ。なのに私たちは、火事をすべて悪だと決めつけてしまいがちだ。

今、私が暮らしているイングランド南部は、火事が多い地域ではない。だからいったん火事が起きれば一大事となる。私の家のすぐ近くでも、原野火災が起きたことがあった。ヒース原野が燃え、焼け跡は何もかもが失われたように見えた。テレビのニュースは黒ずんで荒れ果てた光景を映した。だが、二〇年以上たった現在、この地を訪れると火事の面影はどこにもない。植生は完全に回復している（図1）。私たちは野生地で自然に起きている火事のことを、感情的に見るのではなく、もっと確かな情報に基づいて見るべきだ。そうすれば、火が「地球というシステム」を動かす歯車の一つであることを理解しやすくなるだろう。

地球上での火の役割を正しく理解するには、火事とはどんな現象なのかを知る必要がある。どんな要素が火をつくるのか。火を維持するには何が必要か。火事が生態系にとって好都合になるのはどんなときか。火を「地球システム」の枠組みの中で理解するには、火の物理的および化学的要素だけでなく、生態学的、環境的側面についても考えなければならない。ヒトが火にかかわるようになったのは地質学的に最近のことだが、それが環境に大きな影響を与えていることも忘れてはならない。

火は、少なくとも四億年のあいだ、地球を動かす重要な一面であり続けた。四億年とは、火を維持するのに十分な燃料、つまり植物が陸上に存在するようになってからの時間である。火を燃え続けさせるためには酸素も必要だ。燃焼とは、可燃物質と酸素が化学反応を起こして熱と光を放出させる現象なので、火事を起こすには大気中に十分な酸素がなければならない。だが、地球にその十分な酸素がたまるまでには時間がかかった。最後に、気候の問題がある。燃料は、十分に乾燥していなければ火がつかない。気温が高く雨量が少ない期間が長く続けば続くほど、火事は発生・拡散しやすくなる。風も火事を広める要素の一つだ。こうした要素を組み合わせて、火事の起こりやすい時期を予測する火災天気予報のようなものも開発された。火事の発生を予測する能力の向上は、自然火災の被害を減らすのに貢献している。

火事に適した条件がすべてそろっていたとしても、火がつかなければ火事は始まらない。火事は自然に発火することもあれば、ヒトの不注意または故意で始まることもある。私たちはすぐに、だれが火をつけたのか、と考える。放火犯か、キャンプファイヤーやバーベキューの不始末か、タバコのポイ捨てか、と。けれどもこうした「犯人捜し」ゲームをしていると、燃えやすい植生とそうでない植生があることや、火事が起きやすい地域とそうでない地域があること、悪意などなくても火事が起きてしまう場合があるということを忘れがちだ。先ごろ、カリフォルニアでの山火事を扱ったドキュメンタリー番組をテレビで見ていたときにも、そんな不幸な出来事が起きた(2)。プレゼンターの男性は視聴者に、火がつきやすいタイプの植生があること、この土地に特有の強風が火をあおること、にもかかわらずそうした環境に人々がコミュニティを築いてきたことを語った。彼はそのコミュニティの全景をカメラに収めようと、車で丘にのぼり、草地の上で車を停めた。ところがその車には、排気ガスを浄化する触媒コンバーター（環境にやさしいとされている装置）がついていた。その装置がついていると車台の下が熱くなることを、彼は忘れていた。車台の下の草に火がつ

(a)

(b)

図１ (a) イギリスのサリー州フレンシャムで1995年に起きた火事の跡地。シダが生えてきているのが見える。(b) 10年後の同じ場所。ヒースが茂っている。

き、車は爆発し、そこから野火が始まった。火は風にあおられ、乾燥した周囲の植生に広がり、家々のほうに向かった。この番組の後半は、火事がどのように始まり、コミュニティを救うための消火活動がどのようにおこなわれたかを伝えることになった。

火事を追跡するテクノロジー

現代の地球における火の役割を私たちが理解するようになったのは、ここ三〇年ほどのことである。その先駆けとなったのは、リアルタイムのデータを得られる人工衛星画像技術だった。遠隔地から私たちの居間に画像を届ける技術の急速な発展と、インターネット技術が結びついて、山火事の真の威力がようやく可視化されることになった。しかしながら、市民の山火事に対する理解はそのスピードにまだ追いついていない。

農村地帯に暮らす人なら、火がときに役に立つことを知っているだろう。野焼きや山焼き、開墾や農地転用のための焼畑農業は、火のいい面を積極的に利用するものだ。だが、人々が都会に集まるようになると、火を排除するようになった。少なくとも、自然火災を目にする機会はなくなった。都会の人は、自然火災なんていったいどこで起きているのだと思うようになった。ましてや、火事のどこまでが自然生態系の一部で、どこからそうでないのかなど、考えることすらなくなった。

私自身、地球上の膨大な植生地が定期的に燃えていることをほとんど知らなかった。ヒトと火事とのかかわりあい——火を制限したり、管理したり、場合によってはあえて火事を生じさせたりというようなこと――についても知らなかった。私でなくとも、空中あるいは宇宙から広大な土地を眺めないかぎり、火事の規模を実感することなどだれにもできはしないだろう。

火事の規模と影響を把握したいと思っても、一九六〇年代後半までは空港の視程観測のような一貫性のない観察と推測に頼るしかなかった。そんな状況を変えた最初のブレイクスルーは衛星画像だった。一九七〇年代に、ランドサット衛星から観測画像が送られるようになった。最初のランドサットが打ち上げられたのは一九七二年だ。人工衛星は、宇宙から地球表面を規則正しく撮影する。燃えている場所の画像を日々比較することで、火事の追跡が可能になった。さらに、焼失エリアも地図上に残すことができた。つぎのブレイクスルーはマルチスペクトル画像だ。とくに赤外分光器を使えば、生きている植生が写真の中で赤く表示されるため、火事によって死滅した植生と区別することができる。植生が存在しない場所もわかるので、そうした情報をすべてマップ化したり定量化したりできる。ランドサットからこうしたデータが得られるようになったことは、疑似カラー表示法の開発を促した。これは極めて重要な転換点となった。たとえばアメリカでは、林野庁の燃焼地域緊急対応部門で燃焼深刻度を示す地図が開発され、土地開発計画者や林務官は、火事の被害想定や事後対策を考えることが可能になった。ランドサットの観測画像は、広域の自然火災を地域ベースで把握する手段を与えてくれた。

一九八〇年代になると、新たな衛星データを使う技術が開発された。このころ、人工衛星には改良型高分解能放射計が搭載されるようになり、さまざまな長波長帯で地球表面をスキャンできるようになった。改良に改良が重ねられ、今では各種の波長を測定して幅広いデータがとれるようになっている。煙プリューム（炎熱による強い上昇気流にのって立ちのぼる煙）が特定できるようになり、火事の温度が熱赤外データから得られるようになった。燃焼中の火事を夜間にモニターできるようになったことも、大きな前進だった。

衛星は、さまざまな軌道に乗せることができる。静止衛星は、地球の自転と同じ周期で同じ向き（東西方向）に周回するので、地上の定点データを連続してとり続けるのに役に立つ。一方、極軌道衛星は、地球の両極を通るように南北方向に周回する。どんな衛星も一日一回のペースで観測データを取得できる。

今ではＮＡＳＡや欧州宇宙機関その他、各国が打ち上げた多数の衛星が、多種多様な火事関連データを送ってくる。欧州宇宙機関のエンビサットは、気象と環境の変化を監視するために考案された極軌道衛星で、ＡＡＴＳＲ（改良型アロングトラック走査放射計）を搭載しており、毎年八万点以上の画像を処理する。そのデータは、火事の正確な場所を表示する「火事アトラス」に活用されている。[3] ＮＡＳＡの極軌道衛星のテラとアクアには、ＭＯＤＩＳ（中分解能撮像分光放射計）という優秀な計器が搭載されている。このセンサーから得られたデータは、燃焼中の火事をマップ化し、燃焼エリアの大きさを計算するのに使われている。このセンサーが出力するデータ量は膨大だ。このほかにも、高性能機器を搭載した数々の衛星から送られてくる大量のデータがある。そしてこうした「ビッグデータ」の処理・編成・解釈が可能になった背景には、同時期に花開いたコンピュータ技術があった。

国際宇宙ステーションからも衝撃の火事画像が届いている。インドネシアの泥炭火災の画像では、数十か所の地点で燃えているのが見え、各地点から上がった煙プリュームがいっしょになって北に流れ、シンガポールとマレーシアにまで達しているのがわかる。二〇〇七年一〇月の、南カリフォルニアの一枚の画像は、数か所の火事から出た煙プリュームが太平洋に大波のように押しよせているのを記録している（カラー口絵1）。私たちはこうした宇宙からの画像を見て、初めて、地球上の火事の範囲と規模に気づく。さらに全世界の一年分の火事を累積したマップを見れば、地球は「燃える惑星だ」と思わずにいられないほどの衝撃を受ける（カラー口絵2）。そう、世界ではあちこちで、毎日、毎秒、火事が起きているのである。

こうしたデータは、火事の発生する場所が月ごとにどう変わるかも教えてくれる。その動態が如実に現れているのがアフリカだ。月を追うごとに燃焼場所が南へと移っているのが見てとれる（カラー口絵3）。もう一つの驚きは、国境をはさんだ二つの国が火事に対して別の対策をとっているとわかることだ。極東のロシアと中国の国境付近の画像がいい例だ。ロシア側で火事が多いのがよくわかる（図2）。

このような各方面の技術向上が集結し、ＦＡＲＳＩＴＥという高度なコンピュータ・モデルが開発された。これはアメリカ政府機関が使っているコンピュータ・モデルで、地形、燃料、気候の条件の組み合わせで火事の広がりと動きを長期的スパンで計算してくれる。この種のモデルは、気候

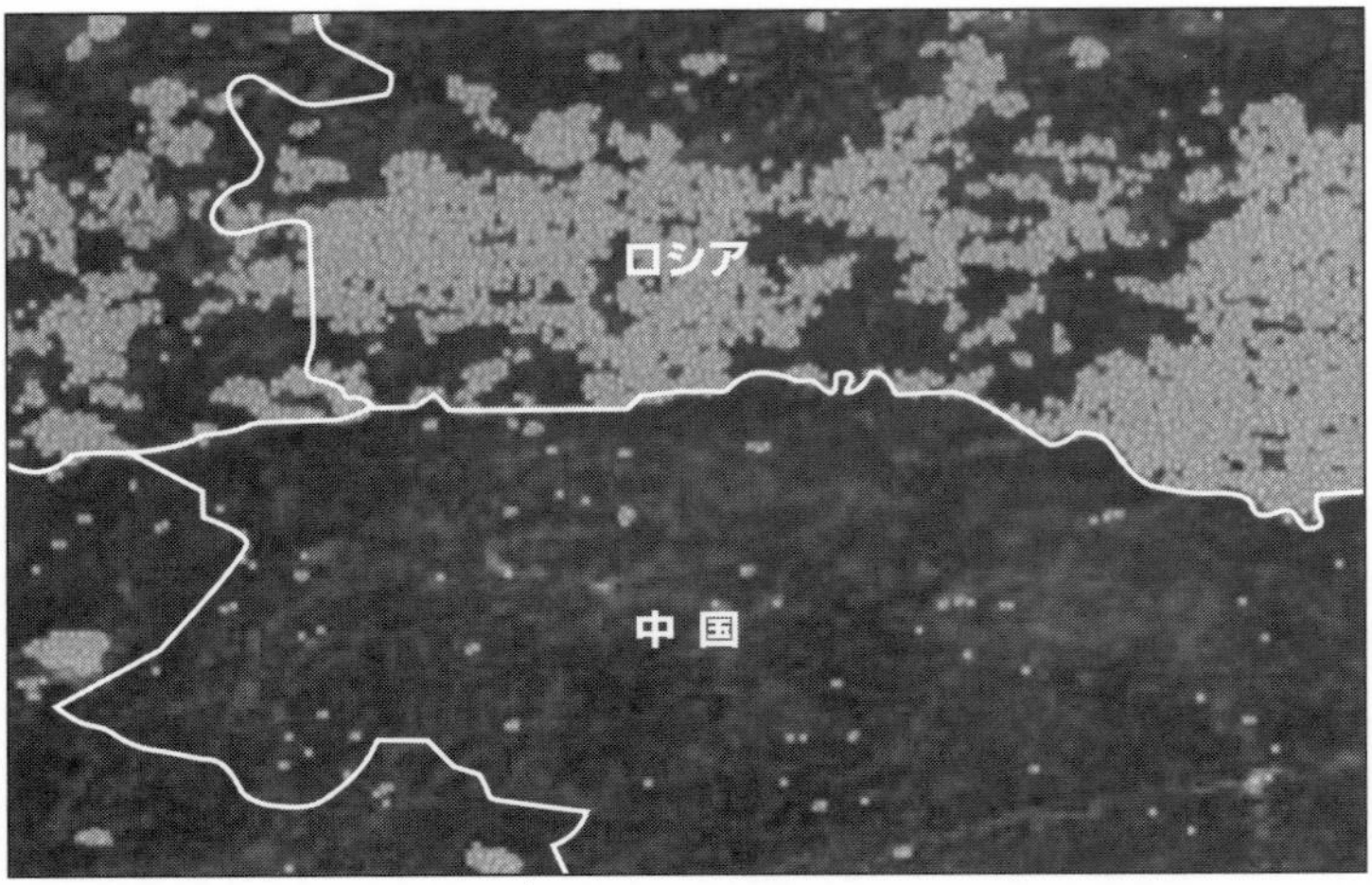

図２　宇宙から見た火事。白いドットが火事の発生場所。ドットはロシア側に集中している。

変動によって未来の火事がどう変わっていくかを予測するのに有益なツールとなるだろう[4]。

火事後に起こること

だれしも、ニュースの見出し以上のことは考えない。テレビや新聞で大火事が起きたことを知ったとしても、その後のことには無関心だ。だが、火事のあとに起こる問題は、コミュニティの再建や植物の再生だけでは終わらない。

私自身、大きな山火事のあと何が起こるかまで考えたことがなかった。初めて実情を知ったのは、二〇〇二年一〇月にコロラド州デンヴァーを訪れたときだった。その数か月前に大規模な山火事が発生し、デンヴァーの周囲を広範囲に焼き、都市を支える水源一帯に深刻な被害をもたらしていた。この山火事は

「ヘイマン・ファイヤー」と名づけられた。二〇〇二年はアメリカ地質学会の開催地がデンヴァーだったので、私は学会に参加するついでに、ヘイマン・ファイヤーの焼け跡を米国地質調査所の研究員らに案内してもらうことにしたのだ。大きな森林火災の焼け跡を見に行くのは初めての経験だった。例年より早い初雪はちょっとしたサプライズだったが、私はその後にもっと驚くことになった。

それまで私は、森林が広範囲に焼けたというニュースを見聞きすると、そこに生えていた木々は全部、焼失するものと思っていた。だが、燃焼が最もひどかった場所でも木の幹のほとんどはまだ立っていた。もちろん幹は黒くなり、葉は焼け落ちていたが、完全に焼かれていない木や藪《やぶ》もあれば、まだ葉をつけている木もあった（図3）。林床近くには少し焦げているだけで十分に生きている木が数本あった。しかし、下草は完全に死んでいて、炭化していた。また、火事の影響は、木により場所により少しずつ違っていて、一律に焼けているわけではなかった。

もう一つ、私がまったく予想していなかったのは火事後に「移動が生じる」ことだった。植物が火で焼かれたあとの燃えかすや木炭は、土といっしょになって別の場所に運ばれる。これは「火事後浸食」と呼ばれる現象だ。地表の植物が焼かれると、二つの大きな作用が生じる。まず、植物が死んで、その有機物質は燃え尽きるか木炭になる。もう一つは、熱によって土壌の組成と構造が変わる。有機物質が地中で破壊されることもあれば、有機成分が別のところに集まって固まり、地表のすぐ下に水を通さない（水分浸透能力のない）疎水層をつくることもある。土壌の変化はかなりの悪影響を及ぼす。土と土を結びつけていた植物の根が失われ、地中の構造が変質すると、大雨が降ったとき、植物の燃えかすや木炭と表面の土が土砂となって急速に流される。土壌に入っていた小さな亀裂は大きくなり、そこからさらなる浸食が始まる。

実際の燃焼エリア以外のところに火事の跡を見ることになったのも予想外だった。私たちは火事の現場から離れたピクニック場までドライブした。小川の土手には燃えかすが大量に積もっていて、一部は川の中にもたまっていた。明らかに火事現場から流されてきたもので、火事の証拠を遠く離れた場所まで運んでいた。燃焼エリアの外側にあるすべての河川路に泥と木炭が混入していた。木炭を含んだ水で黒く染まった滝まであった。

現地視察をしてみてわかったのは、山火事は植物を焼くだけでなく、環境に広範囲に影響するということだった。大量の水と土が川に流れこみ、下流で土砂災害を起こすこともある。この問題については保険会社も頭を抱えている。火災現場から一〇〇マイルも下流で発生した土砂災害の損害にまで支払いを求められるからだ。林務官らも、火事後の処理で手いっぱいになっているときに洪水対策まで求められて悲鳴を上げている。

ヘイマン・ファイヤーは、巨大山火事とその後についての私たちの認識を一変させた。山火事といえば発火の原因にばかり注目が集まるものだが、火事が「広がる」かどうかには、たくさんの要素がからんでくる。ヘイマン・ファイヤーの場合は、ロッキー山脈の最東端にあるフロント山脈に、数か月間雨がまったく降らなかった。この一帯が乾燥していたのはその数か月だけでなく、数年前

図３　2002年にコロラド州デンヴァー近くで起きたヘイマン・ファイヤー後のマツ樹林。炭化した木と炭化していない木が混在している。

から続いていたのである。おまけに、地上に燃料がどっさりたまっていた。それは前回の山火事をすばやく鎮火した結果でもあった。本来ならそのとき焼けていたはずの広大なポンデローサマツの森が残っていて、それが格好の燃料となったのだ。そして、完ぺきなタイミングで嵐がやってきた。発火したちょうどそのころ、ワシントン州東部に中心のあった低気圧が地形に沿って突風を送りこんできたのだ。火事はたった一日で、六万エーカーの区域に広がった。

この火事は、二〇〇二年六月八日土曜の午後、キャンプファイヤーの不始末から始まったとされている。(5) 最初は地面と接している林床の植物を焼くだけの地表火だった（図4）。だが、背の高い燃料が密集していたせいで、火はすぐ樹上にかけのぼり、樹冠火となった(6)。強風にあおられた火の粉が遠くまで飛んで、離れた場所に新しい火事を起こした。いわゆる飛び火である。消防隊はすぐさまエアタンカー（空中消火機）とヘリコプターを出動させ、大々的な消火活動を展開したが、火の勢いは止まらず、数時間のうちに数百エーカーの森が炎に包まれた。

一晩たっても乾燥と暖気の気象条件は変わらず、翌朝さらに燃焼区域が一〇〇〇エーカー増えた。時速五〇マイルにまで達した強風と、からからに乾いた空気のせいで状況はどんどん悪化し、火はありとあらゆる植物を襲った。翌日も火事前線は拡大した。強風にあおられた火はサウスプラット川に沿って一九マイル移動し、チーズマン貯水池に向かった。そこは大都市デンヴァーの主要な水源の一つとなっているダム湖だった。火事の煙は火災積乱雲を生じさせた。大火事に特有の気象現象で、ときに上空二万一〇〇〇フィートにまで成長することのある大積乱雲だ。この段階で、火は時速二マイルのスピードで移動していた。火事前線はすでに複数か所に分散しており、とてもではないが消火作業ができるような状態ではなかった。

六月一〇日から一七日の一週間に状況は改善した。風速が落ち、湿度が上がったからだが、火の勢いを止めるには不十分だった。六月一七日と一八日に強風と乾燥が戻ってきて、火事は盛り返して前線を延ばした。その後、幸いなことに、湿気を含んだ季節風がやってきてそれ以上の延焼を防いだが、それでも火は六月二八日まで燃え続けた。このときまでに、周囲数マイル先までを含む一

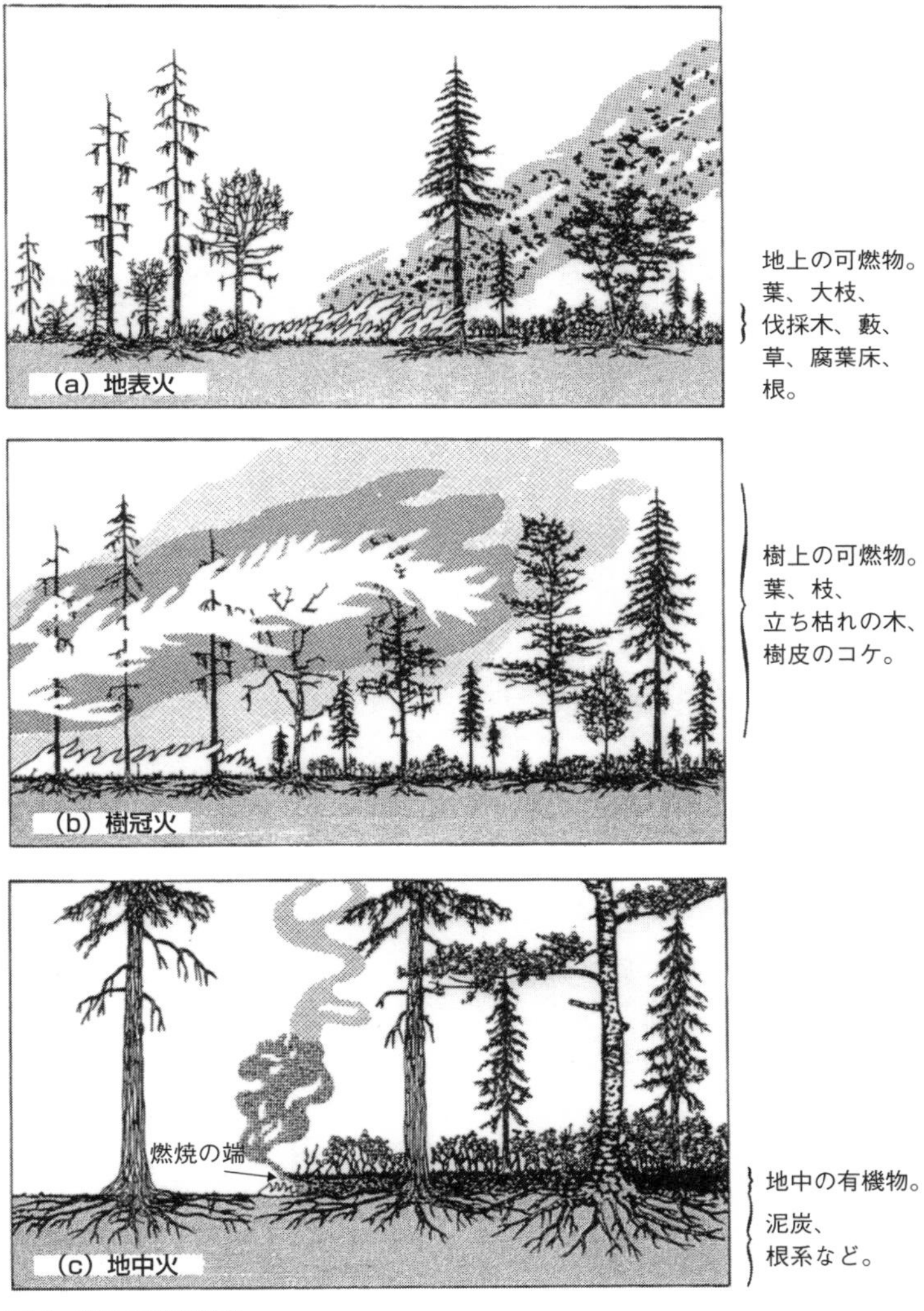
(a) 地表火
地上の可燃物。
葉、大枝、
伐採木、藪、
草、腐葉床、
根。
(b) 樹冠火
樹上の可燃物。
葉、枝、
立ち枯れの木、
樹皮のコケ。
燃焼の端
(c) 地中火
地中の有機物。
泥炭、
根系など。

図４　植生火災の種類。

三万八〇〇〇エーカーが影響を受けた。

こんなとき人々は、消火活動が成功したかどうかに注目する。しかし、山火事を完全に消してくれるのはたいていの場合、天候の変化だ。火がいったん消えたように見えても地中でくすぶり続けていることもある。その場合、湿度が下がったり風が強くなったりすれば再燃する。二〇一三年一〇月の、カリフォルニア州ヨセミテ国立公園近くで起きたリム・ファイヤーがそうだった[7]。消火活動には多大な労力が投じられたが効果はなく、このときも最終的に決着をつけたのは空模様だった。ヘイマン・ファイヤーについては国内外のメディアがさかんに報道した。火事が収まったあとはいったん引っこめたが、すぐに追跡報道の必要性が叫ばれた。

直後に露見したのは川と貯水池への影響だった。チーズマン貯水池には、火事が終わらないうちから灰や燃えかすがたまり始めた。その結果、ろ過システムが詰まった。水質も悪化した。この貯水池は地域の主要な水源だったから、水質悪化は大問題だ。水面に落ちた細かい灰には鉱物灰その他の可溶性の物質が含まれていたので、そのままでは飲み水に使えなくなった。リンのような物質が溶けこんで藻の成長を促し、水中の酸素が奪われた。火事のあとにまとまった雨が降ると、それがまた大変な問題を広範囲に引き起こすことが判明した。火事後浸食で押し流されてくる土砂や燃えかすがチーズマン貯水池の底に堆積し続ければ、貯水容量が低下し、水質汚染を招く。

この地域で火事が起きたのはこれが初めてではない。火事は何万年も前からくり返されていた。焼かれた場所を歩いてみれば、火事後浸食と土砂堆積の跡がたくさん見つかる（図5）。

図５　2002 年にコロラド州デンヴァー近くで起きたヘイマン・ファイヤーの火事跡地。過去の火事によって運ばれた土砂の堆積層がいくつもある。

二年後、火事後浸食の研修会の一環として、私たちのグループは過去一〇年間に山火事を起こした七か所の跡地を回った。ヘイマン・ファイヤーの跡地にも行った。何が驚きかといえば、火事から二年もたっているのに大量の土砂と木炭がいまだに移動していることだった。その動きを止めようと、米国農務省林野部はさまざまな方法を試した。泥がたまっているところに空中からストローベイル（藁《わら》を圧縮してブロックのような角材にしたもの）を投下して、それに水を吸わせて泥が流れ出ないようにした場所もある。土砂の流出をせき止めようと、枯れ木を切り倒して寝かせておいた場所もあった。

別の火事現場ではもっと興味深いこ

図6　1996年にコロラド州で発生したバッファロー・クリーク・ファイヤーのあと、雨によって流出した土砂がつくった扇状地。

とが観察された。一九九六年、コロラド州でバッファロー・クリーク・ファイヤーが発生した(8)。ここはアメリカ地質調査所の水文学部門の研究者らが調査対象としている地域だったので、彼らが私たちを案内してくれた。ここでは火事から数週間後に大雨が降ったとき、一夜にして膨大な量の土砂が流出した。その結果、大きな扇状地ができて、周囲の川は土砂で埋まった（図6）。埋まったところが再び崩れて、川の下流にさらに運ばれることもあった。こうした大移動は火事が終わってから何か月も続くことがあり、影響は近隣にとどまらない。小川や川の流路が変わることもあれば、小道や道路が寸断されることもある。動物やヒトまでもが広範囲にわたって直接間接の影響を受ける。木炭で黒く変色した川や滝を見れば、なぜこうしたことがこれまでほ

図７　2002 年、アリゾナ州、アパッチ・シットグリーヴス国有林の火事後の雨で、木炭を多く含んだ土砂が流れ出た。

とんど報告されてこなかったのか不思議なくらいだ。

木炭で黒く濁った川は驚くほど早く現れる。私の研究室生の一人が二〇一〇年にコロラド州サンドヒルズにいたとき、山火事跡地に暴風雨がやってきた。二時間ほどで、木炭を含んだ黒い水の細流が出現したという。こうした現象は世界各地で観察されている（図7）。

一九八八年にイエローストーンで起きた山火事は、こうした浸食と堆積の影響を最悪の形で世に知らしめた。当時、全世界に衝撃を与えたこの山火事は、広大なイエローストーン国立公園の三六パーセントにあたる七九万三八八〇エーカーを焼いた。その後、この

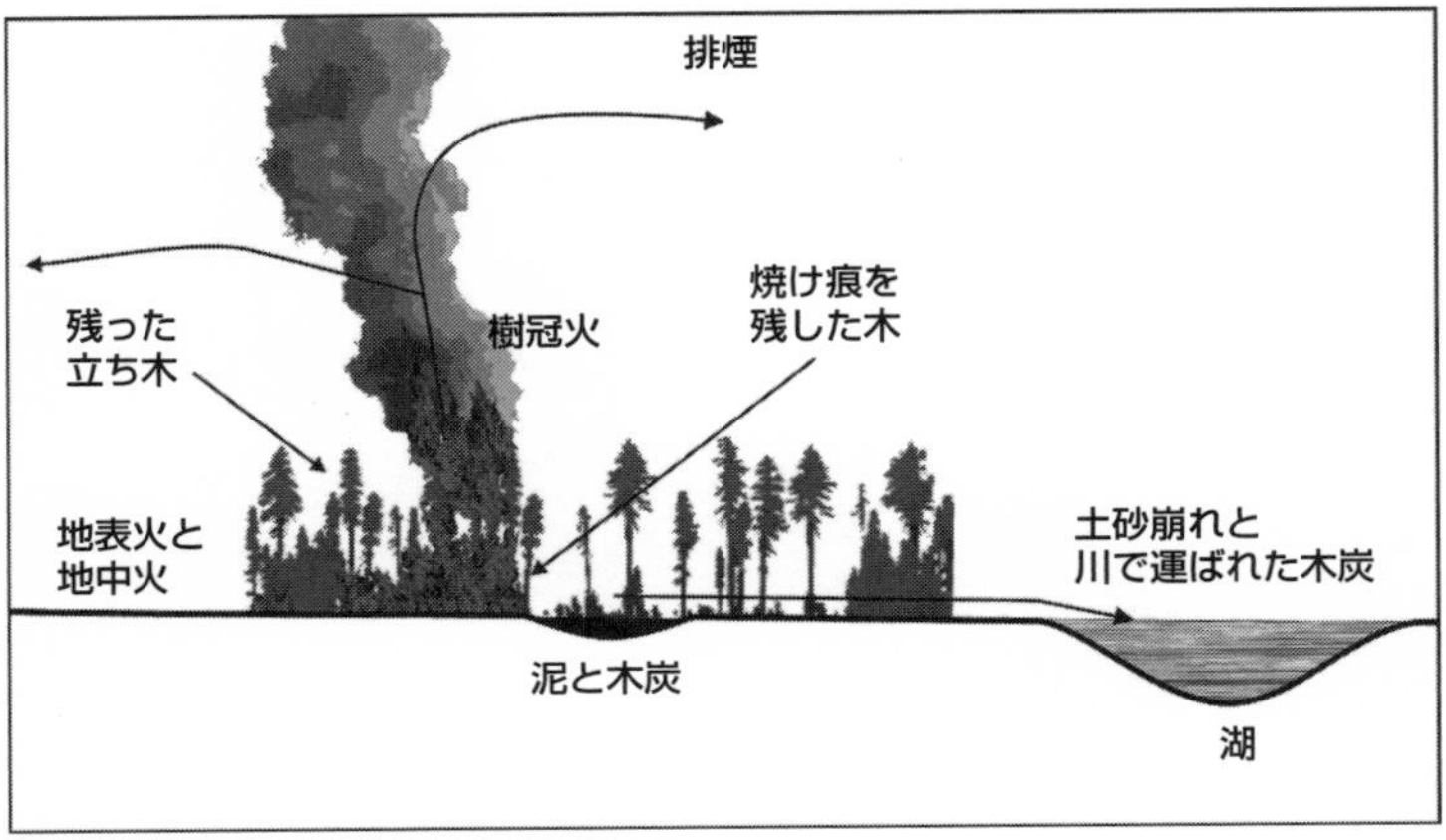

図８　火事の副産物とその移動。

大火事はそれまでの消火政策のせいで規模と激しさを増したのではないか、という議論がもちあがった。小さな火事が起きるたびにすぐに消火することをくり返していると、燃料はたまる一方となる。そんな可燃物だらけの一帯に火がつくと壊滅的な広域火災となり、もはや消火は不可能となる、という考えが出てきたのだが、全員がこの考えに合意しているわけではない。この火事のあと、イエローストーンのあちこちで大量の土砂が湖に流れこんだ[9]（図８）。だが、近年の火事後浸食とそれに続く土砂堆積の証拠がこれだけあるにもかかわらず、それが火災関連の教科書に書かれることはほとんどない。こうした自然の威力が人々に認識されるまでには、長い長い時間がかかる。

地域社会への影響

地域住民への山火事の影響は、当然ながらメディアに大きく取り上げられる。山火事のニュースは死者や負傷者、家の焼失など、個人が受けた被害に焦点をあてる。どんなドラマがあったのか、いつ鎮火したのか、それが報道の中心だ。火事をあえて消さずにそのままにしてはどうかという議論や、なぜ火事の起きやすい場所に家を建てるのかを問うような議論を報じることはほとんどない。二〇〇九年にオーストラリア南部ヴィクトリア州で、一一〇万エーカーを焼いたブラック・サタデー・ファイヤーのときもそうだった。最近の山火事の規模はどんどん大きくなっている。二〇一六年にカナダで起きたフォート・マクマリー・ファイヤーの焼失面積は一五〇万エーカーだった。一九八三年にインドネシアのカリマンタンで発生した山火事はさらに大きく、九〇〇万エーカーの焼失と一七三名の死者を出した。多くの命が失われたのはもちろん悲しいことだが、そうした数字だけで一般の人々の山火事への理解を喚起するのはむずかしい。

個人または地域社会への山火事の脅威と一口に言っても、そこにはさまざまな段階や局面がある。いちばんわかりやすいのは、火事には「広がりうる」性質があるということだろう（カラー口絵4）。何であれ火事を目にしたら、炎がこっちに向かってくる可能性を考えて、とどまって防御するかそれとも逃げるかをとっさに判断しなければならない。広がり方が遅い火事もあり、その場合はおそらく地表火で終わる。しかし、樹冠にまで火が達して速く広がる火事もある。強風が吹いていればなおさらだ。火事の拡散スピードはかなり速く、風で運ばれた残り火や火の粉が別のところで同時多発的な火事を発生させることもある。これは住民だけでなく消防士にとっても厄介だ。目の前に

あるか

ら、退路を断たれてしまう場合がある火事前線から離れたところからいきなり火の手が上がり、退路を断たれてしまう場合があるからだ。二〇一三年にアリゾナ州フェニックスの近くで起きたヤーネル・ヒル・ファイヤーでは、複数の火事前線に取り囲まれたプレスコット市消防隊の一九名が命を落とした[10]。

そこに人が住んでいなくても、あるいは最善の予防策をしていても、山火事の被害を受けずにすむとはかぎらない。私の友人の家は、コロラド州ボールダーの近くにあった。友人一家は、家の周囲の植物を刈って防火帯にするという方法で対策しており、その方法を地域住民にも教えていた。二〇一〇年、ちょうど家を留守にしていたとき、ボールダーからそう遠くないところで火事（マイル・キャニオン・ファイヤー）が発生した。友人一家はニュースで火事のことを知った。テレビの画面で自分の家が燃えているのを見ることになるとは、予想だにしなかっただろう。不思議なことに、燃えているのは家だけで、周囲の木立は燃えていなかった。対策していた防火帯は、火事本体が延びてくるだけなら計画どおりに家を守ってくれただろう。しかし、風に乗って飛んできた火の粉が家に落ちるのを防ぐことはできなかった。

私たちは火事本体とその破壊力ばかりを心配し、煙や火事の副産物のことを忘れがちだ（カラー口絵5）。火事から出る煙プリュームは数百キロも離れたところに達することがある。その規模は衛星写真でなければ確認できない。人工衛星は煙プリュームのスピードを、水平方向にも垂直方向にも追跡することができる。煙の刺激がもたらすストレスや、ぜんそくなど呼吸器系の病気をもつ人への影響を考えると、煙プリュームの追跡には意義がある。インドネシアの泥炭火災から発生し

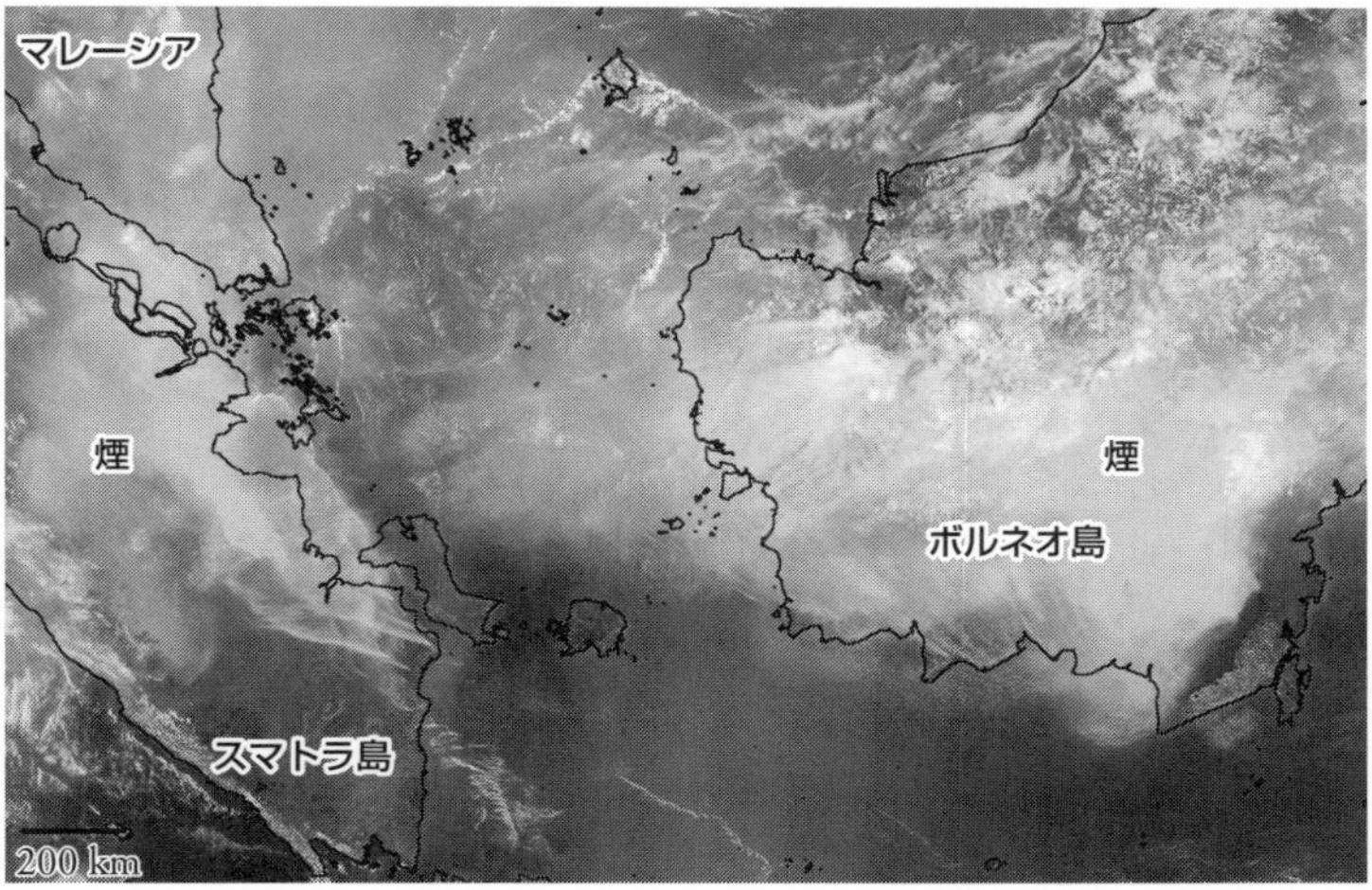

図9　NASAの地球観測衛星がとらえた、インドネシアの火事による煙。2015年9月24日。

た煙プリュームはシンガポールとマレーシアに広範囲の大気汚染を引き起こした（図9）。二〇一二年にはシベリアの山火事で出た煙が遠くモスクワまで達して深刻な問題となった。近年の調査によると、山火事の煙の発生と死者数に相関関係が認められている[11]。

人々への影響は火事本体が消えれば終わるものではない。これまでも見てきたように、火事のあとで大雨が降ると火事後浸食だけでなく土砂災害が起きがちだ。火事現場から何マイルも離れた場所であっても被害は生じうる。

火事の脅威はビルや公共インフラにも及ぶ。人為的な山焼き（森林にある引火性燃料の量を減らすために意図的に火をつけること）がコントロール不能に陥って、基幹の研究施設が脅かされたこともあった。二〇〇九年にカリフォルニア州で起きた最大級の山火事、ステーション・ファイヤーは、ジェット推進研究所の建物に迫った[12]。幸いなことに、このときは研究所に達する直前に食い止められた。二〇一一年には、ニューメキシコ州のロス・アラモス核研究施設の近くで、ラスコンチャス・ファイヤーという大規模山火事が発生したことがあった[13]。

人間社会への影響だけではない。火事の最中とその後（数年先まで）の動植物への影響も考えなければならない。動物は、山火事に対して逃げるか隠れるかの二つの選択をする。火事のあとには動物の死骸がたくさん見つかると思うだろう。実際、そうした痛ましい写真を見ることもある。だが、動物は火事に気づくとすばやく逃げ出して、より安全な水場に向かうことが多い。燃えさかる森林を背景にシカが川の中に避難しているのは、よく見られる光景だ（カラー口絵6）。

大型動物はすばやく移動して火事から逃れることができるが、小動物はそうはいかない。そこで、小動物の多くは巣穴などに隠れる。林床に穴を掘って身をうずめ、火事が過ぎ去るのを待つ。もちろん間に合わないこともある。焼け跡に炭化した昆虫類が転がっている光景は珍しくない。両生類や爬虫類、とくにヘビやトカゲは火事を生き延びるのがむずかしい。焼かれて直接死ぬ可能性だけでなく、生息地や食料源が一時的に破壊されればそれだけでも大打撃だ。意外にも植物に関しては、最大級の火災であってもすべてが焼けてしまうわけではない。多くの火事跡地は、ひどく焼けた植生の区画と焼けていない植生の区画がモザイク状に混在する。被害を免れた「島」は、その地で植物が再生・再成長するときのスタート地点になる。

火事と植生

火事と植生の相互作用は、影響を受ける植生の種類によって異なる。ある種の植生は、火事にことのほか弱い。自然火災がほとんど起きない熱帯雨林がいい例だ。こうした地域での火事はたいていヒトによる故意または過失から始まるが、火事後に植生が回復するまでには数十年、数百年の年月がかかる。一〇〇年か二〇〇年に一度というような頻度でしか火事が起きない地域に適応した植生もある。この場合、植生はいずれ回復するかもしれないが、元と同じタイプの植生に戻るまでには数段階の過渡期を経なければならない。一方、火事が頻繁に起きる地域では、火事によるダメージはそれほど大きくない。そうした地域では、植物を死なせない程度の低温でゆっくり燃える火事がしょっちゅう起こることで、林床にたまる燃料の量が安定的に少なく抑えられている。ブリテン島の各所にあるヒース原野でさえ、火事が起きても低温の地表火で、ヒースが死滅することはない。私の家の近く、イギリスのサリー州で発生したヒース原野の火事も、直後は一帯が真っ黒になってすべてが焼失したように見えたが、最初の雨が降ると緑色の芽が出てきた。ほんの数年で元のヒース原野に完全に戻った場所もある。

ある種の植生、とりわけ針葉樹林（カラー口絵7）は燃える頻度が高く、一〇〇年間のうち数回の火事を起こす。アメリカ西部のポンデローサマツの森がその代表だ。ここでは定期的な地表火が燃料の量を低く抑えている。だが、適切な森林管理をしなければ倒れた枝や小枝がどんどん林床にたまり、いったん火がついたとき、より熱くより激しく燃えることになる。すると火は上に向かい、いっそう危険な樹冠火となる（カラー口絵8）。いわゆる「メガファイヤー」が増えるようになった背景には、過去一世紀に森林管理の方法が変わり、山火事と鎮火の本質を人々が誤解し、さらには気候変動が加わったことがある。

山火事が起きても植物がところどころで生きていれば、元の植生構造は維持される。一方、激烈な山火事が植物を根絶やしにしてしまったら、空いたスペースには真っ先に侵略的な植物種が入ってくる。その後に火事がなければ、ゆっくり時間をかけて複雑な植物群落が育っていき、元のような豊かな森に戻るかもしれない。だが、火事が何度も続いて植物群落の成長を妨げれば、以前と同じ森はもう二度と現れない。

火事が促す植物進化

燃えやすいタイプの植物というのはたしかにある。数百万年という長大な時間をかけて火事と共存する方法を強化してきた植物や、火事を利用するよう進化した植物がそうだ。生存戦略として、樹皮を厚くして簡単に焼かれないように進化する例がある（図10）。マツ類の一部はこの性質を、火事が多発していた一億年前ごろの白亜紀に獲得した。巨木のセコイアの樹皮の厚さはよく知られている。セコイアの倒木には火傷《やけど》の痕がたくさんついている。樹齢一〇〇〇年を超えることもあるセコイアにとっては、多数の火事を生き延びてきた勲章のような火傷痕だ。樹木の形成層（成長中

図10　焼け痕がついているが死んではいない樹木。

の細胞がある層）は樹皮のすぐ内側にある。厚い樹皮が断熱材となって、その形成層を火事の熱から守ってくれる。しかし、熱が樹木を内側から弱らせることもある。根から葉に水分を運んでいる木部細胞の中にある水分が、熱によって奪われてしまうからだ。

地中の根系に支えられたクローン群生で生き延びる、という生存戦略もある。そうした植物は、地上部分が焼かれても根が生きていて、火事後に新たに芽を出す。こうしたメカニズムは草や低木だけでなく、樹木にもある。アメリカ西部の山火事多発地域に生えているアメリカヤマナラシは、多数の木が群れているように見えるが、実際には根でつながった単一の木だ。

芽を樹皮で保護している植物もあり、そうした植物は火事が去ったあとに出芽する。オーストラリアのユーカリがその代表だ。針葉樹には、火事の熱を受けたときだけ球果が開いて種子を落とすものもある。その種子はライバルがいない地表で育つことができるから有利になる。ヒッコリーマツがこの戦略を使っている。南アフリカとオーストラリアに生えているヤマモガシ科の植物の一部も、火事のあとに種子を放出する。驚くような火事への適応として、煙に含まれる成分に反応する植物がいる。南アフリカのフィンボスという植生地では、数種の植物が火事の直後に種子を落として出芽させている。フィンボスにはこうした戦略をとる植物が数多く生育しており、種子のまま地中に長くとどまって火事の熱を合図に発芽する植物もある。

地域によっては、焼け跡に育つことに特化した植物がいる。ロッキー山脈でよく見られるヤナギランがその一例だ。ガイラルディア・アリスタータも火事頼みの植物で、その種子は火事が過ぎ去

図11　コロラド州のブランケット・フラワー（ガイラルディア・アリスタータ）。種子は火事通過後の土壌でしか発芽しない。花に擬態するガ（スキニア・マソニ）と共進化してきた。この植物とこのガは消火対策により個体数が激減している。

ったあとにしか発芽しない。この植物と共進化してきた昆虫に、スキニア・マソニというガがいる。このガはガイラルディア・アリスタータの花に擬態して生き延びるよう進化してきた[14]（図11）。そのため、どちらも火事の消火対策によって絶滅の危機に瀕している。

頻繁な火事や高温の火事に適応している植生もある。カリフォルニア南部に広がる低木チャパラルの群生地は、高温の樹冠火でしょっちゅう燃えている。オーストラリア中央と北部にも同じような植生があり、スピニフェクス（トリオディア）という多年草が数十年ごとに激しく燃える。こうした地域には、ほかにも火事に適応した植物がたくさん生えている。

アフリカ中央部から南部にかけてのサバンナは、C_4型といわれる乾燥に強い植物で構成される草原だ。サバンナの草は焼かれることを必要としている。火事の直後に発芽するよう進化してきたからだ。こうした火事の多い地域に育つ植物は、「隣人に死んでもらう」という生存戦略をとってきた。(15) 火事になったとき、周囲の植物が死んで自分が生き残れば(生き残るための形質を備えていれば)、子孫は空いたスペースで繁殖できるからだ。このような火事への適応と進化は、植物と火事との長きにわたる相互作用を物語っている。

嫌われるようになった火

ヒトは世界各地で火を「使って」いる。それ自体は恐れることでも何でもない。だが、この数百年で少しずつ、人々の火に対する気持ちが変わってきた。火の歴史についての専門家であるスティーヴン・パインは、都市化の流れがヒトと火との関係を変えたと言う。火をエネルギーや熱、輸送に利用すること、と同時に居住空間から排除しようとすることを、パインは「燃焼ニーズの変化」と呼ぶ。(16) この概念については、最終章でもう一度考えたい。

ヒトが都市に移り住むようになるにつれ、火は遠ざけられてきた。今では多くの人が、すべての火を悪だと思うようになっている。とくに山火事に対しては拒絶反応とも言えるほどだが、それは正しい情報を知らないからにほかならない。物事を広い視野で考える力をつけるために、火と地球の関係、火と生物の関係を、太古の地質時代から見直してみよう。これは現在進行中の気候変動問題に取り組む際にも必要なことだろう。

さて、火の歴史を探求するにあたっては、まず最初に、過去の火事をたどるための貴重な手がかりとなる、木炭について知っておこう。

2章

木炭が教えてくれること

木炭と聞けば、たいていの人はデッサンの道具、あるいはバーベキューで使う炭《すみ》を思い浮かべる。あなたもきっと、木炭が手を汚すことや、すぐにぼろぼろと崩れること、同じ大きさの木材より軽いことを思い出すだろう。木炭でたき火をしたあと黒い燃えさしが残ることを覚えている人もいるだろう。近くで山火事があるような場所に住んでいた人なら、焼け跡を歩いて木炭を踏み、シャキシャキと音が鳴るのを楽しんだかもしれない[1]（図12）。デッサンやバーベキューで使う木炭は人工的につくられた製品だ。たき火で使う木炭は自然素材だが、それでも山火事でできたものとは違う。山火事の写真や映像を見れば何もかも燃え尽きたように思えるだろうが、実際にはそんなことはない。私もヘイマン・ファイヤーの現場を訪れるまで知らなかったのだが、焼け跡には、燃えなかった植物と、植物が炭化してできた木炭がたくさん残っている。

木炭はどのようにできるのか

たしかに木炭は山火事の跡地に見つかるが、人工的に木炭をつくるときは、酸素のない状態で植物性の原料（基本は木材だがそうでないこともある）を熱する。ということは、木炭は火事の産物というより、火事の「熱」による産物と言えそうだ。

木材は基本的に、セルロースとリグニンという二つの有機化合物でできている。どちらも炭素、水素、酸素から成る物質だが、構造が違うので性質も違う。セルロースでは炭素原子が鎖状に一列に連なっている（脂肪族化合物）。たとえば紙の原料は、セルロースだ。一方、リグニンでは炭素原

図12　地表火の跡地に残った木炭。1995年、イギリスのサリー州、フレンシャムにて。

子が環状に連なっており（芳香族化合物）、この構造が木材に堅牢さを与えている。

産業用の木炭は各種の冶《や》金《きん》作業に使われる。吸着剤や食品添加物、バーベキューの燃料やデッサンの道具にも使われているので、木炭の生成過程については詳しく調べられてきた。温度が上がると木材には一連の物理的・化学的変化が生じる。その過程でセルロースとリグニンが各種成分に分解される。木材は、初めのうちは熱を吸収する。二〇℃から一一〇℃のころは水分が蒸発する。一〇〇℃から二七〇℃になると、木材の成分どうしを結びつけていた水分までもがなくなる。この段階では木材そのものも分解し始め、その成分は、一酸化炭素、二酸化炭素、メタン、酢酸、メタノールといった気体

（ガス）となって揮発する。二七〇℃から二九〇℃というつぎの段階では、熱はまだ吸収されていて、黒くどろどろしたタール（液体炭化水素と遊離炭素の混合物）が生じることもある。タールも温度上昇とともにガスとなって揮発する。二九〇℃を超えると、熱の放出を伴う発熱反応が始まり、さらに温度を上昇させる。このタイミングで熱分解による木炭形成が始まる（専門的に言うと、木材を無酸素状態で熱すると、高温になったところで有機物質の熱化学分解が始まる）。四〇〇℃から四五〇℃になると、木炭形成は事実上終わる。しかし、木炭の有機構造内にはまだタールが残っていて揮発が続く。だが、五〇〇℃になったところでそれもなくなる。この時点で、売り物になる良質な木炭ができあがる。その後、一〇〇〇℃以上に熱せられても木炭は固形を保っているが、逆に、もろく崩れやすい木炭となる。

では、木炭とそのオリジナルである木材は、何が違うのか。まず、はっきりとわかる違いは色だ。木材は茶色、木炭は黒だ。また、炭化した木材、すなわち木炭は、元の木材よりはるかにもろい。指で少し圧を加えただけで崩れる。木炭でデッサンすれば、紙にも指にも黒い粉がつく。そして、炭化の過程でかなりの成分が揮発するので、元の木材よりも軽くなる。ところが、あとで詳しく述べるが、木材の細胞構造は保たれたまま残っている。

木炭のもう一つの特徴は、黒くなるだけでなくひびが入ることだ。とくに一部だけ炭化した木材ではひびが目立つ。ひびは木材の表面に格子状に入っていて、さらに縮むと一センチ角の立方体となって焼け跡に残る。こうしたものは火事の跡地ならどこでも見られる（図13）。山火事ならでは

図 13 (a) 部分的に炭化した丸木に格子状に入ったひび。(b) 図 12 の跡地に残った木炭。小さな棒状のものと 1cm 角の立方体になっているものがある。

の産物で、木炭化石にかならず見られる特徴でもある。

この現象を化学的に説明すると、木材を構成するセルロースとリグニンに含まれる水素と酸素が燃焼中に揮発して、細胞の炭素濃度が高くなる。また、温度が上がるにつれ、炭素原子が整列するようになる。木炭が吸収剤に利用されるのはこのためだ。木炭が腐敗しないという性質もここから生じる。となれば、化石記録に木炭が出てこないはずがない。そしてそれは、地質時代に発生した火事の「証拠」になるはずだ。

木炭化石の存在に気づく

私は地質学を専攻する学部生だったとき、木炭のことなど考えたこともなかった。海の貝殻やサメの歯といった「本物の化石」を探すのに夢中になっていて、岩石の中にある黒いかけらにはまったく見向きもしなかった。四〇年も昔のことになるが、そんな私が木炭化石に目を向けるようになり、何にいちばん驚いたかというと、木炭に関する科学論文があまりに少ないことだった。

ロバート・フックは一七世紀の時点で、木炭と「木材化石」の両方について、多くの示唆に富む観察をしていた。「木材化石」は当時、石だと思われていた。だがフックはその考えに異を唱え、木材が埋まって石化したものだと主張した。自分で植物を炭化させてみて、その過程を名著『顕微鏡図譜（ミクログラフィア）』に記載した。彼は、木炭が熱の作用を受けてできること、燃焼あるいは炎を起こさせるには「空気」が必要だということを示して見せた[2]。しかし、彼自身は化石の状態になった木炭を見たことはなかった。

木炭化石について書かれた初期の記録に、ヴィクトリア時代の偉大なる地質学者、チャールズ・ライエル（図14）の文献がある。ライエルは一八四七年に発表した論文で、南ウェールズとヴァージニア州東部の炭田で見つかった木炭化石について報告した[3]（図15）。この時代、木炭化石はしばしば

図14　若き日のチャールズ・ライエル。

しば「鉱物木炭」と呼ばれていたが、その潜在的価値に気づく者はほとんどいなかった。

つまり、木炭化石の存在は、一九世紀半ばには認識されていた。にもかかわらず、記録はほとんどなく、その意義にも目が向けられなかった。理由の一つは、この物質をどう呼ぶかという言葉の問題にあった。当初使われていた「鉱物木炭」という英語は、フランス語とドイツ語に翻訳されたとき、fusit または fusain となった。このfusain（フゼイン）を、マリー・ストープスが再輸入して英語にした。(4) こうして、元の「木炭」の意味が抜け落ちたまま、フゼインという新語が英語圏で使われるようになった。

マリー・ストープス（図16）は産児制限の提唱者として、あるいはベストセラーとなった『結婚愛』の著者としてよく知られている。(5) だが、彼女は生粋《きつすい》の科学者だ。石炭層に変則的に見つかる丸い石「炭球」の実体を明らかにするという、画期的な論文を書いたこともある。第一次世界大戦中には石炭が主要な動力源だったことから、ストープスはイギリス政府から請われる形で、科学産業研究省が一九一六年に設立したR・V・ホイーラー率いる研究所に石炭専門家として加わった。このときの研究をまとめたものは、一九一八年にストープスとホイーラーの共著で『石炭の構造』と

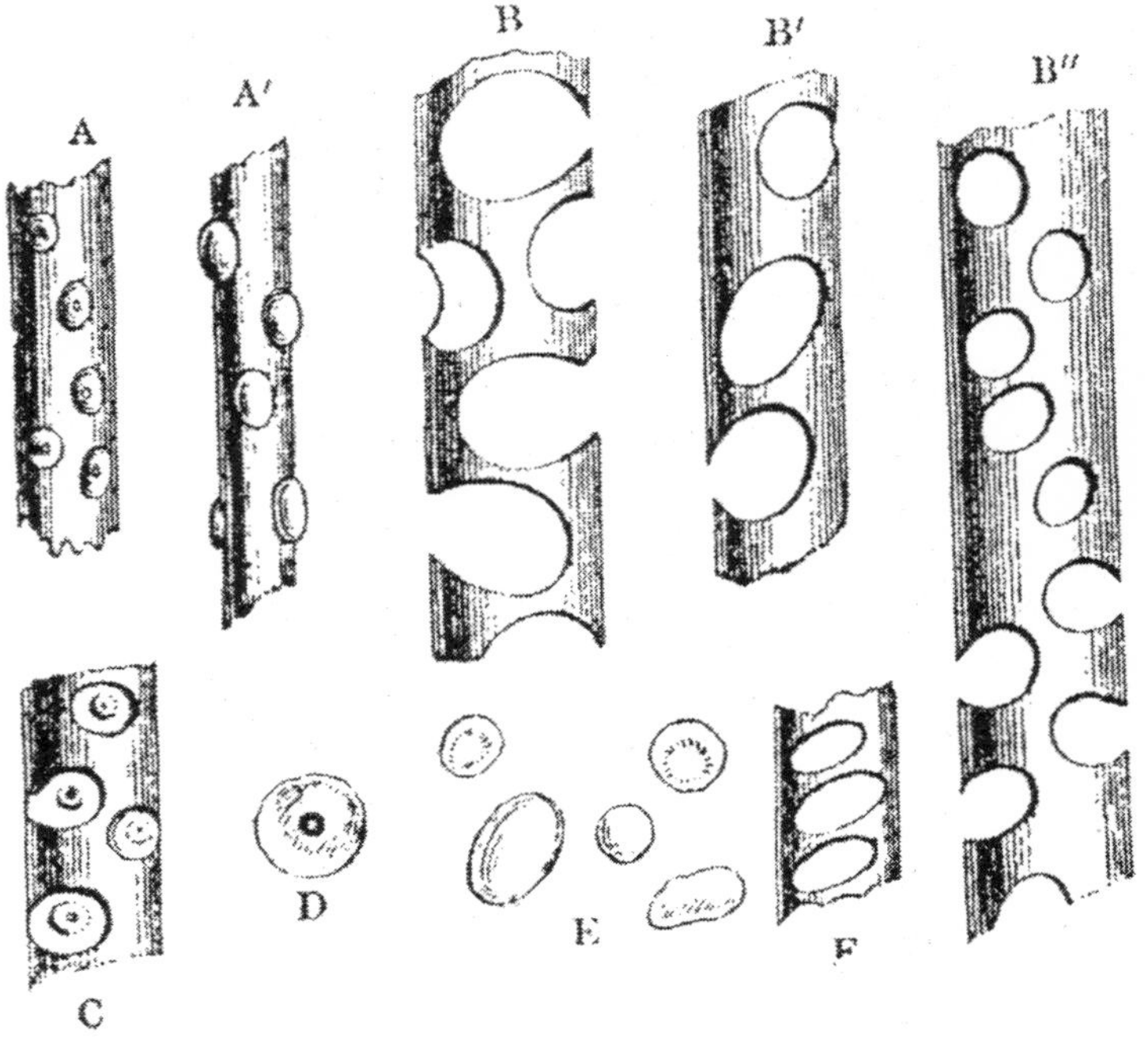

図 15　チャールズ・ライエルが 1847 年に発表した論文に添えられた、石炭紀（3 億 2000 万年前）の木炭の図。細胞壁の穴まで保存されている。

して発表された。彼女はその後も自身で研究を続け、石炭分野の「用語体系」をつくりあげた。

マリー・ストープスはフゼインについて、光をよく反射し、絹のような光沢があり、化学組成はほぼ純粋な炭素であると記載した[6]。こうして、二〇世紀初頭には、起源があいまいなままフゼインという言葉だけが定着してしまった。フゼインのことを森林火災で生じた木炭ではないかと考える科学者もいないわけではなかったが、強くは主張でき

図16　マリー・ストープス。植物化石と石炭地質の研究で多大な貢献をした古植物学者。

なかった。

フゼインは木炭ではないかと疑っても退けられた最たる理由は、フゼインが石炭から出てくることにあった。石炭は、おもに三億六〇〇〇万年前から三億年前の石炭紀に形成された岩石だ（別表、国際地質年代表を参照）。原料の植物が、年中雨が降っているようなじめじめした場所で堆積すると、泥炭となる。それが地中に閉じ込められて圧と熱を受け、石化すると石炭になる。あちこちの石炭層からフゼインが出てくることは、一八八〇年代にすでに知られていた。その一方、現存している泥炭から木炭が出てくることはほとんどない。泥炭が形成されるようなじめじめした場所で火事が起こるというのも、想像するのはむずかしい。石炭は石化した泥炭で、その泥炭は年中湿った状況でしかできないと思っていれば、フゼインと木炭が同じだと信じられないのも無理はない。しかし、実際には、泥炭の表面が乾くこともあり、そういうときは火事が泥炭全体に広がる。現在でも、アメリカ南部で日照りが続いたとき泥炭火災が発生している。

また、シダの葉のような繊細なものがフゼインから出てくることから、火事仮説は非現実的だとされることもあった。だが、その「常識」に納得せず、一九五〇年代にたった一人、立ち向かったのがレディング大学の古植物学者、トム・ハリスだった。ハリスは一九五八年に発表した中生代の森林火災についての論文で、イングランド南西部とウェールズ南部のジュラ紀前期（二億年前ごろ）の堆積岩から出てきた炭化した植物のことを記載した。[7] 彼は、堆積岩の中にある「フゼイン」が、針葉樹の木部と葉が木炭となってその後石化した「木炭化石」だと見抜いたのである。

論争は一九六〇年代まで続いた。博士課程で私の指導教官をしてくれたビル・シャロナーは若いころ、マリー・ストープスと直接の知り合いだった。シャロナーは私に、ストープスはフゼインが山火事でできた木炭だということを最後まで認めようとしなかった、と語ってくれたことがある。フゼインという用語が依然として使われながら、一方で、それが木炭を表す語ではないかと疑い始める人が増えてくる。こんな状況にあっては、このテーマについて論文を書くのは無意味だと感じる研究者もいただろう。

ハリスが一九五八年の論文で「フゼイン」の正体を指摘したにもかかわらず、この問題はしばらく忘れられていた。その後、かつてハリスの下で研究室生をしていたケン・アルヴィンが、ワイト島にある白亜紀のウィールド層（一億三〇〇〇万年前）の岩石に、美しく保存されている木炭化したシダを見つけた。アルヴィンは即座に、これは白亜紀の火事によってできたものだと確信した。引き続きハリスも、イングランド南部の同時代の地層から出たシダの木炭化石を記載した。(8) これだけ証拠が増えてくれば、フゼインと木炭が同じものだと、つまりフゼインは火事でできた木炭だと考えられるようになるはずだと思うだろう。ところが、私が自身の研究を始めた一九七〇年代初期でさえ、まだそうなっていなかった。アメリカの古植物学者ジム・ショップを中心とする権威者たちが、フゼインは火事による木炭ではない、あれほどみごとな保存が「突発的な熱」のせいでできるはずがない、と主張し続けていたからだ。別の研究者たちは、フゼインの起源は泥炭の表面が酸化したものだ、という説を唱えていた。

私は石炭（カラー口絵9）だけでなく堆積岩からもフゼインをよく見つけるようになったため、これはいよいよフゼインと木炭が同じものであることを科学的に証明しなければ、と思うようになった。反対派を説得するには、この二つの物質をあらゆる方法で比べる必要がある。私はフゼインの物理的・科学的特性を調べた。そして、ロバート・フックが一六六〇年代にすでに同じことをやっていたとも知らずに、自分でもいくつか実験をしてみた。自宅の庭でたき火をして木炭をつくったり、母のオーブンを借りて針葉樹の葉を炭化させたりした。そうやってできたものを、それまでに集めていたフゼインと顕微鏡下で比較した。

顕微鏡下で木炭を調べる

ロバート・フックは発明されたばかりの顕微鏡を使って木炭の細胞構造を観察した[9]（図17）。その後、チャールズ・ライエルが初期の顕微鏡で石炭紀の「鉱物木炭」を観察し、その鉱物木炭に細胞構造が保存されていることを見つけた[10]（図15）。だが、木炭化石の顕微鏡観察に飛躍的な進歩がやってくるのは二〇世紀後半になってからだ。

この大躍進を支えたのは走査型電子顕微鏡の登場だ。走査型電子顕微鏡は岩石標本の表面を電子線で走査し、そこから出てくる電子を収集・解析して高倍率の三次元画像を作成してくれる。一九六〇年代までは、高倍率の画像を得ようとすると、顕微鏡のガラス製スライドの上に研磨した薄い石片をのせて光を照射する方法しかなかった。木炭は細胞壁が黒くてもろいので、そこまで薄い標本にすることができない。走査型電子顕微鏡なら薄片標本を用意する必要がなく、倍率も四〇倍から数千倍まで簡単に上げられる。木炭の詳細を見るにはこの倍率で十分だ。走査型電子顕微鏡で得られる三次元画像は秀逸だ（口絵15）。この新しい画像技術を紹介する初期の論文の一つに、炭化の過程で細胞壁の構造がどう変わるかを示したものがあった（一九七六年）。樹木の細胞壁は、セルロースとセルロースのあいだに、ペクチンという重合体の薄い層（中葉、細胞間層ともいう）がはさまった構造になっている。炭化の過程でこの層構造が失われる。その結果、細胞壁が均質化するというのだ[11]。ともあれ、こうして太古の木炭の鮮明な画像が走査型電子顕微鏡で得られる時代がやっ

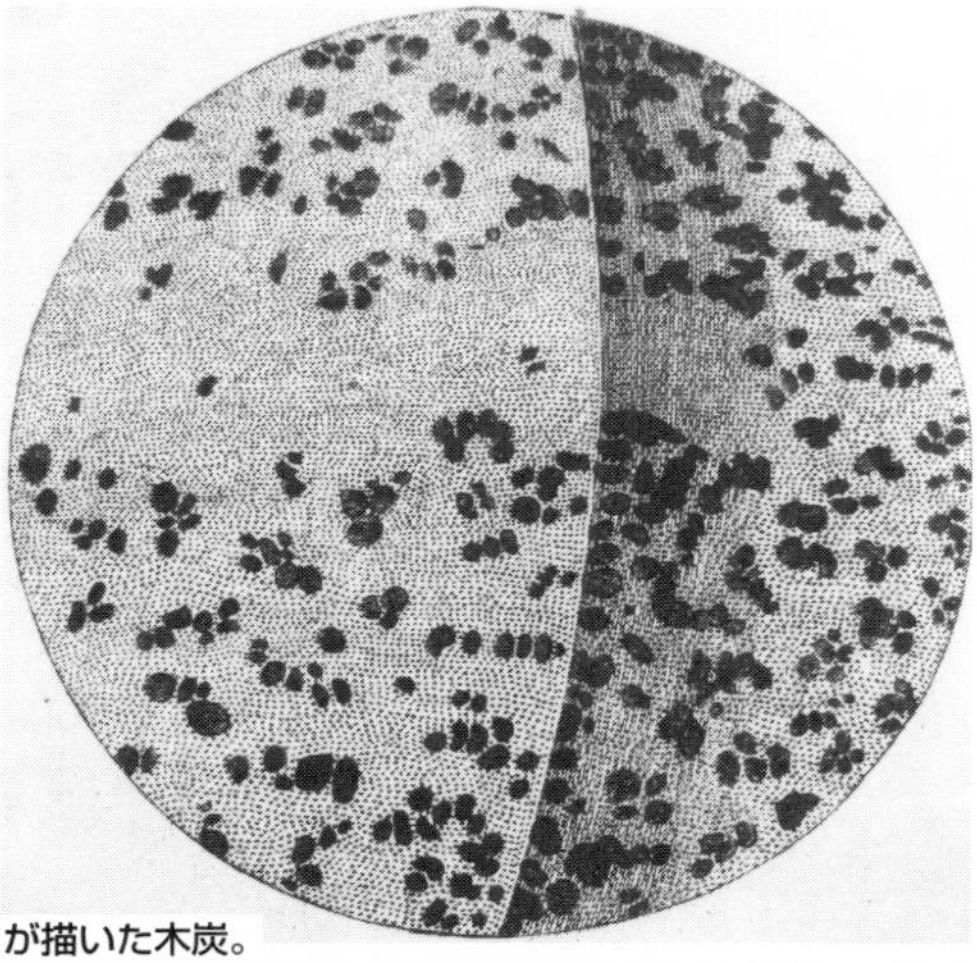

(a) フックが描いた木炭。

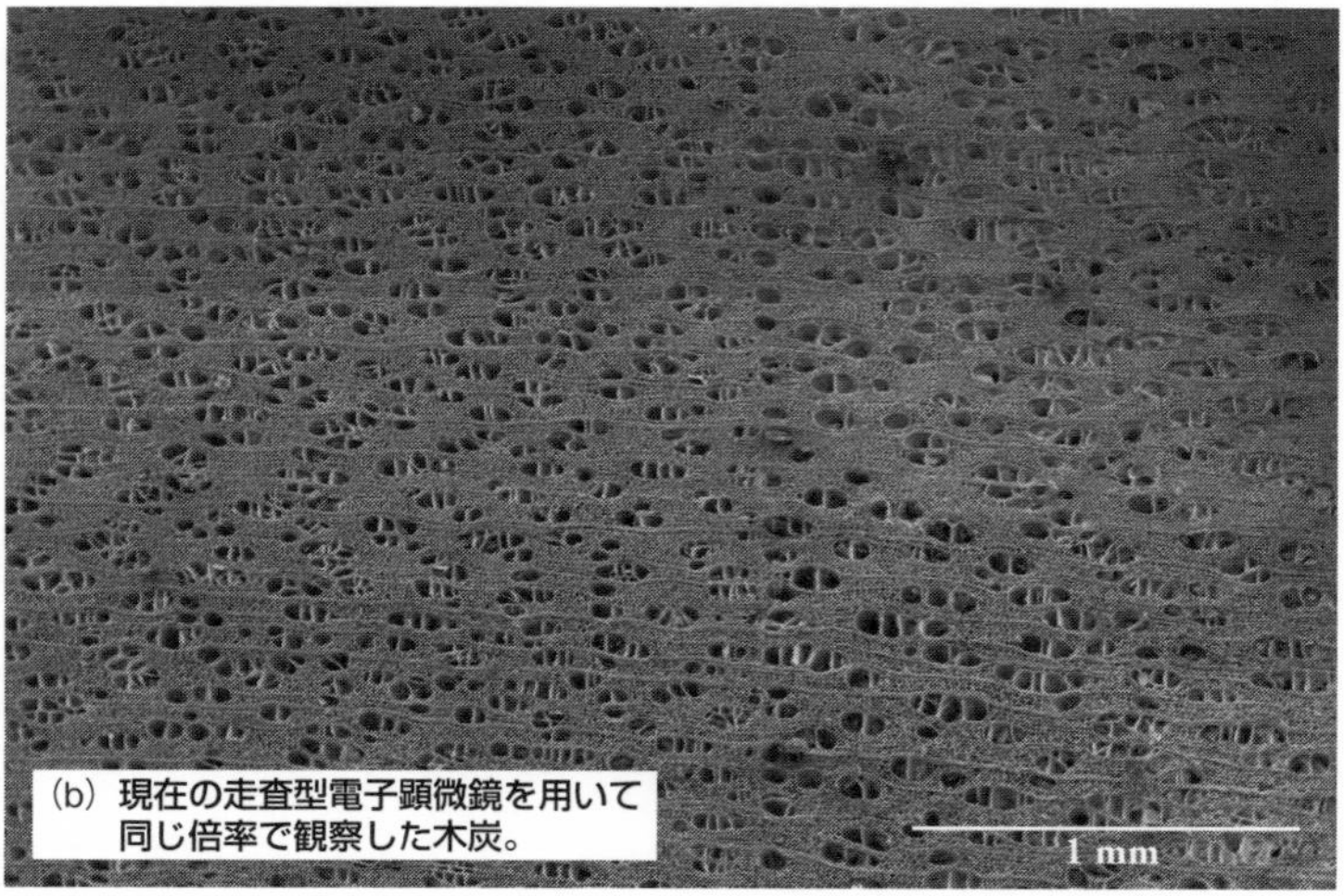

(b) 現在の走査型電子顕微鏡を用いて同じ倍率で観察した木炭。

図 17　ロバート・フック著『顕微鏡図譜（ミクログラフィア)』の挿画。

てきた[12]。

フゼインと現代の木炭の三次元構造を比較していた私にとって、走査型電子顕微鏡の登場は願ったりかなったりだった。おかげで、木炭化石に現代の木炭に見られるのと同じ均質な細胞壁があることを、はっきり示すことができた。だがそれでも、フゼインが木炭化石だと認めない人は多くいた。何よりフゼインが石炭から出てくるという事実が壁となった。

岩石が鉱物で構成されているように、石炭は「マセラル」という成分で構成されている、とマリー・ストープスは考えた。そして彼女はマセラルを階層化するための分類法を考え出した。彼女が考案し、確立させた石炭マセラルの分類法は、現在も「ストープス・ヘールレン体系」として知られている。そのマセラル分類法でイナーチナイトというグループに属するフジナイトとセミフジナイトの二つは、どちらも「フゼイン」として石炭層から出てくるものだった。この二つを反射光で顕微鏡観察しようとしても薄片標本づくりが困難だったため、かわりに石炭を樹脂に埋めこんで研磨するという方法が考案された。研磨した石炭ブロックの上にオイルをたらしてから、反射顕微鏡をセットする。こうすると、フジナイトとセミフジナイトの細胞構造を観察できる。フジナイトとセミフジナイトの細胞は、細胞壁がガラスのように粉砕されていることが多く、この特徴はボーゲン構造と呼ばれた（図18）。樹脂を使うこの技法なら、研磨した表面から数量データが得られるというメリットもあった。とくに、入射光に対する反射光の強度比を示す反射率のデータは貴重だ。なお、イナーチナイト・グループのマセラルはどれも、この方法で観察したとき高い反射率を示す。

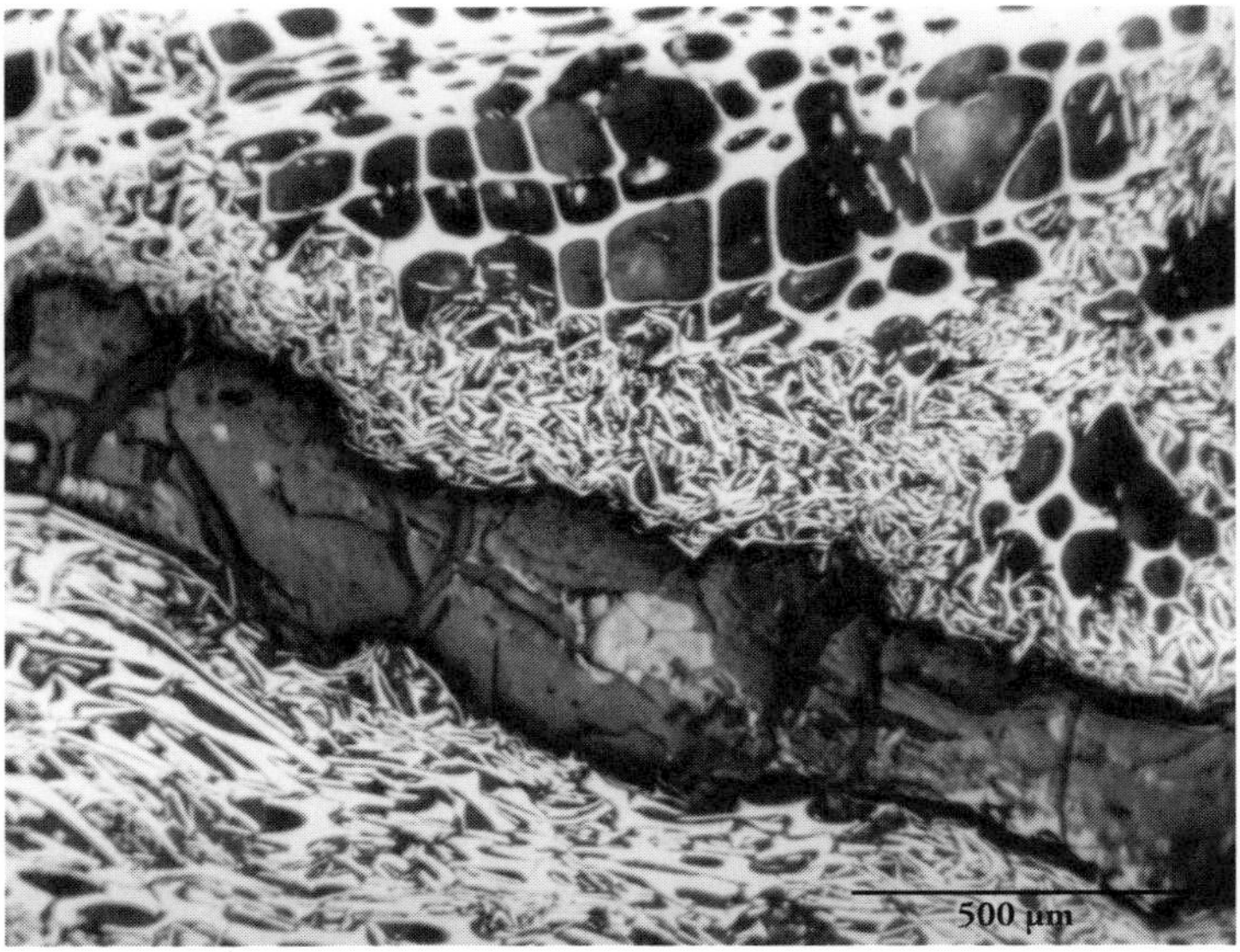

図18　オーストラリアのペルム紀（2億9000万年前）の石炭に含まれるフジナイト（木炭化石）。壊れていない細胞構造と粉砕された細胞壁が見られる。黒い帯は炭化せずに石炭化したところ。

フジナイトとセミフジナイトを分けるのは反射率の違いで、フジナイトのほうがより明るい、つまり反射率が高い。

さて、堆積岩に見つかる「フゼイン」も、石炭から出てくるフジナイトやセミフジナイトと同じ特徴をもつと判明した。こうして私は、堆積岩から出てくる「フゼイン」に高い反射率があること、それが石炭から出てくればフジナイトとセミフジナイトと呼ばれていることを、やっと科学的に証明することができたのである。なお、化石でない木炭そのものも高い反射率を示す。つまりこの特徴は炭化プロセスの結果として現れたも

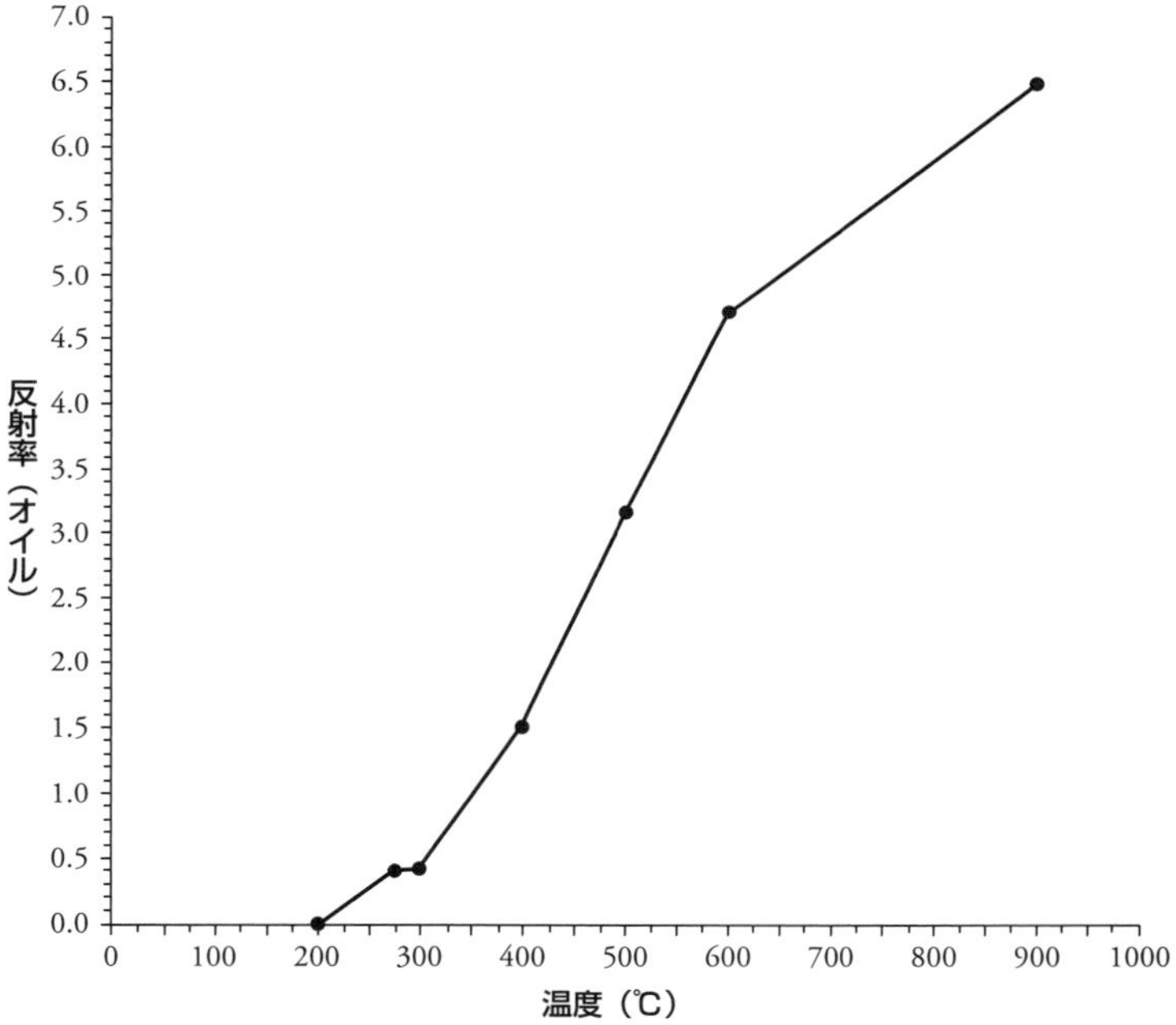

図19　実験的にセコイアの木材を１時間、炭化させたときの温度と反射率の関係。

のだ（以前に可能性として提唱されていた、泥炭表面の酸化作用ではないということだ）。そして、木炭の実験からさらなる興味深い事実が浮かび上がった。炭化するときの温度が高いほど、木炭の反射率が高くなるとわかったのだ（図19）。さらに、反射率の高さは木の細胞壁の中葉の溶解度と相関関係を示していること（図20）、その溶解はかなりの高温で始まることもわかった。そうしたことから、フジナイトとセミフジナイトに見られるボーゲン構造と高反射率はどちらも、埋没して石炭に変成する前の、炭化の過程で生じたも

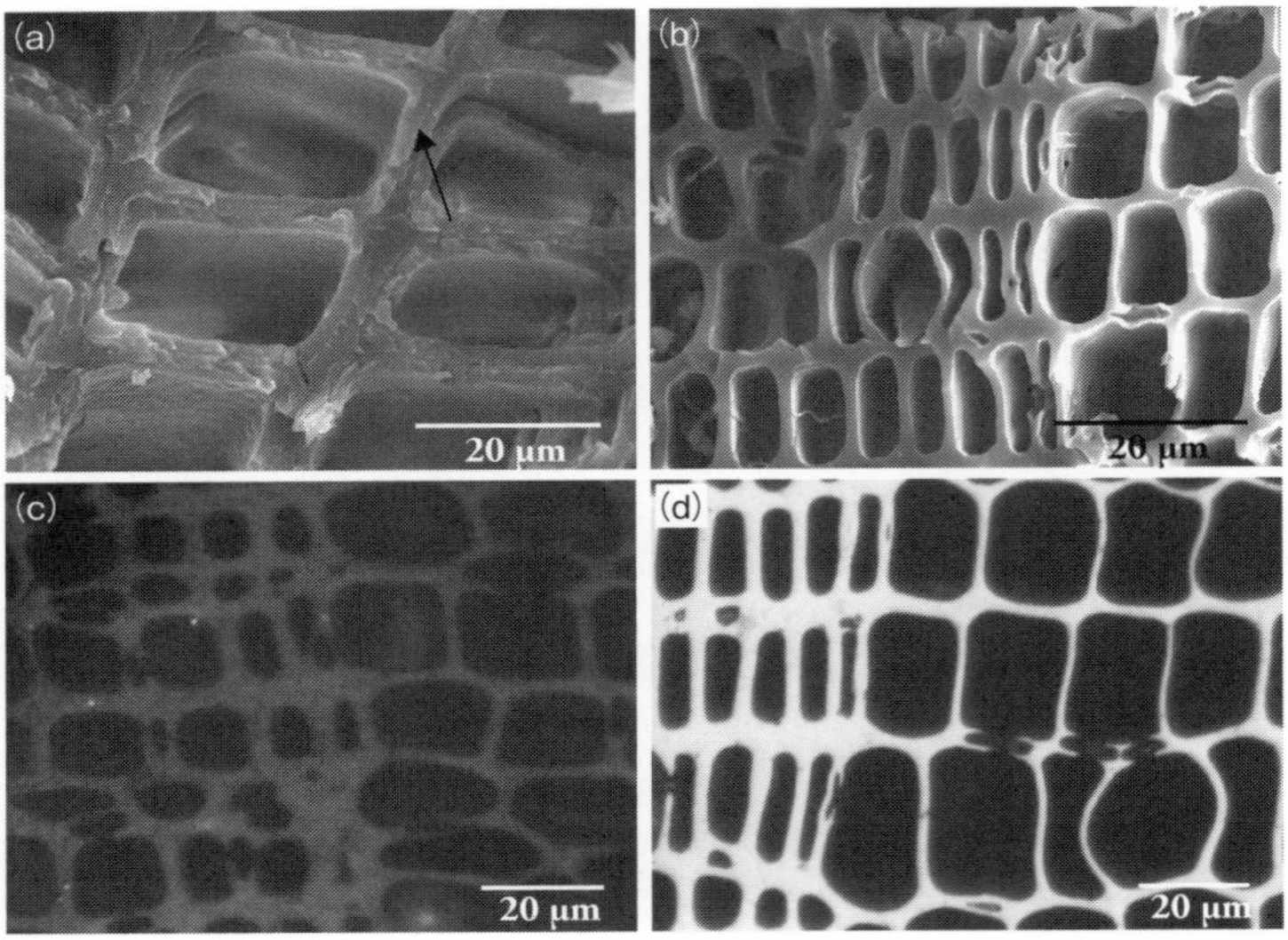

図20　350℃（a、c）と450℃（b、d）で炭化させたセコイアの木材を、走査型電子顕微鏡（a、b）と反射顕微鏡（c、d）で観察したもの。(a）の矢印で示したところは、溶解した中葉。高温で炭化するほど細胞壁が均質化し、反射率が高くなる。

のだと判明した。こんにちでは、現代の木炭と化石のフゼインが同一であることは明白で、フゼインは「木炭化石」と呼ばれるようになっている。

木炭化石はどこにあるか

フゼインと木炭が同じものだと確定できたのは、重要な節目となった。そのころには研究者の多くも、木炭は不活性物質だから化石の記録に簡単に見つかるという従来の考え方を疑うようになっていたからだ。それ以上に重要なのは、化石から出てくる木炭が、そのとき火事が起きていたこと、火事が植物進化に関与していたことを私たちに教えてくれるとわかったことだ。植物化石の研究をしている古植物学者たちは、木炭化石に太古の植物の組織が保存されていることに気づいただけでなく、そこから当時の植生や環境、気候までをも知るデータが得られることに気づいたのである。

どんな植物のパーツ（器官）も木炭になりうる。私が最初に見つけたのは、石炭紀の針葉樹の「葉」の木炭化石だった（口絵16）。ヨークシャー州リーズ近郊のスウィリントン採石場で見つかった針葉樹だったので、この植物はのちにスウィリントニアと名づけられた。[13] 葉には気孔《きこう》が残っていた。気孔とは、植物が大気とガス交換をするのに使う、葉に空いた穴である。木炭化したスウィリントニアの葉に保存されていた気孔は、のちに、三億年前の大気中の二酸化炭素濃度を測るのに利用されることになった。[14] 気孔の密度は大気中の二酸化炭素濃度と逆相関する関係にある。二酸化炭素が少なければ少ないほど多くの気孔が必要となるからだ。このスウィリントニアの葉には多数の気孔があった。ということは、当時は大気中の二酸化炭素濃度が低く、寒冷な気候にあったと推測できた。このように、木炭に保存された植物から、当時の植生はもちろんのこと大気組成から気候まで知ることが可能になった。

炭化した葉については一九五〇年代以降、さまざまな研究者が記録してきたが、植物の詳細まで残すという木炭化石のクオリティを世に知らしめたのは、デンマークの古植物学者エルス゠マリー・フリースとその同僚らだった。彼女らは、七〇〇〇万年以上も前の岩石から見つかった炭化した花の化石を詳しく記録した。[15] エルス゠マリーがロンドンに来たとき、彼女が持参した研究素材を見たビル・シャロナーと私は、炭化した花の化石の保存状態のすばらしさに目を丸くしたものだった。当時は花のようなデリケートなものが火事のおかげで木炭になって保存されるなど、だれも想定していなかった。その後に私は、現代のヒース原野で起きた火事の焼け跡に、木炭化した花が大量に保存されていることを示してみせることができた[16]。

化石記録のどこに木炭を探せばいいかを知りたければ、木炭が移動中にどのようにふるまうかを知る必要がある。木炭が風で運ばれるときのふるまいについてはそれなりに多くのことがわかっていた。だが、私がトリニティ・カレッジ・ダブリンでポスドクフェローになった一九七〇年代半ばには、木炭が水中でどうふるまうかについての情報は皆無だった。ほどなく、この課題に取り組めるチャンスがやってきた。学生を連れてのフィールドワークで、石炭紀前期の岩石があるドニゴール南部の海岸に向かう途中、私たちはシャルウィー湾に立ち寄ることにした。ここは三億四〇〇〇万年前に海面が上昇して、それまで陸だったところがサンゴの棲む熱帯性の海に変わった場所だ。シャルウィー湾にはその証拠を見ることができる崖があるのだ。崖に到着すると、海になってからの最初の層が異常に黒いことに私は初めて気づいた（図21）。近づいてよく調べるとその黒い岩石層は、典型的な海の化石を含みつつ大量の木炭をも含んでいることがわかった。私はすぐさまサンプルを採取してラボにもち帰り、岩石を酸で溶かして木炭を取り出し、走査型電子顕微鏡で精査した。すばらしい標本だった。細胞壁の肥厚までもが見えた（口絵17）。しかし、火事はふつう陸地で起こるものだ。木炭はどのようにして海まで運ばれ、海岸近くの砂地に堆積したのだろうか。

図21　石炭紀前期（3億4000万年～3億2500万年前）の岩石。アイルランド、ドニゴールのシャルウィー湾にて。木炭を多く含む黒い沈積物が、海で堆積した潮汐砂岩を覆っている。

この疑問を解こうと、学生と同僚による研究グループをドニゴールに送りこんだ。彼らが調べ上げてきたことは、当時の私たちが仮説として考えていたことを裏づけてくれた。彼らは木炭が含まれる岩石層を地図に落としこんだ。それはかなりの広範囲に及んでいた。さらにその岩石層は、北にある高台の陸地から川で流されてきた大量の土砂と木炭が河口で氾濫するという、たった一度の事象で堆積した潮汐砂岩であることがわかった。つまり、山火事で植物が焼けたあと、火事後浸食で土砂と木炭が移動させられたのだろう。現代のヘイマン・ファイヤーで生じたのと同じ現象だ。植物の焼けかすは、川で流されて石炭紀時代の暖かい海に運ばれた。この木炭含有層は、その地域でかつて火事があったことの証《あかし》だった。その火事が、こんにちのオランダとルクセンブルクの面積を合わせたほど広域にわたる大規模なものだったことも、推定式によって算出された[17]（図22）。

ではは、木炭はどれだけ遠くまで移動するのか。こちらの疑問の解明は思ったより困難だった。まず、木炭が水の中に沈むまでどのくらい浮いているかを知る必要があった。樹木の木炭は炭化の過程でサイズが変わるし、温度によって変成作用を受ける細胞壁の構造も、着水後の浮き沈みに影響する。私たちは炭化させた木材を使って水槽で実験をやってみた。そして、低温で炭化させた木材は枯れた木材と同じように沈むこと、細胞壁が均質化する三五〇℃前後で炭化させると長く浮いていることを見出した。六〇〇℃では細胞壁が粉砕されるので、その状態になった木炭は逆にすぐに沈んだ。これらの実験結果から、木炭は想像以上に長く水面を漂い、遠くまで運ばれることがわかった。これまで、大きな木炭片は近くの火事で生じたものと考えられていたが、かなり遠くの火事で生じたものの可能性もあるということだ。

同じころ、火事とその副産物について新たな知見をもたらす出来事が起きた。一九九五年五月、イギリス、サリー州のフレンシャム・コモン自然保護区で火事が発生したのだ。そこは私の住まいの近くで、自宅の窓から煙が見えたほどだ。私は同僚に電話し、火事が収まるやいなや現場に駆けつけた。炭化した一帯を歩いたら、なんとゴム長の底が溶けていた。鎮火の直後に来たおかげで可能になったことがいくつかあった。まず、風や水に流される前の木炭を集めることができた。その後も三年以上かけて、木炭がどのように風や水で移動するかを調べることができた。さらに、炭化

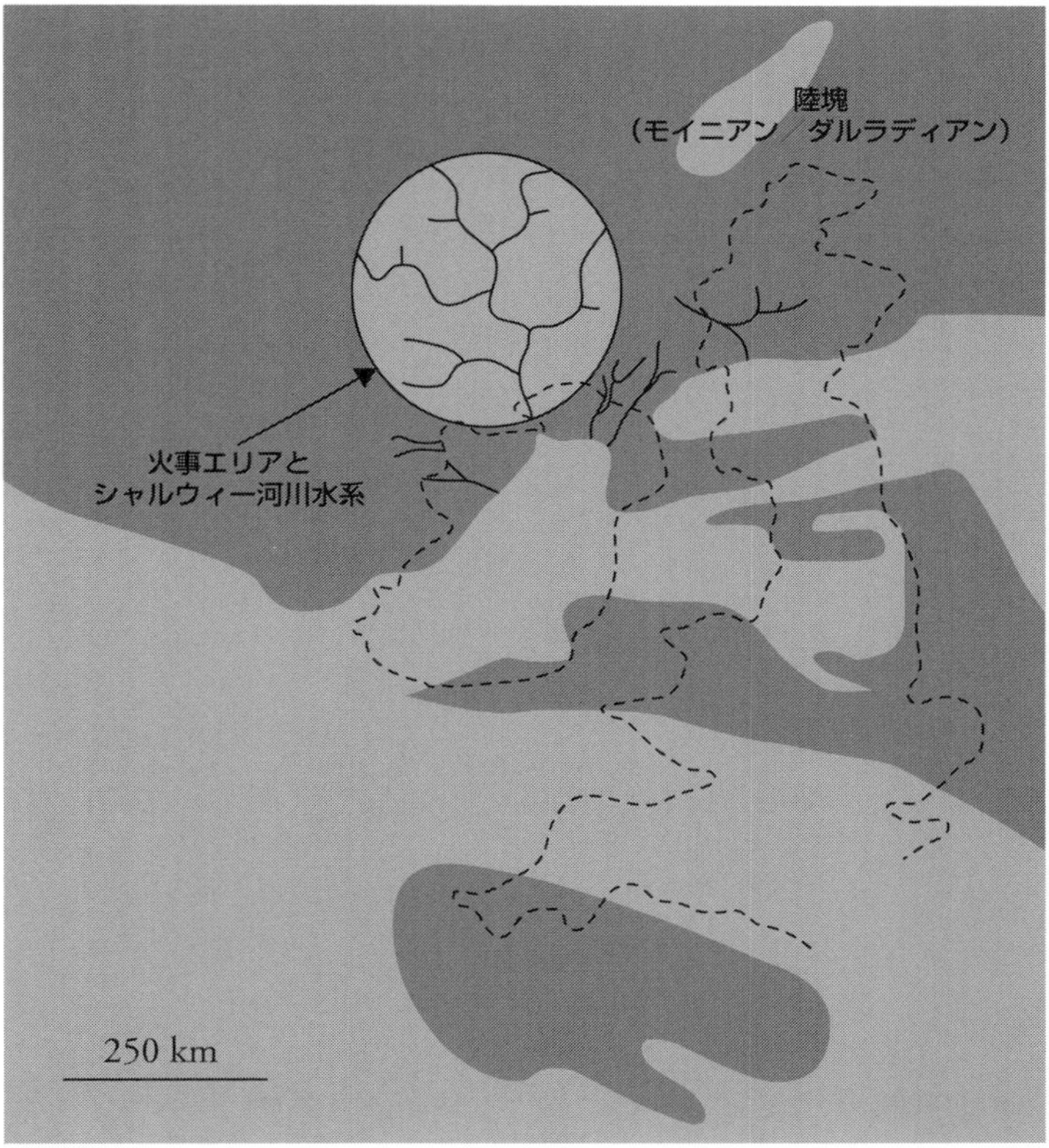

図 22　3 億 2500 万年前のイギリス諸島の復元図。当時の火事の範囲と氾濫域を示している。濃色部分は当時の陸地。

した植物の種類と器官を特定し、それらを火事以前に存在していた植生と比較することができた。

いちばんの驚きは、焼け跡に残った木炭に、樹木だけでなく、植物のあらゆる器官が含まれていたことだった。小さなヒースの花まであった。二番目の驚きは、数日後、風が細かい木炭を吹き飛ばして地表に風紋ができ、その風紋の中の木炭を調べると炭化した花が大量に出てきたことだった（図23）。岩石の一定の場所に炭化した花が集中して見つかるのは、おそらくこのメカニズムが働いているのだろう。

火事後に雨が降ると、木炭はくぼみに移動し、水路に入り、どんどん密度が高まった。このことから、水による移動中に植物のサイズや器官ごとの「ふるい分け」がなされるのだろうと推測された。そこで私たちは、工業規模の炉を購入し、植物の種類と器官ごとに異なる温度で炭化させた木炭をつくり、それらを流速を変えることのできる水路タンクで水に流した。この実験により、木炭がタイプごとに集約しながらタンクの底に沈殿するようすを観察できた。植物の器官、木炭のサイズ、木炭ができたときの温度に応じて、それぞれ沈殿する速度が違っていた。木炭は、水に乗って遠くまで移動するだけでなく、タイプごとに分離していく。木炭化石が見つかるときに、同じサイズのものばかり出てきたり、同じ器官（花や葉）ばかりが出てきたりする理由がようやくわかった。

木炭から火事の温度を知る

木炭とフゼインの同一性を示すために、つまりフゼインが真に木炭化石であることを確かめるた

(a)

(b)

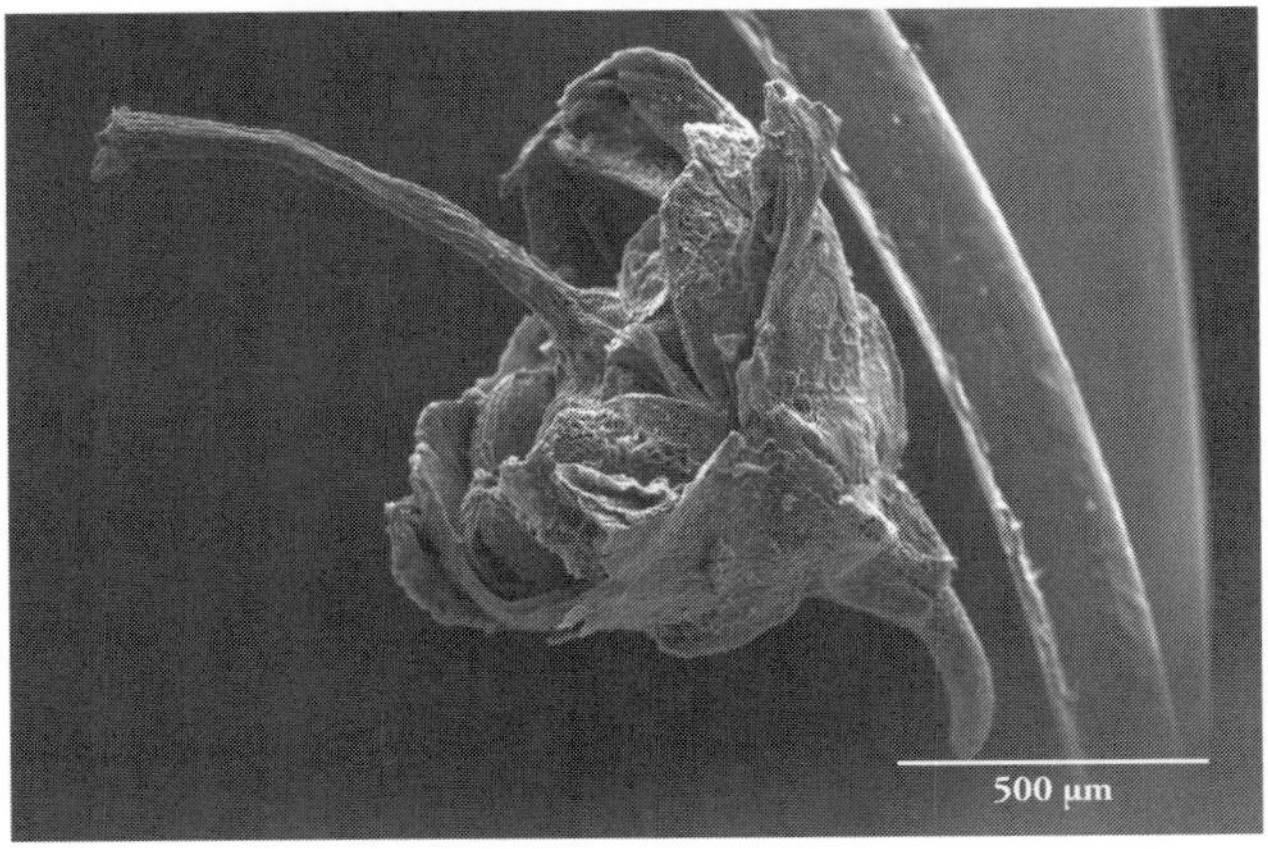

図23 (a) 1995年、サリー州フレンシャムの地表火のあとにできた木炭と風紋。風紋からは炭化したヒースの花が大量に見つかった。(b) 炭化した花を走査型電子顕微鏡で観察したもの。

めに、私たちが反射率の測定値を使うようになったことはすでに述べた。ところが、研究を進めるうちに、反射率を使う技法は別のことにも応用できることがわかった。とくに、木炭の反射率は火事の温度を教えてくれる。たとえば一九九五年のフレンシャム・ファイヤーでは、火事の温度が四〇〇℃から四五〇℃と、それほど高くなかったことが木炭の反射率から割り出せた[18]。

私たちはそれまで実験に木材しか使っていなかったが、樹木でない植物が素材となった木炭の反射率も炭化の過程で変わるのだろうか？　シダには「木部」はないが、木炭として見つかることがよくある。シダで実験してみると、炭化過程におけるシダの反射率の変化も、被子植物の樹木や針葉樹と同じだとわかった。また、シダの構造上の細部は炭化しても保たれていること、木炭になっても簡単に見分けられることにも気づいた。菌類のような、植物でない素材の場合はどうだろう？　菌類は生来的に高い反射率を有していると言われてきたが、きちんと立証されているわけではなかった。サルノコシカケは樹木に寄生する菌類で、とりわけ枯れた木や枯れかけの木を好むということで、さっそく実験してみることにした。樹木の成分は化学的にはセルロースやリグニンだが、菌類は植物キチンという物質でできている。実験の結果、サルノコシカケを含む菌類には、従来言われていたような生来的な反射率のようなものはなく、むしろ植物全般と同じで、炭化時の温度が高いほど木炭の反射率が高くなった。つまり、進化系統にかかわりなく、あらゆる植物と菌類が木炭になったときの反射率は、火事が起きたときの温度を知る手がかりになるということだ。

一定時間内なら反射率は火事の温度の上昇とともに上がることはわかった。自然火災関連の研究

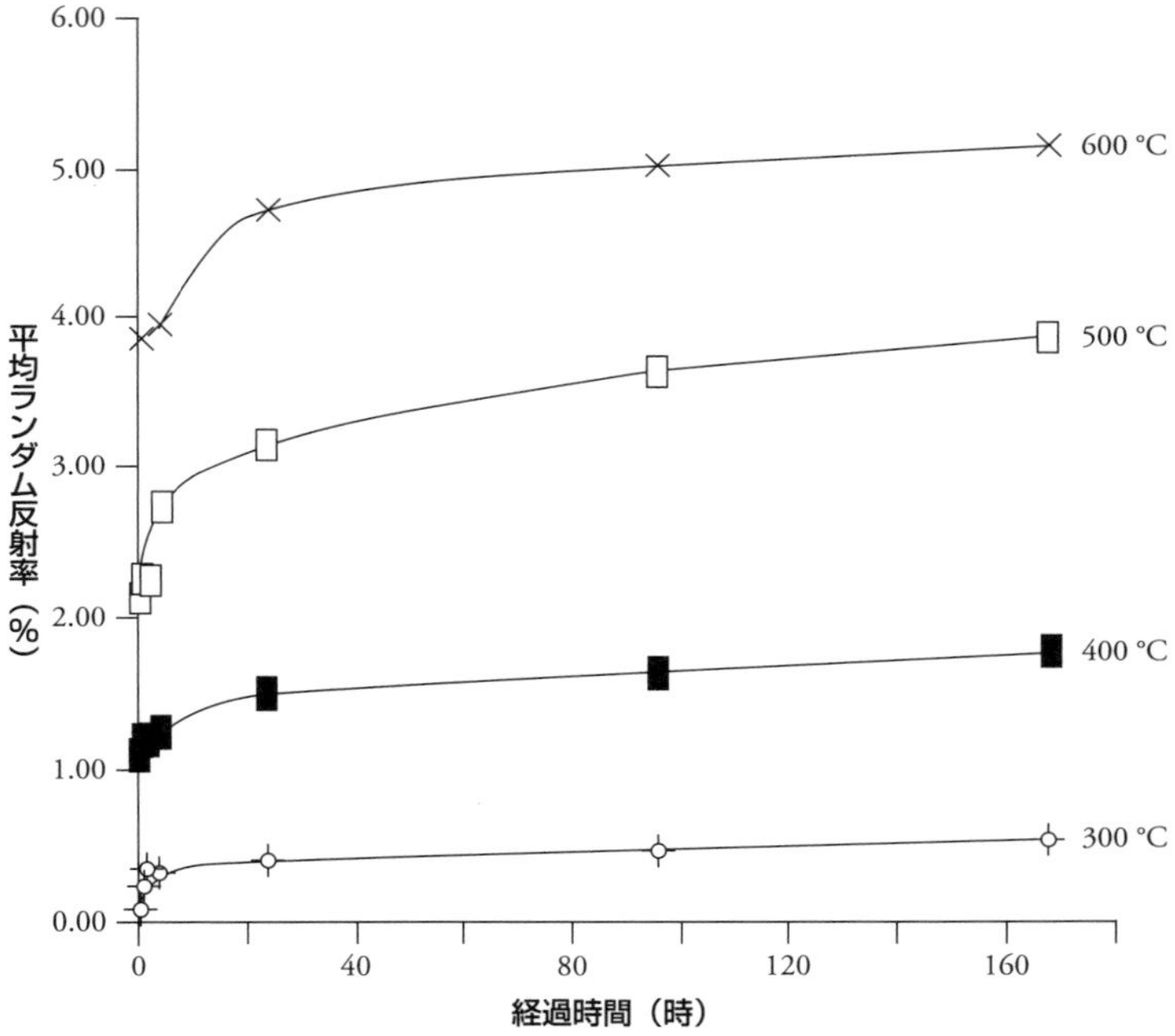

図24　実験的に炭化させたセコイア木材の反射率の上昇カーブを、炭化時の温度ごとに示したグラフ。

によれば、植物素材が高温にさらされる時間は長くて一時間、ないしはもっと短いとされていたため、私たちの実験は通常、炭化時間を一時間までとしていた（図19）。では、もっと長い時間をかけて炭化させたときの木炭の反射率はどうなるだろう。実験でデータをとってみたところ、反射率は四時間後までは上昇し続けるが、その後は横ばいになることが判明した（図24）。これは、炭化にどれだけ時間がかかったか不明でも、反射率が木炭形成時の最小温度を教えてくれることを意味する。たとえば、反射率の高い木炭は、少なくとも三〇〇℃以上の高温の火事で形成されたということだ。三〇〇℃未満の低温の火事にどれだけ長時間さらされても、反射率の高い木炭にはならない。この法則は、火山から噴出されて堆積する火砕岩《かさいがん》に埋まってできる木炭についてもあてはまる。高温に何時間さらされていたかを知らなくても木炭の反射率から火砕流の温度を計算できることになり、この技法は火山学の分野で応用されることとなった。

過去を知るための最新機器

岩石を顕微鏡で調べるためには、長きにわたり薄片標本を必要とした。その薄片標本をつくるには、岩石を壊さなければならなかった。しかし今では、CTスキャンやX線断層写真撮影などを使えば岩石を切断することなく内部を探索できる。X線画像は粒子加速器から得ることもできる。シンクロトロンは円環状の粒子加速器で、スイス・ライト・ソースはそのシンクロトロンを有する世界屈指の施設だ。円環で軌道を曲げられた粒子を標本に当てると、単一波長のX線が放出される。こうしたX線を集めると、回転させた標本を輪切りにした連続画像を作成することができる。その画像を高度なコンピュータ・ソフトウェアで積み重ねて三次元画像を構築すると、標本をあらゆる角度から見ることが可能になる（口絵18）。最初から最後まで標本を傷つけることなくできるのだから、繊細な素材や希少な素材を扱うときにはありがたい技術だ。

私たちはこの技術を用いて、私が見つけた最古の木炭素材——スコットランド南部産の石炭紀前期の木炭――を調べることにした。長さが一・五ミリメートルしかない生殖器官と胚珠が含まれている木炭である。走査型電子顕微鏡でも標本の表面を観察することは可能で、胚珠の腺毛まで美しく保存されていることが示された。[19] だが、保存されているはずの内部構造も見てみたいと思った。シンクロトロンX線断層撮影法は、胚珠を壊さず内部を観察するのを助けてくれた。私たちは内部と表面と腺毛を色分けし、標本を回転させ、画像をレイヤーごとに加工して胚珠を再建することに成功した（口絵19）。こうした現代の画像技術は、古生物学者にとってこのうえない恩恵となっている。

一六六五年のロバート・フックの時代から、ここまで来たことを思うと感慨深い。しかしながら、木炭化石が過去をこれだけ美しく保存していることについては、残念ながらまだ広く知られていない。

3章

火事の三要素

火事が起きるためには何が必要だろうか。火事を支える要素は三角形の図で表すことができ、その三角形は空間と時間の規模に応じて五種類に分かれる（図25）。いちばん小さな「燃焼の基本」の三角形から見てみよう。この三角形は、「燃料」「熱」「酸素」の三つの辺《へん》で囲まれている。まず、燃焼するためには燃えるもの、つまり燃料（可燃物）がいる。つぎに、火がつくためには熱がいる。そして、火が燃えたり広がったりするためには酸素がいる。酸素の役割は火を消すときのことを考えればわかる。火に砂をかけたり二酸化炭素を吹きつけたり、分厚い毛布をかぶせたりするのは、火に空気を触れさせないための行為であり、酸素の供給を遮断すれば燃焼反応はストップする。消火に水を使うのは二つの点で効果がある。まず、水は火に触れる酸素の量を減らす。それ以上に重要なこととして、水は、燃焼により生じた熱エネルギーを水蒸気に変える。つまり、熱エネルギーが火をあおるエネルギーになるという連鎖反応を止めてくれる。

二番目の三角形は「火事環境」だ。ここでも一つ目の要素は「燃料」だ。もう一つは「気象」で、これは燃料の湿りぐあい、つまり燃えやすさを左右する。燃料は乾いていればいるほど燃えやすい。三つ目の要素はちょっと変わって「局所地形」となる。局所地形は火事の速度と広がり方に影響する。たとえば山の斜面は、空気のゆるやかな上昇を促すので火事を急速に広げる。

三番目の三角形は、もう少し大きな空間的規模および時間的規模で見たときの「火事レジーム」である。レジームとは、ある状態を構造的に維持する体制のことをいう。特定の地域または生態系でくり返し発生する火事の、頻度や強さや環境に与える影響といったパターンが一〇年単位、一〇〇年単位で続くとき、その火事パターンはまとめて「火事レジーム」と呼ばれる。火事レジームの三角形を支える三辺の、一つ目の要素は単純な燃料ではなく、燃える材料全体の「植生」となる。植生は、そのタイプによって燃えやすくも燃えにくくもなる。火事が地域規模でくり返されるとき、二つ目の要素は地域規模の「気候」となる。一年中多湿な熱帯気候の地域より、季節の変化が大きな温帯気候の地域のほうが火事は起きやすい。三つ目の要素は局所地形よりも大きな「広域地形」だ。山地は平らな低地より火が燃え広がりやすい。

四番目の三角形はごく最近になって提唱されたもので、「超火事レジーム」とでも呼ぶべきものだ。ここではとくに時間的スパンが長くなる。一つ目の要素は「生物群系の持久力」だ。これはつまり、地域一帯の植生が長く持ちこたえるタイプかどうか、ということである。二つ目の要素は「長期的な気候の変化」だ。数千年のタイムスパンで見れば、気候はかならず変わる。その気候の変化がどう始まって、どの程度まで広がり、どれだけ続くのかによって、火事パターンも変わりゆく。三つ目の要素は「地域的変動」だ。これは、一〇〇〇年単位のタイムスパンで変わりうる地形など、火事パターンに影響する地域的な変動因子をすべてひとまとめにしたコンセプトである。

最後の三角形は私が提唱した「地質時代の火事レジーム」で、一〇〇万年単位の地質学的なタイムスパンで考えるときの三角形だ。一つ目の要素は「植生の進化」で、これは植物のサイズや構造、生存戦略が火事レジームを変えうることを示している。二つ目の要素は「気候大変動」だ。地質学的なタイムスパンにおいて、地球は全球凍結から全球温室まで、何度か全面的な気候大変動を経験

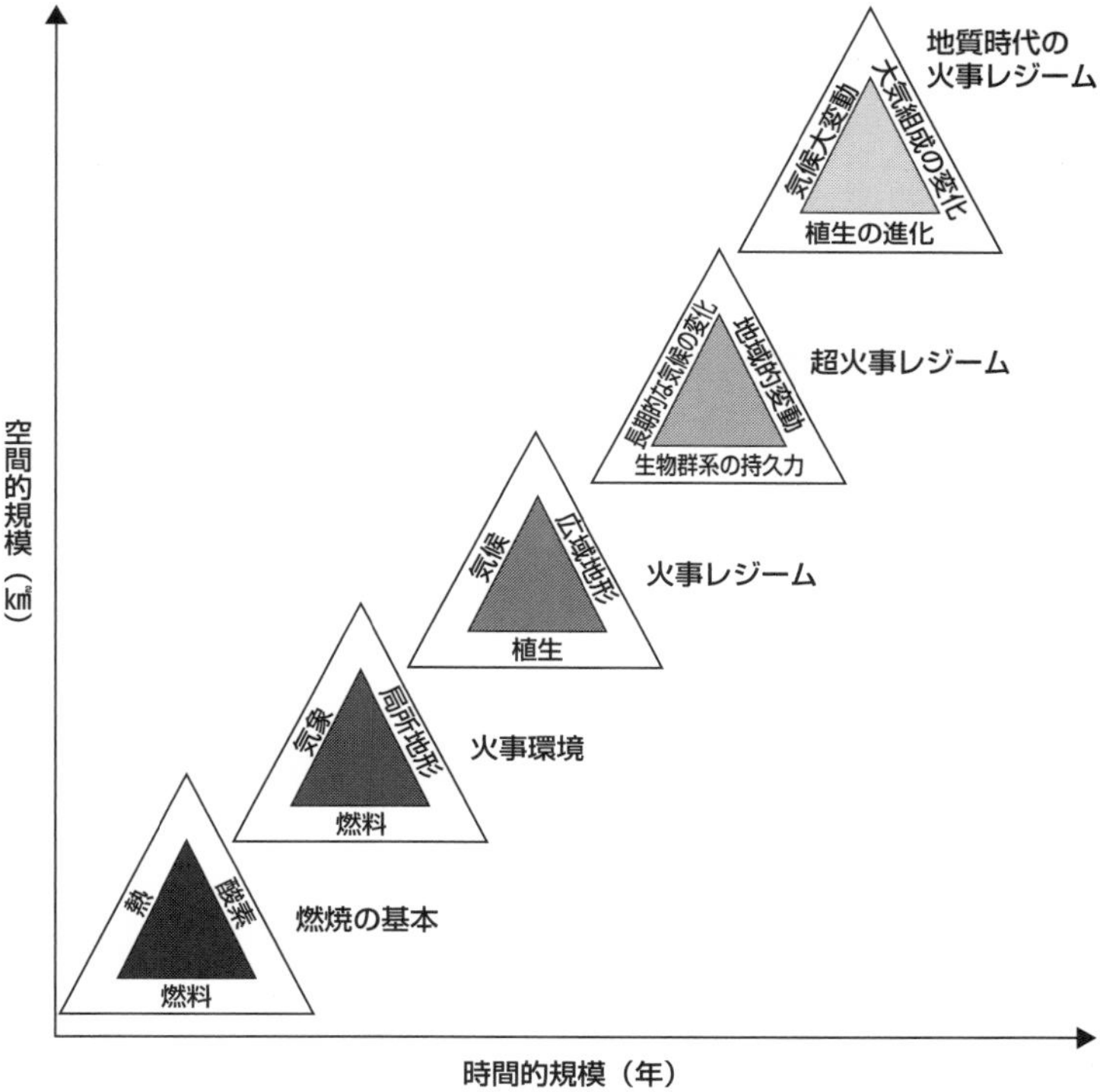

図25　火事の三角形。

してきた。そしてもちろん、そうした気候大変動は火事レジームを変えてきた。三つ目の要素は「大気組成の変化」だ。これは最初の三角形に戻るようだが、要するに、大気中の酸素濃度のことである。大気組成の変化についての知見は、過去一〇年から二〇年ほどで格段に増えてきた。

　地質時代の火事の歴史を理解したいと思うなら、燃料、熱、酸素という基本三要素を地質学的なタイムスパンに置き換えたうえで、植生（燃料）の進化、着火源、大気中の酸素濃度の三要素で考えるのがいいだろう。

植生の進化

燃えるものがなければ火事にはならない。したがって、植物が陸上に出現する以前の地球に、火事は存在しなかった。四億五〇〇〇万年前にも地表にコケ類や藻類は生えていたかもしれないが、陸生の維管束植物の証拠が初めて見られるのは、四億二〇〇〇万年前のシルル紀に入ってからだ。維管束植物は木部を通じて水や養分を体内に運べるため、地上で大きく成長できる。シルル紀には、現在の私たちになじみのある植物グループの大半が出現した。

最初の維管束植物は小さな草のような形状で、胞子をつくっていた。高さ数センチで水辺近くにほそぼそと生えているくらいでは、火事の燃料にはなりえなかっただろう。それから五〇〇〇万年が過ぎてデボン紀になると、植物はどんどん多様化した。一部の植物は大きくなり、燃料にふさわしくなってきた。それでも背丈はせいぜい一メートルで、生殖を胞子に頼っていたため、あいかわらず湿地でしか生きられなかった。

三億七〇〇〇万年前ごろのデボン紀後期に、二つの画期的な進化があった。一つ目は、茎を太くして背を高くするという「樹木のような性質」の獲得である。この進化を支えたのは二次成長とリグニンだ。それまですべての植物は、茎の頂上だけで細胞分裂するという一次成長をしていた。この方法だと、茎は伸びても太くはならない。茎が細いままだと高さを伸ばすにも限界がある。雑草やシダの背丈が低いのを思い出してほしい。この問題を解決したのが茎の円周を成長させる二次成長だ。茎回りが太くなれば、どんどん高くなることができる。この方法は植物界で大成功を収めた。だが、樹木のような性質を獲得するには二次成長だけでは不十分だ。ほぼセルロースのみでできていた細胞を、もっと強化しなければならなかった。そこで発明されたのが、芳香環をもつ複合高分子のリグニンである。リグニン化（木質化）した細胞は頑丈になり、植物をさらに強く高く成長させられるようになった。私たちが思い浮かべる「木」は二次成長で産生された木部で、その細胞壁は七〇パーセントのセルロースと三〇パーセントのリグニンでできている。リグニンを含んだ植物は、細胞壁がセルロースだけの植物と比べて腐敗しにくいという性質も得た。樹木のような性質を獲得した植物が増え、その死骸（枯れ木）も腐らず増えていく。こうして潜在的な燃料が地表にたまっていった。

デボン紀末までに、二つ目の画期的な進化が起きた。水辺からの独立である。それ以前の植物は、みな繁殖を胞子に頼っていた。陸生の維管束植物の、地上に見えている部分は胞子体と呼ばれている。現在の植物でいえば、シダの葉全体が胞子体だ。シダ植物の胞子は葉の裏に房《ふさ》になって並んでいる。胞子は減数分裂の産物である四分子で、それぞれに半数の染色体（一倍体）が入っている。放出された胞子は湿った地面に落ちると発芽し、配偶体となる。配偶体のときは私たちの目にはほとんど見えないが、地中で雄性器官と雌性器官を形成している。雄性器官から放出された精子は地中を泳いでゆき、雌性器官に授精する。ここで完全な染色体（二倍体）の植物が生まれ、成長して地表から顔を出す。胞子による生殖には湿った土が必要なため、植物は水辺の近くから離れることができなかった。この壁を打破しようと、親植物の上部または地中にある栄養器官の一部からクローンを育てて拡散するという「栄養繁殖」戦略を進化させた植物もある。この方法で増える植物の場合、地表ではたくさん生えているように見えても地中では一個体だ。さらに、地中の栄養器官が独立して新しい個体になることもある。「栄養繁殖」では遺伝子をかき混ぜる機会が減るが、火事のような物理的攻撃を受けたときは生存に有利だ。そして何より、湿った場所から離れたところに生育域を広げることができた。

三億七〇〇〇万年前ごろのデボン紀末、別の繁殖戦略を進化させた植物が出現した。種子による繁殖への移行である。この戦略では、胞子体が二種類の配偶体をつくる。雌性配偶体は卵子をつくり、それを親植物の胚珠の中に保つ。雄性配偶体にあたる部分は、見た目は胞子のままだが呼び名が「花粉粒」と変わり、雄性器官と精子をつくる。花粉は、初期の植物では風に乗って、のちには昆虫によって運ばれる。胚珠に到着すると花粉管を伸ばして胚珠を貫通し、花粉の中にいた精子が卵子に授精する。受精卵は種子となり、親植物から栄養の供給を受けて、地表に放出される。この戦略のおかげで、植物はやっと乾いた大地に進出できることになった。さあ、これで、燃料が十分に用意された。

一方、火事の発生が環境因子になると、植物の側では自身を火から守るための形質（特性）が自

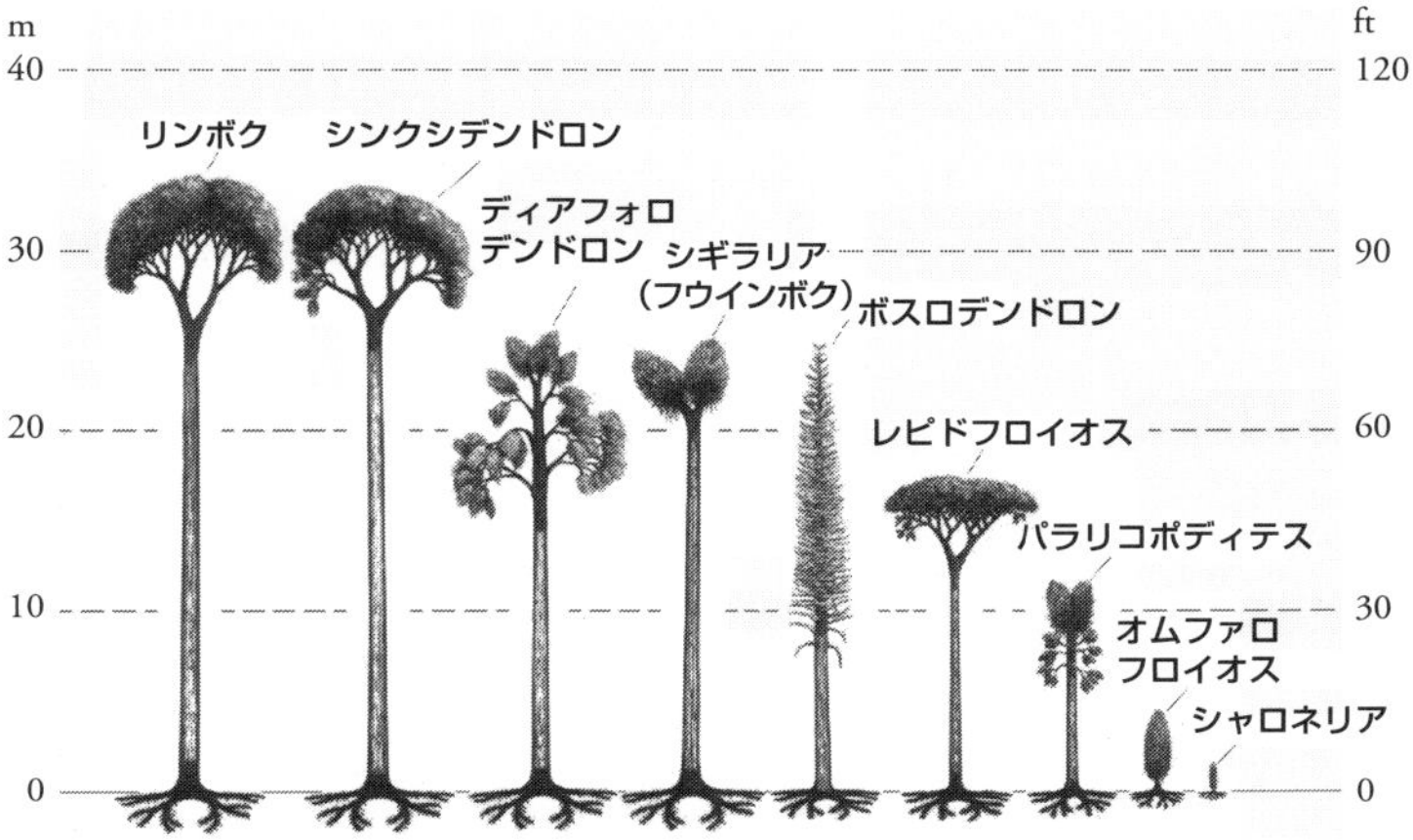

図26　石炭紀に多様化し、泥炭（石炭）の元となったヒカゲノカズラ類。一番右のシャロネリアは、ビル・シャロナーにちなんで名づけられた。

然選択されるようになる。先ほど述べた「栄養繁殖」も、火事の発生という環境因子に屈せず生き延びるために自然選択された戦略の一つだ。火に対しては、樹皮を厚くするという進化が有効となった。リグニン化した細胞壁は、腐敗を遅らせ火事の燃料を増やすことになったと先ほど述べたが、一方で、植物を火から守る役割も果たしたはずだ。[1] リグニンに富んだ樹皮は、植物の成長をつかさどる形成層を守ってくれる。この重要な進化は三億五〇〇〇万年〜三億年前ごろの石炭紀に生じたとされている。[2]

　石炭紀には、植物の多様化という進化大爆発もあった。あらゆるイノベーションが、植物の分布域を地球のすみずみまで広げるのを助けた。こんにち私たちが使っている石炭の多くはヒカゲノカズラ類の樹木が元となっている（図26）。ほかにも、シダ類や、種子をつけるシダ（シダ種子植物）、種子をつける樹木（絶滅したコルダイテスを含む裸子植物）、さらには針葉樹、胞子をつける樹木のカラミテス（絶滅したトクサ類で、現在ではスギナのような小さな植物しか残っていない）など、多くの植物が石炭紀に出現した。そして、新たな成長戦略を得たつる植物が火を樹上に駆けのぼらせる「はしご」となり、火事は樹冠にも燃え広がるようになった[3]。

南半球では、へら状の大きな葉をもつ落葉性種子植物のグロッソプテリスという樹木が出現し、ペルム紀のゴンドワナ超大陸で繁栄した（図27）。近年の研究から、グロッソプテリス類も火に耐える樹皮を発達させていたことが示された。こうした多様化は、火事のありようにも影響を与えたはずだ。私自身がざっと調べただけでも、川の土手や氾濫原に生えている植物と火事のパターンは、泥炭をつくる沼地に生えている植物と火事のパターンとは異なることが示された。現在、この考え方はアメリカの科学者数名が発展させている。それぞれの植生タイプは、それぞれ異なる「火事レジーム」を確立させてきたはずだ。

ペルム紀末の二億五〇〇〇万年前ごろ、地球上の生物は危機的状況に陥った。古生物学者マイケル・ベントンの言葉を借りれば、このとき「生命はほぼ死に絶えた[4]」。この大量絶滅の原因は複雑で、この時期に地球全体が超温暖化していたことや、シベリアで巨大な火山噴火があって大量の二酸化炭素その他の有害ガスが出ていたことなども関係していたとされている。ともかく大気組成と気候が一変したせいで、当時の森を形成していたヒカゲノカズラ、ロボク、コルダイテス、シダ種子類を含む多くの植物が絶滅した。南半球で繁栄していたグロッソプテリスも消えた。そのあとに続く三畳紀前期の地上は、さぞかし寂しい世界だっただろう。とはいえ、絶滅によってできる空白は、別の生物にとっての新天地になる。二億五〇〇〇万年〜一億四〇〇〇万年前の三畳紀後期とジュラ紀には、種子植物が多様化して地球のあらゆる土地に広がった。このころ優勢になったのは、針葉樹やソテツ類、その後に絶滅したベネチテス類だ。現生種ではギンコー・ビロバの一種だけが

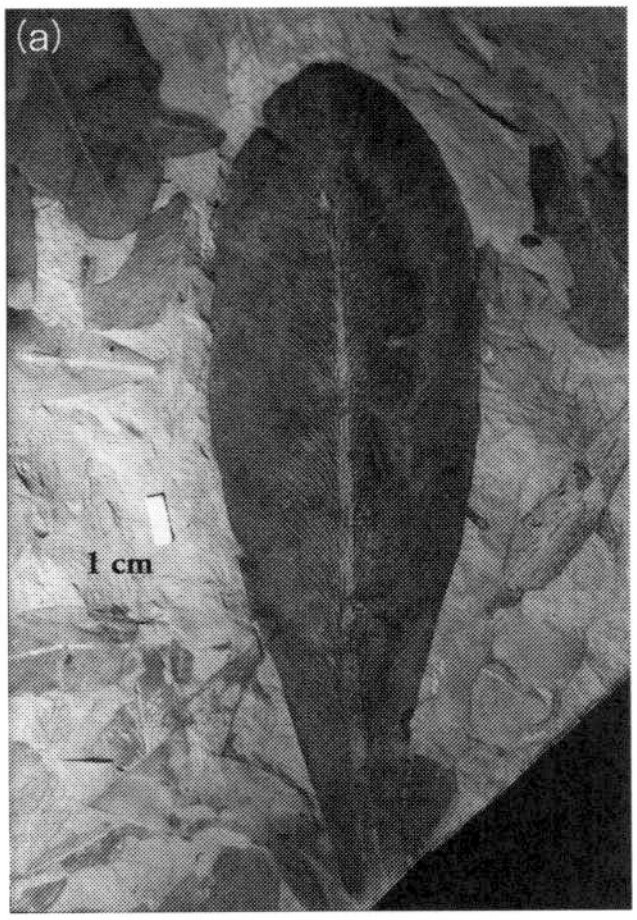

図27 (a) オーストラリアのペルム紀(2億9000万年前)の岩石から見つかったグロッソプテリスの葉の化石。(b) グロッソプテリスの森の復元図。下のほうにはシダ類やトクサ類が描かれている。

図 28　(a) 現生する唯一のイチョウ、ギンコー・ビロバ。(b) ジュラ紀（2 億年〜1 億 4500 万年前）から生き延びたソテツ類。

生き残っているイチョウ類もこのころ繁栄した（図28）。葉の形や大きさもそれぞれに多様化した。こうしたことがもまた、火事の広がりに影響を与えただろう。

一億四〇〇〇万年前に白亜紀が始まると、針葉樹が一大勢力となり、種類を増やしながら地球全体に広がった。低木のシダ類、ソテツ類、ベネチテス類も生えていた。だが、一億四〇〇〇万年前から六六〇〇万年前まで続く白亜紀に、陸上の植生にはとてつもなく大きな変化が起きた。花の出現、つまり被子植物の登場を見たのである。

地球は六六〇〇万年前にもう一度、大量絶滅を経験した。この時期は、かつてK／T境界（白亜紀・第三紀境界）と呼ばれていたが、現在はより正確に、K／P境界（白亜紀・古第三紀境界）と呼ぶようになっている。K／P境界以降に、被子植物は勢力を大きく伸ばした。この境界は、世界各地の岩石にイリジウムの層として記録されている。イリジウムの層ができたのは、メキシコのユカタン半島に小惑星が衝突した影響と考えられている。

この大惨事の直後には、シダ類がしばらくのあいだ優位を占めた。だが、植物はまた多様化して、一部に絶滅したものもあったが全体としては以前と似たような植生に戻った。このとき大量絶滅したのは、脊椎動物と昆虫に多かった。とくに恐竜が大打撃を受けたことはよく知られている。[5] しかし植物界では、想定されていたほどの大変化は起こっていなかったようだ。

白亜紀末の大量絶滅から回復したあと、現在のような植物相が出現した。なかでも五六〇〇万年前から三四〇〇万年前の始新世は、植物相が「近代化」した時代だった。熱帯雨林が誕生し、赤道付近に拡大したのもこの時代だ。

植物界のつぎの重要なイノベーションは、草の出現だった。草の進化と多様化が起きたのは、三〇〇〇万年前の漸新世のころだ。草は大量の燃料となった。ところが、七〇〇〇万年前ごろ一部の草が、C_4という新たな生化学経路を使って光合成する方法を見つけた。この方法は、より乾燥した土地での生存と繁栄を可能にしたので、広大な草原があちこちにできた。アフリカのサバンナが出現したのもこのころだ。現代につながる植生が、こうして地球上に出そろった。

着火源

さて、火事の三角形の二つ目の辺は、着火を促す現象である。ヒトが火をつけるようになるのは最近（一〇〇万年前以降）なので、ここでは「自然」が火をつけるケースのみを考える。多くの人がまず思いつくのは火山だろう。火山は文字どおり火の山だ。しかし、活火山が植物に火をつけるとしたら、ごくかぎられた場所とタイミングでしかない。実際、火山が火をつけて山火事を起こすことはめったにない。岩石が落下したときの火花が着火源になることもあるが、それで火事が始まる可能性は、火山が火をつける場合よりさらに低い。

それより、もっとずっと多い着火源は雷だ。雷というと激しい雨を伴うと思いがちだが、いつもそうとはかぎらない。雨なしで起こる雷はいろいろあるが、代表的なのは雲間放電と対地放電だ（図29）。海上で発生する雷については本書のテーマからはずれるが、これも対地放電の一種となる。そして、この対地放電（落雷）こそが火事の主原因である。こんにちでは人工衛星が世界中で発生する雷を日々モニターしている。驚くべきは落雷の発生数だ。地球上では一日およそ八〇〇万回もの雷が落ちていると推定されている。現在の山火事の原因も、人為的なものより落雷のほうがはるかに多い。最初に人為的な原因で火事が起きた場所で、その後に雷が落ちて新たな火の手が上がるというようなことも珍しくはない。これは笑い話ではなく、「そこに乾燥燃料がどっさりあったから」という話だ。乾いた燃料が大量にありさえすれば、着火の直接原因が何であろうと火は燃え広がる。一九八八年の夏、イエローストーン国立公園では各所で火の手が上がり、やがて巨大な山火事となった。この一連の火事について、私はてっきりキャンプファイヤーやバーベキューの火の不始末から始まったのだろうと思っていた。実際には、ヒトが火をつけて始まった火事はたった九件で、残りの四二件はすべて落雷がきっかけだったという(6)。

ところで、地質時代の火事の原因を岩石記録から知ることはできるのだろうか。これは難題だ。

図29　自然火災のきっかけとなる対地放電（落雷）。

ヒトが出現するより前にヒトが原因の火事がなかったのは明白なので、四〇〇〇万年前より古い火事は「ヒト要因」を除外できる。火山活動は岩石記録に証拠を残すので、その地域とその時代に火山活動の証拠が見つからなければ「火山要因」も除外できる。では、雷は？　過去に雷があったかどうかをこの目で見るのは不可能だが、落雷の結果を見ることならできる。放電経路は超高温になる。たとえば雷が砂地に落ちると、その超高温が砂を溶かす。溶けた砂がふたたび固まると、地中または岩石表面に、見える形の証拠となって残る。こうした「雷の証拠」は閃電岩《せんでんがん》と呼ばれる。イギリス諸島には閃電岩を見ることのできる場所がいくつかある。最も有名なのはスコットランドのアラン島にあるペルム紀の砂岩で、二億六〇〇〇万年前に落ちた雷の記録を今に伝えている。[7]

大気中の酸素濃度

三角形の最後の一辺は酸素だ。燃焼とは、可燃物質と酸素との化学反応のことをいう。大気中に酸素がなかった時代には、どんな火事も起こらなかった。地球史の初期には遊離酸素が存在していなかったのである。大気中に酸素がたまり始めたのはおよそ二三億年前で、最初はとてもゆっくりだった。光合成という芸当を身につけたシアノバクテリアが出現して増大し、光合成の副産物である酸素を放出するようになった（この事象は「大酸化イベント」と呼ばれている）。では、火事が起こるためには――単に火がつくだけでなく、火が燃え広がるためには――酸素がどのくらいまで増えればいいのだろう。現在の酸素濃度は二一パーセントだが、そこまで上がったのはいつごろだろう。そして、酸素濃度が今よりもっと高くなるとどうなるのだろうか。

最後の問いについてだが、それを理解するのに役立つ二つの実験を紹介しておこう。一つ目は暖炉での実験だ。暖炉の火がくすぶっていたら、送風機で風を送ると火の勢いが回復する。この行為は、酸素濃度を変えずに酸素量を増やしている。二つ目の実験は私の恩師ビル・シャロナーが教えてくれたもので、私自身も自分の授業でやっていた（大学に「健康と安全」に関する規定が導入される前の、おおらかな時代の話である）。まず、試験管に純酸素を満たして、ふたをする。つぎにタバコに火をつけて、くゆらせる。試験管のふたをとってタバコを中に入れると、爆発して炎が上がる。この実験は、酸素濃度そのものが高くなっている時期には火事が多かったはずだということ、そしてその火事は現在のそれよりもっと高温で広範囲だっただろうということを想像させるためのものだ。

とはいえ、地質時代の酸素濃度を知るにはどうするか。二酸化炭素の濃度なら、葉の木炭化石に保存されている気孔の密度から割り出すという方法が使えたが、酸素のほうにもそんな代理測定法はあるのだろうか。

一九七〇年代以降、地質学者らは過去の大気組成を計算するための地球化学モデルの開発に取り組んできた。なかでも、イェール大学のロバート・バーナーが作成したモデルは世界中で広く採用されてきた。[8] バーナーが最初に開いた突破口は、教え子の大学院生ドナルド・キャンフィールドと一九八〇年代後半に発表した共著論文だった。なお、キャンフィールドはその後、海洋中の酸素濃度研究の第一人者となっている。バーナーは、地球の過去における大気中の二酸化炭素と酸素の両方の濃度変動をモデル化した。[9] 注目を集めたのは当然ながら、生物が陸上で急速に進化した五億年前以降の濃度変動だった。バーナーらのモデルは長期的な炭素循環の考えをとり入れた。炭素は、二酸化炭素が大気中に出たり入ったりすることで、地球上の大気、水、土、生物のあいだを循環する。炭素循環で重要な役割を果たしているのが、植物の光合成だ。植物の光合成は、もともと微生物に備わっていた仕組みを葉緑体として使ったところから始まった。光合成では、二酸化炭素と水、太陽エネルギーを使って炭水化物が固定され、酸素が放出される。生物が死ぬと、炭水化物は酸素を使って分解され、二酸化炭素が放出される。つまり、光合成とは逆の反応だ。化学反応式で表すとこうなる。

CO_2 ＋ H_2O ⇕ CH_2O ＋ O_2（二酸化炭素＋水 ⇕ 炭水化物＋酸素）

だが、炭素が地中に埋められると、この逆反応は起こらないので、結果として大気中の酸素が増える。

バーナーは、地質時代の炭素の流れを計算した。その計算は複雑だったが、大気中の酸素濃度の変化をグラフ化するという目的を達するには十分で、彼はグラフを発表した。そのグラフはすぐに多くの研究者に認められたが、彼にしてみれば、各種計算と推定に基づくモデルの一つでしかなかった。私がバーナーから直接聞いた話では、彼はグラフを一つ発表するやいなや考え直して再計算し、また別のグラフを論文にして発表することをくり返したという[10]（図30）。

バーナーの酸素変動グラフは、称賛をもって迎えられると同時に批判にもさらされた。彼の初期のグラフでは、酸素濃度は四億二〇〇〇万年前までずっと一五パーセントを下回っていて、この時代以降に上昇を始めていた。これは、だれもが考えるように、光合成をする陸生植物が出現して分布を広げた時代に相当する。彼は引き続き、酸素濃度はデボン紀前期に現在と同水準まで上がり、デボン紀中期に一度下落したあと再び上昇し、デボン紀後期と石炭紀にピークの三〇パーセントに達し、ペルム紀にまた下がったと計算した。そしてペルム紀末に最低レベルに落ちこんだと計算し

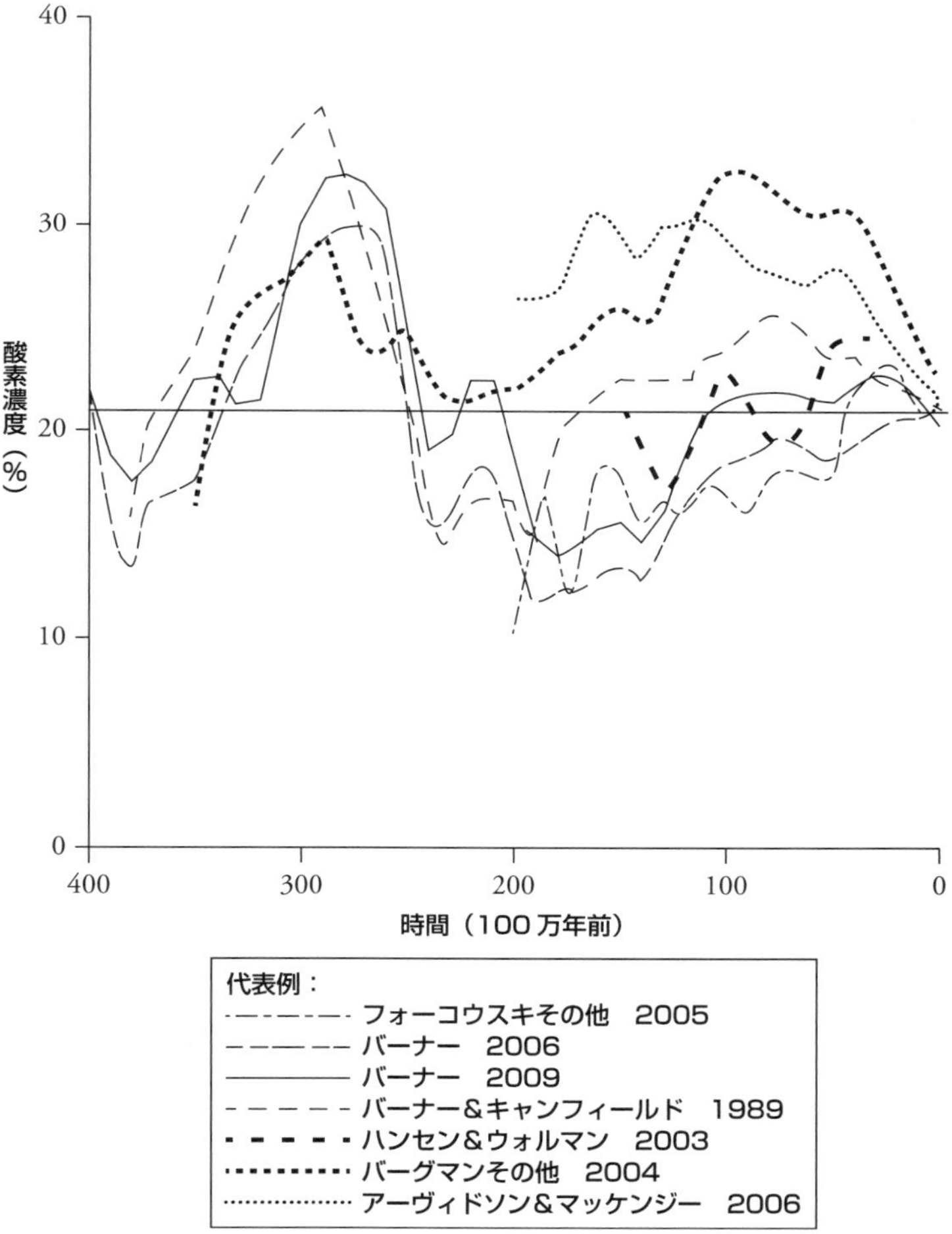

図 30　大気中の酸素濃度の変動モデルの代表例。現在の酸素濃度は 21%である。

たが、これもペルム紀末の大量絶滅期に一致する。その後はふたたび上昇を続け、現在と同水準になるのは数百万年前だとしていた。このグラフで皆が興奮したのは、石炭紀からペルム紀にかけての大気中の酸素が、現在の水準をはるかに超える高濃度だった点だ。酸素濃度が現在よりずっと高かったという計算結果は、この時代に巨大な節足動物の化石が出ていることで補強された。石炭紀後期には、体長二メートルもあるアースロプレウラなど巨大な節足動物が存在していたからである（図31）。翅を広げると幅が数十センチになる巨大トンボのような昆虫もいた。これほど巨大な節足動物が生存できたのは、大気中の酸素濃度が高かったからだろう。節足動物は体表の穴から酸素をとり入れる。大気の酸素濃度が高ければ高いほど多くの酸素を得られるから、結果として身体機能と体格を向上させることができる。

ロバート・バーナー以外にも、大気中の酸素濃度モデルを提唱した地球化学者たちがいる。イースト・アングリア大学のティム・レントン、アンディ・ワトソン、その同僚のノアン・バーグマンは、別のタイプのモデルづくりをした。彼らは、石炭紀とペルム紀に酸素が高濃度だっただけでなく、一億年前の白亜紀にも同様の高濃度が見られたと分析した。最新の研究によれば、こうした酸素濃度の変動は気候にも影響していたという(11)。では、大気中の酸素濃度の変化は火事の頻度や強度にどう影響したのだろうか。また、火事が大気組成の調整に何らかの役割を果たした可能性はないだろうか。

化石の記録に木炭が出てくれば、それが火事の証拠になることは前章で述べた。それなら木炭か

図31　石炭紀の森林にいた体長2mのアースロプレウラの復元図。当時の大気中の酸素濃度は、現在の水準よりはるかに高かったとされている。

ら酸素濃度を計算することが可能かもしれない。だが、そのために基準とすべき値をだれも知らなかった。木炭と酸素濃度にどんな関係式が成り立つのかも不明だった。詳しい実験をする必要があった。

まず、アンディ・ワトソンがレディング大学で、ジェームズ・ラヴロックの指導下で一連の実験をした。ちなみにラヴロックは「ガイア理論」の提唱者として有名な人物だ。ワトソンは、さまざまな素材を酸素濃度の条件を変えて燃焼させ、発火のしやすさと炎が広がる速さを調べた[12]。酸素濃度を変えるだけでなく、素材の湿り気を変えてもみた。その結果、大気中の酸素濃度が一六パーセント未満では植物は燃えないこと、一八パーセントだと発火してもすぐ消えること、二一パーセントを超えるとかなり湿らせた素材でも燃えることがわかった。そして三〇・五パーセント以上になると、水をしみこませた植物でさえ燃えるとわかり、火事を消すのはほぼ不可能だろうと思われた。

バーナーらも、コケ、シダの根、木材、アラウカリア（針葉樹）の葉など、幅広い植物素材を使って、より発展した研究に挑んだ。[13] その結果はワトソンの結果とほぼ一致していたが、最後だけ違った。バーナーらの実験では、完全に水をしみこませた植物は、たとえ酸素濃度が高くても燃えなかったのだ。バーナーらは、針葉樹の細長い葉と木材では火のつき方と広がり方が違うことも示した。木材より針葉樹の葉のほうが、低い酸素濃度でも燃え始めたというのだ。私自身の関心は、酸素濃度が上がれば火事の温度も上がるのか、というところにあった。バーナーらの実験装置では温度を測ることはできなかった。一方、私たちは木炭の反射率を調べたときの実験ですでに、木炭が形成されるときの温度と、できた木炭の反射率に相関関係があることを知っていた。バーナーは、実験の副産物としてできた木炭をすべて私のところに送ってくれた。私たちはそれを使い、予想どおり酸素濃度が高いと火の温度が上がることを確認した。

二一世紀に入ると、地質時代の火事についてや大気中の酸素濃度と火事の関連性について、以前より関心が集まるようになった。二億年前ごろの三畳紀後期とジュラ紀前期の岩石から木炭が広範囲で見つかるようになったため、そこから、当時は植物を燃やすに十分なほど酸素濃度が高かったことが推測された。[14] しかし、バーナーのモデルでは、三畳紀後期とジュラ紀前期の酸素濃度はひじょうに低く、火事が多発していたようには見えなかった。バーナーのモデルか火事を起こす酸素濃度の計算方法の、どちらかが間違っているということになり、追加実験が低酸素環境でおこなわれた。初期データでは、火事の始まる最低の酸素濃度は一五パーセントという現実に即した数字が示された。この結果、バーナーのモデルが示していた、中生代の酸素濃度が一〇~一二パーセントというのが間違いだったとわかった。引き続き酸素濃度と火の広がり方が調べられ、酸素濃度が一八・五パーセント未満だと消火作業が現在に比べてずっと簡単なこと、一六パーセントを下回ると完全に火が消えることが示された。一八・五パーセントから二二パーセントの間では燃え方がどんどん激しくなるが、二三パーセントを超えてからは横ばいになることもわかった[15]。

バーナーは新たな計算を加えた修正モデルをつくったが、それによると中生代の酸素濃度はさらに低くなった。それどころか、ワトソンらのモデルを含めた以前のモデルで高濃度とされていた白亜紀まで低くなってしまった。一方、私が集めた木炭のデータからは、中生代全般で酸素濃度が高かったことが示唆されていた。

この時点では、過去の大気組成を直接測る方法がなかったのはもちろんのこと、代理測定する方法も見つかっていなかった。ところで私はというと、以前から、木炭化石の全記録をデータベース化する作業を進めていた。私は石炭に見つかるイナーチナイトが木炭化石と同じであることを証明してからというもの、この方法が過去の火事を見る「窓」になると確信していた。私は、かつての教え子で、当時シカゴのフィールド博物館に在籍していたイアン・グラスプールと手を組み、石炭

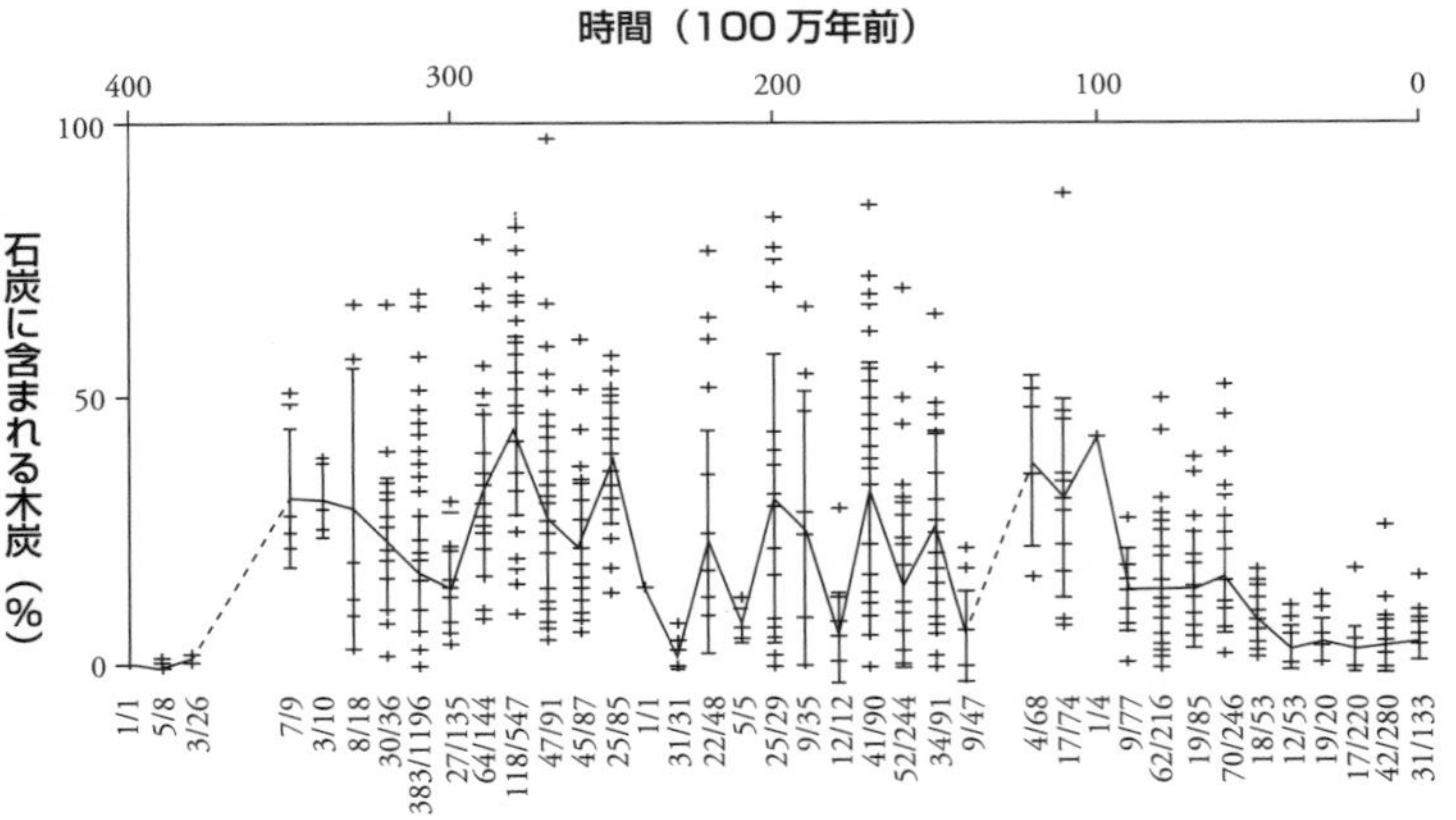

図 32　石炭に含まれる木炭の割合。折れ線グラフは大気中の酸素濃度。1000 万年区間ごとのデータ・ポイントの数と範囲は下部に表示。垂直線はデータの標準偏差。

に含まれる木炭化石の割合を調べてみることにした。結果は興味深いものとなった（図32）。

私たちは、世界各地の現在の泥炭に含まれている木炭の平均値が四パーセントほどしかないことを知っていた。データベースを調べると、石炭に含まれる木炭化石の割合は石炭紀とペルム紀に高く、概して二〇パーセント以上あり、ときには七〇パーセントになることもあった（だからこそ石炭は手で触ると黒く汚れるのだ[16]）。このことは、すべての生物地球化学モデルが算出した推測、すなわち石炭紀とペルム紀に大気中の酸素濃度が高かったという推測と一致する。事実、石炭紀に形成されたイギリス産の石炭に、木炭の帯がたくさん入っているのは私たちのよく知るところだ。

すでに述べたように、酸素濃度が高い環境なら湿った植物も燃えることは実験で示されていた。石炭紀とペルム紀に酸素濃度が十分に高かったな

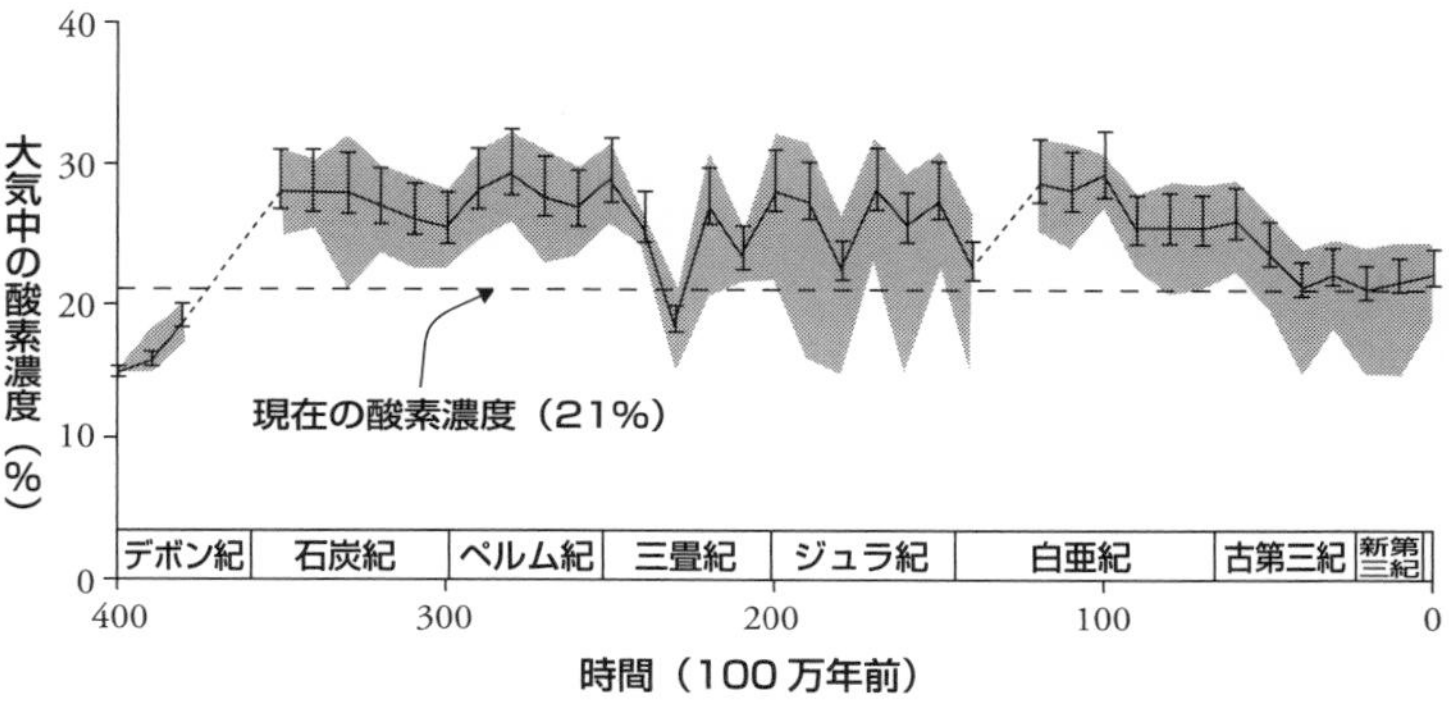

図33　石炭に含まれる木炭の割合を調べたデータベース（図32）をもとに、再計算して作成した大気中の酸素濃度カーブ。グレー部分は不確定幅。

ら、湿気の多い泥炭でも火事は多発していたのだろう。そうした火事が木炭の帯となって泥炭に保存され、それが石化して石炭となったに違いない。

　ほかにも、石炭に含まれる木炭の割合を調べた研究から見えてきたことがあった。石炭紀とペルム紀の石炭だけでなく白亜紀の石炭にも木炭が多く含まれていたことと、五五〇〇万年前以降の新しい石炭に含まれる木炭の割合が激減していたことだ。ということは、これらのデータから得られた知見と、ワトソンやバーナーが実施した燃焼実験の結果を組み合わせれば、大気中の酸素濃度を代理測定できるはずだ。私たちは、酸素濃度が一五パーセント未満なら、石炭の中に木炭（イナーチナイト）は含まれないと予想した。現在と同じ二一パーセントの酸素濃度なら、木炭が含まれる比率は四～七パーセントだと予想できる。酸素濃度が三〇～三五パーセントにもなれば火事が多すぎて燃えるものがなくなる（燃料が蓄積されない）から、それ以上は酸素濃度と木炭含有率の相関性は消滅する。私たちは木炭データを再計算し、それを大気中の酸素濃度カーブに変換した[17]（図33）。

私たちが計算した酸素濃度カーブは、古生代後期（三億年～二億五〇〇〇万年前の石炭紀とペルム紀）に高く、ペルム紀末の大量絶滅期から三畳紀前期にかけて下がっていた。三畳紀とジュラ紀（二億五〇〇〇万年～一億四〇〇〇万年前）に上下動をくり返したあと、中生代後期の白亜紀にふたたび上昇する。白亜紀末以降はなだらかに下降し、少なくとも四〇〇万年前には現在と同等レベルになり、その後はずっと安定している。

フィードバックの作用

火事の三角形がすばらしいのは、火事を起こすのに必要な三つの要素と、その三つが連携していることを視覚的に訴えるのを可能にしたことだ。だが、その相互作用の複雑さまで伝えることはできない。現実には、気候、植生、大気組成といった側面は、海洋を含めた「地球」の全システムを構成するパーツとして働いている。一つの要素に変化が生じれば「地球システム」の別のところに連鎖的に影響する。それは正の方向に作用することも、負の方向に作用することもある。結果を原因側に戻すという、いわゆるフィードバックが働くこともある。正のフィードバックだと、一方の要素が増えるともう一方の要素も増えるため、その二つの要素の変化はどんどん増幅する。負のフィードバックだと、一方の要素が増えるともう一方の要素は減るため、変化は弱められ、システム

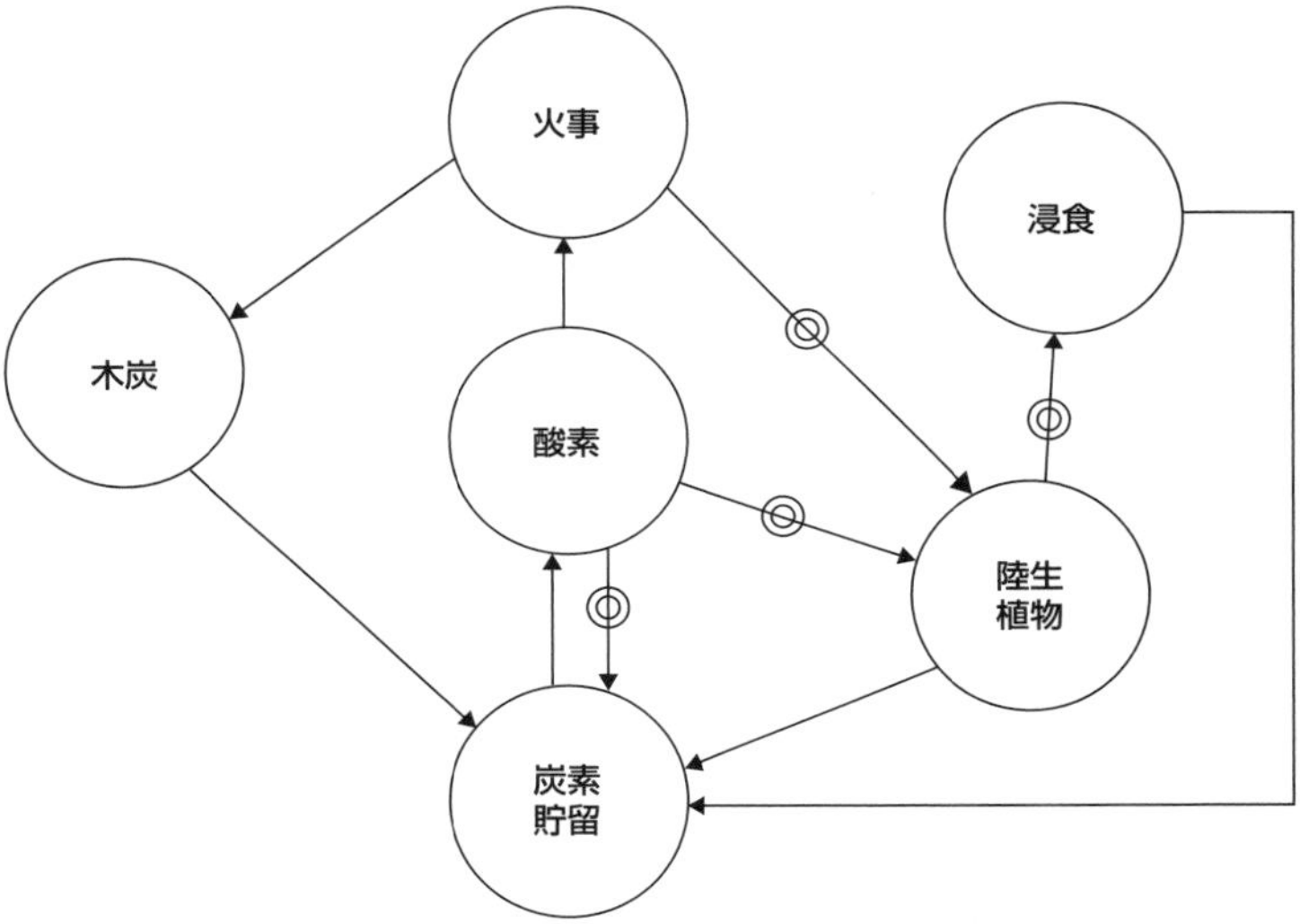

図34　火事と酸素の関係を示した「地球システム」モデル。矢印は正のフィードバック。丸つきの矢印は負のフィードバック。両方向矢印は、全体としては正のフィードバックとなる。

は元の状態へと向かう。火事もこうしたフィードバックのプレイヤーなので、過去の火事がどうだったかを理解し、未来の火事がどうなるかを予測する際には、フィードバック・ループが働く余地を組みこんでおく必要がある。たとえば、雨量が長期的に減少すると、乾燥が進む。これは火事が増えることを意味するだろう。それはまた、植生の変化につながり、その植生に頼っている動物群集にも変化をもたらす可能性がある。一方、山火事で生成される木炭は、安定した炭素のかたまりとなる。その木炭が土壌に埋まると（炭素貯留されると）、大気中の二酸化炭素を減らして地球を冷やすだろう。すると負のフィードバック・ループが働いて火事は減る方向に行くかもしれない。実際、このロジックで、地球温暖化対策として廃棄木材で木炭（バイオ炭）を人工的につくり、それを土壌に埋めることで大気中の二酸化炭素を減らそうという提案がなされている。

この複雑な世界において、フィードバックを理解することはますます重要になってきた。そんななか、いち早く火事のフィードバックの研究を始めたのがペンシルヴェニア州立大学のリー・カンプだった。ロバート・バーナーもフィードバック・ループの研究に傾倒し、システム・ダイアグラムを使ってフィードバックを可視化し、「地球システム」に対して総合的に正に働くか、負に働くか、それとも中立になるかを計算した。バーナーが作成した代表的な図には、火事、木炭、植生、大気中の酸素濃度、浸食、炭素貯留の相互の関係が描かれている（図34）。例として、酸素濃度が上昇し続けているとき、フィードバック・ループ内でどんな要素がどう相互作用しているかを考えてみよう。酸素濃度が上がると火事が増える。火事が増えると木炭が増え、木炭が増えると炭素貯留が増え、大気中の酸素濃度がまた上がる。同じく酸素濃度が上がると火事が増え、火事が増えると陸生植物が減る。陸生植物が減ると浸食が増え、浸食が増えると炭素貯留が増え、ふたたび大気中の酸素濃度を上げることになる。つまり、たった一つの要素が変化しただけで、連鎖的に広範囲に影響が及びうるということである。フィードバックは短期で収束するものもあれば、長期にわたって「地球システム」に影響を及ぼし続けるものもある。次章からの地質時代の火事のストーリーにおいても、こうしたフィードバックの作用が働いているのを見ることになるだろう。

4章

火事の誕生と増減——古生代

私は博士課程に進んだ一九七三年一〇月の時点で、まさか自分の人生の大半を「火」の研究に捧げることになるとは思っていなかった。火が地球に変化をもたらしているかもしれないとか、木炭が地球の歴史を保存しているかもしれないとか、そんな可能性を冗談でも考えたことはなかった。ましてや、火事によってできる木炭が、その植物の種類や器官を特定できるほど詳細な構造を残してくれることや、太古の植生を復元する手がかりになってくれることなど、あのころの私には知る由《よし》もなかった。私は幼いころから学生時代まで、せっせと化石を集めてきたが、木炭化石は一度も見つけたことがなかった。いや、そもそも、木炭化石というものがあることを知らなかった。

私は、三億年前の石炭紀の岩石に見つかる植物群の生態系を研究しようとしていた。このような目的の場合、古い炭鉱の捨石集積所で夾炭層《きょうたん》の岩石を探し、そこから出てくる大型の植物化石を調べるのが通常のアプローチだった。だが、そうした岩石には小さな植物片もたくさん保存されていた。私は岩石を酸で溶かして植物片をとりだすという研究計画を立てた。岩石は複数の鉱物でできている。それぞれの鉱物を異なる酸で溶かしてやると、有機材料でできている植物化石を分離できる。これは根気のいるハードワークだった。毎日毎日、何時間もかけて紅茶の葉ほどの小さな植物片をとりだし、その断片がどんな植物に属するのかを特定していく。しかも当時は、こんな方法で植物化石を調べようとする研究者は私以外にほとんどいなかった。ともあれ、そのハードワークの過程で木炭に似た断片が大量にあるのに気づき、走査型電子顕微鏡で調べてみることにした。

走査型電子顕微鏡で観察すると、木炭化した葉の驚くほど詳細な構造が現れた（口絵20）。針のような細長い小さな葉に、美しく保存された気孔が並んでいた。さて、この葉が属するのはどんな種類の植物だろう？　私はこの素材を、ヒカゲノカズラ類研究の第一人者だったビル・シャロナーに見せた。ヒカゲノカズラ類は夾炭層からよく出てくる化石植物で、現生種ではリコポディウムやクラブモスなどほんのわずかしか生き残っていない。議論を重ね、もっと多くの素材を集め（一日一枚の葉を酸処理して顕微鏡観察するという猛烈なペースで）、葉に似た茎二本を含む十分な素材が集まったところで、この植物が、新種の針葉樹の化石種だという結論に至った。この発見は二つの点において意義深かった。この植物がこれまでに発見された最古の針葉樹だった点と、それが木炭化石という形で保存されていた点だ。私たちは、この針葉樹の生育地が堆積地のそばではなく、離れたところの高地だったと推測した。この針葉樹は高地で火事に遭い、焼かれて木炭となり、川に流され、低地の氾濫原で堆積した、と考えたのだ。なんと驚いたことに、そのことを書いた私の論文は一流科学誌『ネイチャー』に受理された。そして、私がちょうど博士課程の二年目に上がったときに掲載された（ついでながら、私の論文がつぎに『ネイチャー』に載るまでには三〇年もの時間を要した）。ともかくこうして、火と、火が保存した地球の過去についての研究が、私のライフワークとなった。

最初の火事の証拠を探す

最初期の火事の証拠を得るには、陸生植物が燃料になるほど十分に繁茂したデボン紀（四億一九〇〇万年〜三億六〇〇〇万年前）の岩石を探さなければならなかった。私たちはこの時代の木炭標本を少しばかり保有しており、ドイツで新しい素材を集めてもいたが、デボン紀の木炭化石についての記録はひじょうに少なかった。もともと少ないのか、たまたま見つかっていないか見過ごされているだけなのかは、わからなかった。

最初期の陸生植物を研究している第一人者に、カーディフ大学のダイアン・エドワーズがいる。ダイアンは、デボン紀よりさらに古いシルル紀（四億二〇〇〇万年前ごろ）の岩石から出た植物化石に、不可解なものがあると頭を悩ませていた。私はダイアンとやりとりをするなかで、その一部が木炭化石である可能性に気がついた。私の元教え子のイアン・グラスプールのチームがこの課題に取り組むことになった。グラスプールらは、走査型電子顕微鏡画像技術と、ロンドン大学ロイヤル・ホロウェイ校で私たちが開発した反射率技法を組み合わせ、ダイアンの植物標本の一部が木炭化石だったことを明らかにした。地球上で最も古い火事の証拠がここに見つかった[1]。

グラスプールらは引き続き、デボン紀の岩石からも木炭化石を見つけた[2]。こうして、植物が陸上に広がり始めたシルル紀後期とデボン紀前期（四億二〇〇〇万年〜三億九五〇〇万年前）に、火事の発生例があったことを確認できた。そのころ植物はまだ広く分布しておらず、胞子による繁殖のため水辺でしか生育できなかったから、火事が起きても小規模で、すぐに鎮火しただろう。当時の植物の成長は一次成長のみで、樹木と呼べるようなものもまだ存在していなかったから、燃料もそう簡単には蓄積しなかったはずだ。

この時代に木炭化石としてときどき見つかる植物に、プロトタキシーテスがあった。この植物は巨大な藻類あるいは地衣類だったようで、復元図には高く直立した姿で描かれている(3)(図35)。まさしく避雷針のような形状で、雷から火がついて木炭になったのだろう。これらの木炭化石からは、シルル紀末とデボン紀前期の大気中の酸素濃度が火事を起こすのに十分なほど高かったことも示された。ただし、そのつぎに木炭化石が出てくるのはデボン紀後期となる。デボン紀中期（三億九〇〇〇万年〜三億八〇〇〇万年前）が木炭の空白期になっていた。デボン紀中期までに広範囲な植物相が出現していたことはすでに知られていた。何よりデボン紀は、植物がどんどん大型化していた時代だ。

イアン・グラスプールと私はしばらくこの問題に頭をひねっていたが、自分たちで素材探しに出かけることにした。やがて、デボン紀中期の火事の証拠が乏しい理由が見えてきた。それは大気中の酸素濃度の低下だ。酸素濃度が一七パーセントを下回ると、火事は起きないか、起きても広がらない。案の定、ロバート・バーナーの一連のモデルはすべて、この時代に酸素濃度が急落していたことを示していた。

火事はデボン紀後期に戻ってきた。アメリカの研究者らが以前、ペンシルヴェニア州中北部のデボン紀後期の岩石に木炭を見つけたことがあった。それは、その当時として記録に残る最古の木炭化石だった。三億六〇〇〇万年前ごろのデボン紀後期は、樹木ひいては森林が進化した時代だ。私たちはそれまで、森林の出現時期と森林火災の出現時期は同じだろうという前提で考えていたのだ

図35　デボン紀（4億1000万年前）の藻類または地衣類と考えられるプロトタキシーテスの復元図。空に向かって高く伸びる形状は、雷を引き寄せたことだろう。

が、どうやらそうではなかったようだ。樹木と森は、木炭が広範囲に堆積するようになったあとで出現している。さらに、ペンシルヴェニア州のデボン紀後期の岩石から出た木炭のほとんどは、ラコフィトンという地を這うシダのような植物のものだとわかった。植物化石としてよく出てくる樹木、カリクシロン／アルカエオプテリスではなかったのである（カリクシロンとアルカエオプテリスは同じシダ植物だが、幹と葉が別々に見つかったためそれぞれに名前がつけられた）[4]。つまり、ペンシルヴェニアで木炭を形成させた火事は、樹冠火ではなく地表火だった。少なくとも、その火事は森林の中で起きた火事ではなかった。

では、最初の森林火災はいつ起こったのだろうか。ベルギーとドイツでは、デボン紀末期の陸成・海成堆積岩から木炭化石がつぎつぎと見つかっていた。ベルギーの科学者らは、木炭化石標本を多数、記載していた。そのうちのいくつかは、よく出てくる樹木のカリクシロンだったが、サンプル数は依然として少なかった。だが、最初の大規模火災がいつだったかを推測するのに使える、別のアプローチがあった。

木炭が風に乗ってかなり遠くまで移動することは、2章で述べた。川で流されて海にたどり着くこともある。世界中で火事が増えてくれば、海の堆積岩にも木炭が見つかるようになる。つまり、海成堆積岩を調べて、それまでほとんど見られなかった木炭が出てくるようになれば、それが大規模な火事の始まりとみなすことができるのではないか。アメリカの石炭岩石学者らは、アメリカ東部のデボン紀末から石炭紀初頭（三億六五〇〇万年～三億五五〇〇万年前ごろ）にかけての海成堆積

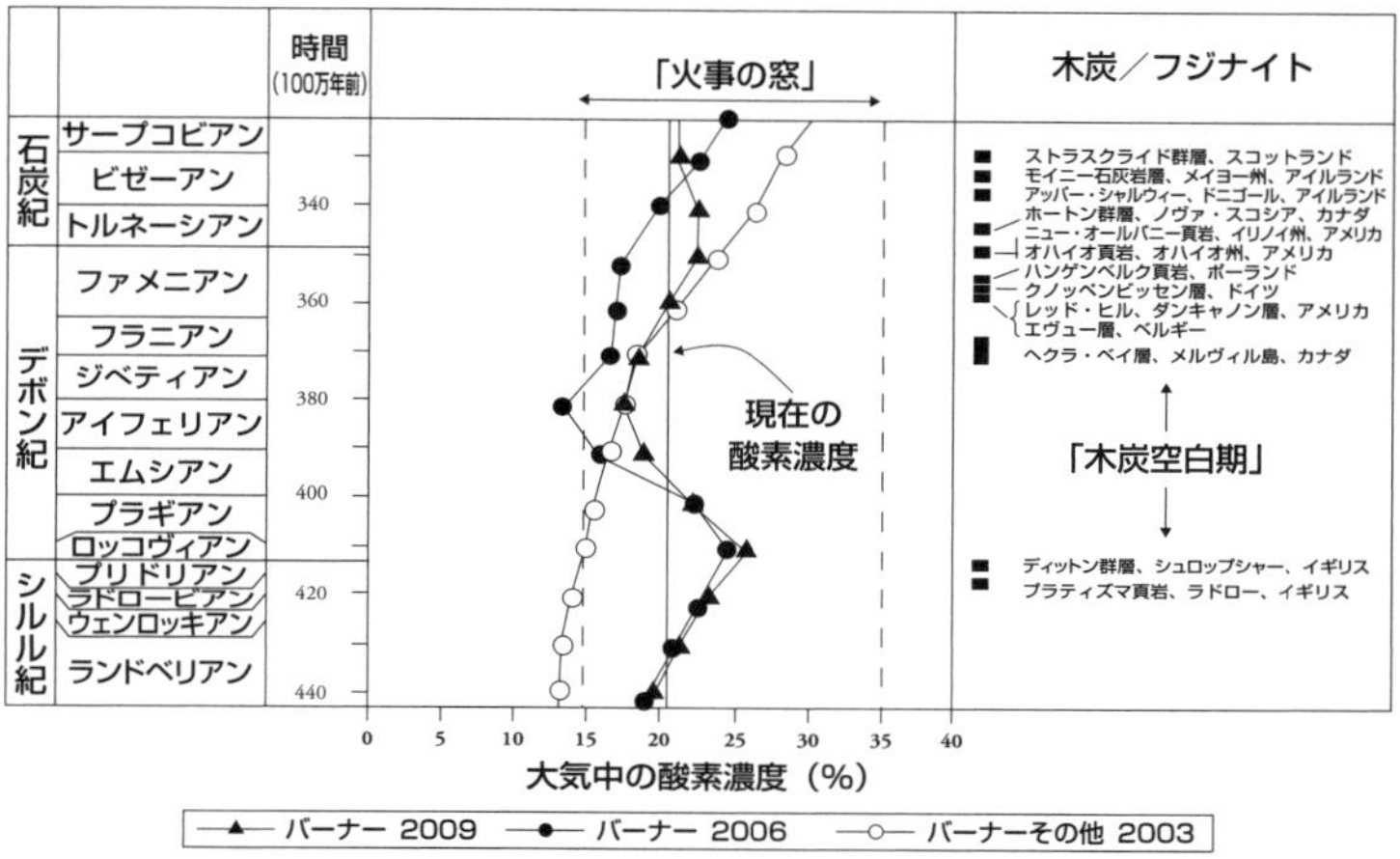

図36　木炭化石が出てきた時期は、酸素濃度が高かった時期と一致する。「火事の窓」とは火事の持続と拡大を許す酸素濃度の幅を意味する。

岩の組成を調べた。すると、大半の大気組成モデルで酸素濃度が上昇し始めたとされているデボン紀後期に、木炭化石が増加していることが判明した[5]。残念ながらデボン紀後期は石炭がまだ形成されない時代だったため、「石炭に含まれる木炭の割合」から酸素濃度を割り出す代理測定法は使えなかった。ともあれ、デボン紀末からの火事の増加が、局所的なものではなく地球規模の現象だったことを示すには、世界各地からもっと多くのデータを集める必要があった。ありがたいことに、このパターンは世界中で見つかった。今やすべての証拠が、三億五〇〇〇万年前のデボン紀末に大規模な森林火災が始まったことを示していた[6]（図36）。大気中の酸素濃度が現在の水準に近づいたこの時期に、地球は「燃える惑星」となった。

石炭紀

石炭紀前期の岩石からは、木炭がどんどん見つかるようになった。私が学生たちとアイルランドのドニゴールにフィールドワークに出かけたときに、シャルウィー湾で見つけた三億四五〇〇万年前の木炭含有層もその一つだ（66ページ参照）。その後、さらに多くの木炭を含む岩石を私の研究室生だったハワード・ファルコン＝ラングが見つけた。それはアイルランドのメイヨー海岸の北側にある河口の堆積層で、そこからは魚類化石も多く出ていた。これは自然火災による環境破壊を記録した最古の岩石かもしれない。火事が発端となって土砂と木炭が大量に河口に押し流され、魚が大量死したという証拠を今に伝えてくれる岩石だ。(7)

木炭は、スコットランド各地の堆積層でも見つかっており、ボーダーズ地方やフォース湾には三億三〇〇〇万年前ごろの石炭紀前期のものがある（口絵21）。走査型電子顕微鏡で調べると、さまざまな植物が木炭として保存されていることがわかった（口絵19、カラー口絵10）。多様なところで見つかるということは、当時の火事が多様な環境で頻発していたことを意味する。着火のきっかけは雷のほかに、この地域で活発だった火山活動もあったかもしれない。

地球のあちこちで火の手が上がる光景は、さぞかし壮観だっただろう。火事の空白期だったデボン紀中期を経て、三億五〇〇〇万年～三億二〇〇〇万年前の石炭紀中期になると、火事は日常と化した。この時期はロバート・バーナーが算出した大気中の酸素濃度の上昇期と重なる。さて、ここからは、石炭紀の火事が当時の植物や動物に与えた影響について見ていこう。

一九八四年、化石コレクターでアマチュア古生物学者のスタン・ウッドが、エジンバラの西、バスゲイト近郊にあるイースト・カークトン採石場で、最古の陸生四肢動物を発見する、といううれしい出来事があった。順を追って話すと、スタンはある日、サッカーの試合の審判をしていて、ハーフタイムのとき競技場を囲む石垣に目をやった。そして石垣の石灰岩ブロックに化石を見つけた。よく見ると、最古のザトウムシ（小さな体とひじょうに長い肢をもつ節足動物）の化石だけでなく、小さな四肢動物の完全な化石も埋まっていた。[8] そこからスタンは、いかにも彼らしい行動に出た。まず、石垣の所有者である農場主に会いに行き、石灰岩を買った。つぎに、その石灰岩の来歴を調べ、イースト・カークトンで採石されたものだと突き止めた。その採石場は廃坑となっていたため、所管する団体から採掘権を買い取った。それから王立スコットランド博物館に行き、採石場の半分は自分が化石販売で生計を立てるのに使うが、もう半分は科学研究に使ってもいい、と話をまとめたのだ。研究者五〇名を超える国際チームがやってきて、この採石場を五年かけて採掘、調査した。そのとき掘り出した素材を使っての研究は今も続いている。動物と植物の化石をどっさり保存していた岩石は、かつて湖の底にあった。その湖には近くの火山から有毒物質を含む温水が流れこんでいた。私たちのチームは、この堆積層断面の下部に大量の木炭を見つけた。とくに「リジー・ザ・リザード」と呼ばれる有名な脊椎動物の化石が出てきたのと同じ地層面に、大量の木炭があった。[9]

私たちはこの状況から、このとき火事が生態系に大打撃を与えていたことに気づいた。火事は動物を水辺に追いこんだ。だが、動物がたどり着いた湖には有毒物質が含まれていたので、動物は死んで堆積岩の中に保存された、ということだ。スコットランドの活火山地域では、火山活動または落雷を受けて三億四〇〇〇万年前ごろから頻繁に自然火災が起きていて、それがこの地域の岩石に大量の木炭化石を保存させた。

石炭紀に地域の生態系が火事で一掃された形跡は、ほかの場所にも見つかった。カナダのノヴァ・スコシアにあるジョギンズがその一つだ。ジョギンズは石炭紀の動植物化石の有名な産地で、樹木化石を含む地層がたくさんある（カラー口絵11）。かのチャールズ・ライエルも一八五〇年代に、カナダ人科学者ウィリアム・ドーソンとジョギンズを訪れて、空洞になった木の幹の中に世界最古の四肢動物が保存されているのを見つけて報告した。[10] 以来、この地は地質学者を魅了し続けている。私もジョギンズに行ったとき、堆積層にたくさんの木炭があること、さらには木の幹の内部にまで木炭があることに気づいた。コルダイテスの巨木が木炭化石になっているところもあり、これは高地に生えていたコルダイテスの森が山火事に遭ったものと思われた。ジョギンズに代表される、火事が生態系の重要な要素になっていたことを示す化石産地は数か所あり、そこから私たちは、火事が植物進化を後押ししたことに思いをめぐらせた。樹皮が厚くなったのは、火に耐性をつけるための進化だろう。落葉や落枝といったふるまいも、火が地表から樹冠に上るのを防ぐために進化したものかもしれない。

ときには火に焼かれて木の幹が空洞になることもあっただろう。火事が結果的に、動物を化石化

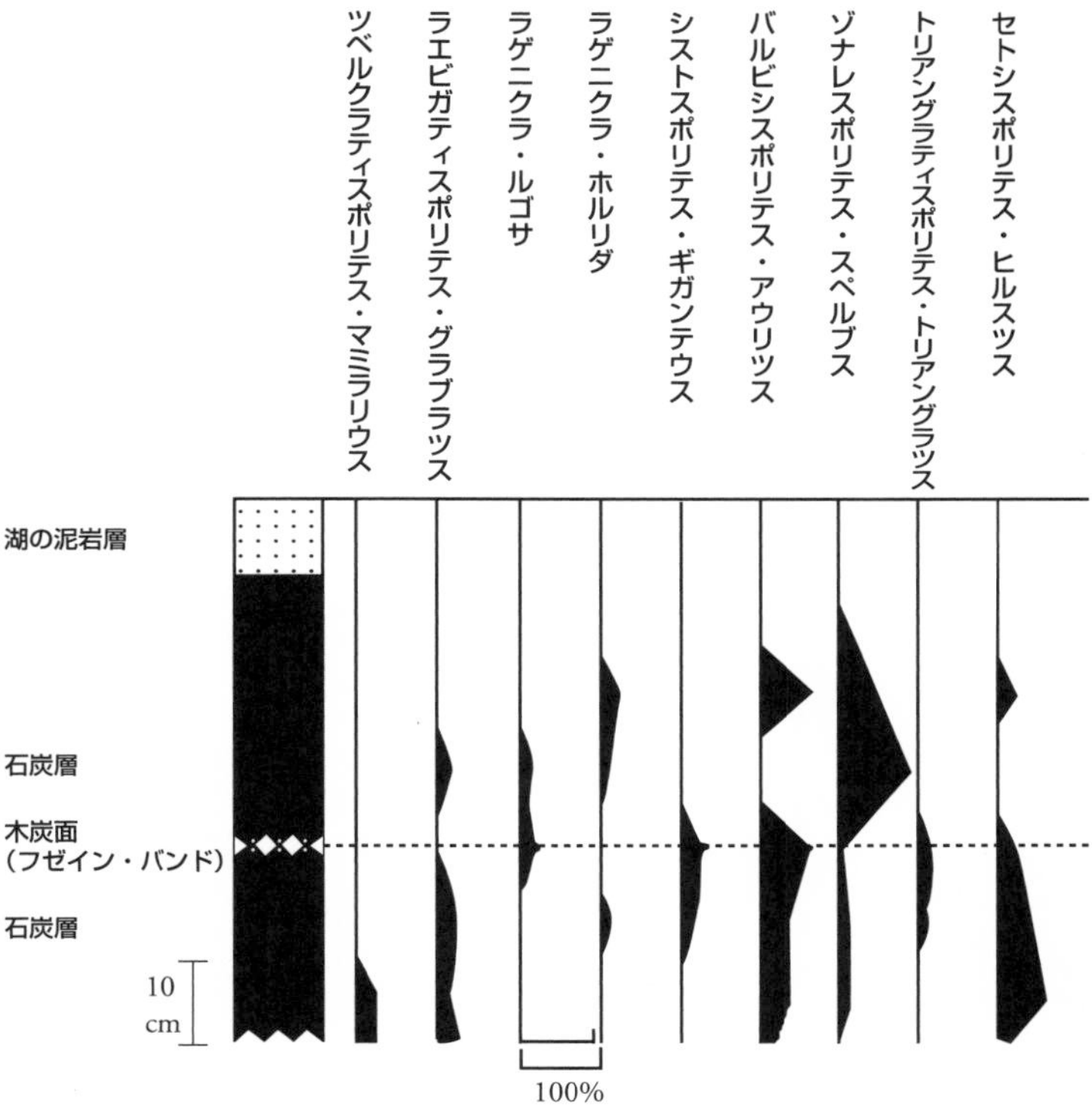

図 37　イギリス、ヨークシャー州の石炭紀後期（3 億 1000 万年前）の石炭層。木炭面を境に、植生が変化している。

して保存するのに手を貸してくれたというケースもある。じつのところ、木の幹の空洞から木炭といっしょに脊椎動物の化石が見つかるのはよくあることだ。これは火事が頻発する環境において、日ごろから幹の空洞が小動物の避難場所になっていたことを示している（カラー口絵12）。小動物は、避難場所そのものが焼失するほどの火事な

ら木炭といっしょに化石となるが、木が焼失しない程度なら空洞に守られて生き延びる。(11)

石炭紀の石炭層に入っている木炭の面——地質学用語で層準という——は、火事が生態系にどれだけ大きな影響を与えたかを私たちに痛感させる。火事を境にした植生の変化は、火事後にコロニーをつくる植物がそれまでと違う種になることを物語っている（図37）。いわゆる炭球から発見される木炭も、炭化した植物を微細な構造まで保存しているため、火事の頻発期の植生がどんなだったかを私たちに教えてくれる。火事の頻発期の石炭層には、巨木のシギラリア（フウインボク）とシダ種子類のメデュロサレスが木炭となって多く見つかっている。こうして、火事がさまざまな環境のさまざまな植生に影響をもたらしていたことが示された。とくに、火事が起きやすい高地の植生が木炭の形で保存されていたことの意義は大きい。ロバート・バーナーその他が提唱した、石炭紀に酸素濃度が高かったという予測は、木炭研究の側からも裏づけられた。

ペルム紀

私たちは二〇〇〇年に、化石記録に見る火事についての概説を出版したが、その時点ではペルム紀（三億年〜二億五〇〇〇万年前）の情報が欠落しており、それが心残りだった。ペルム紀の石炭の多くに大量の木炭が含まれていることは間接的に知っていたが、イギリスおよびその周辺にはペルム紀の石炭がなく、自分の目で確かめる機会がなかったのだ。現在、石炭紀の石炭の大半は北米やヨーロッパなど北半球で見つかるが、石炭層が形成された時点では赤道付近に広がる熱帯性の沼地

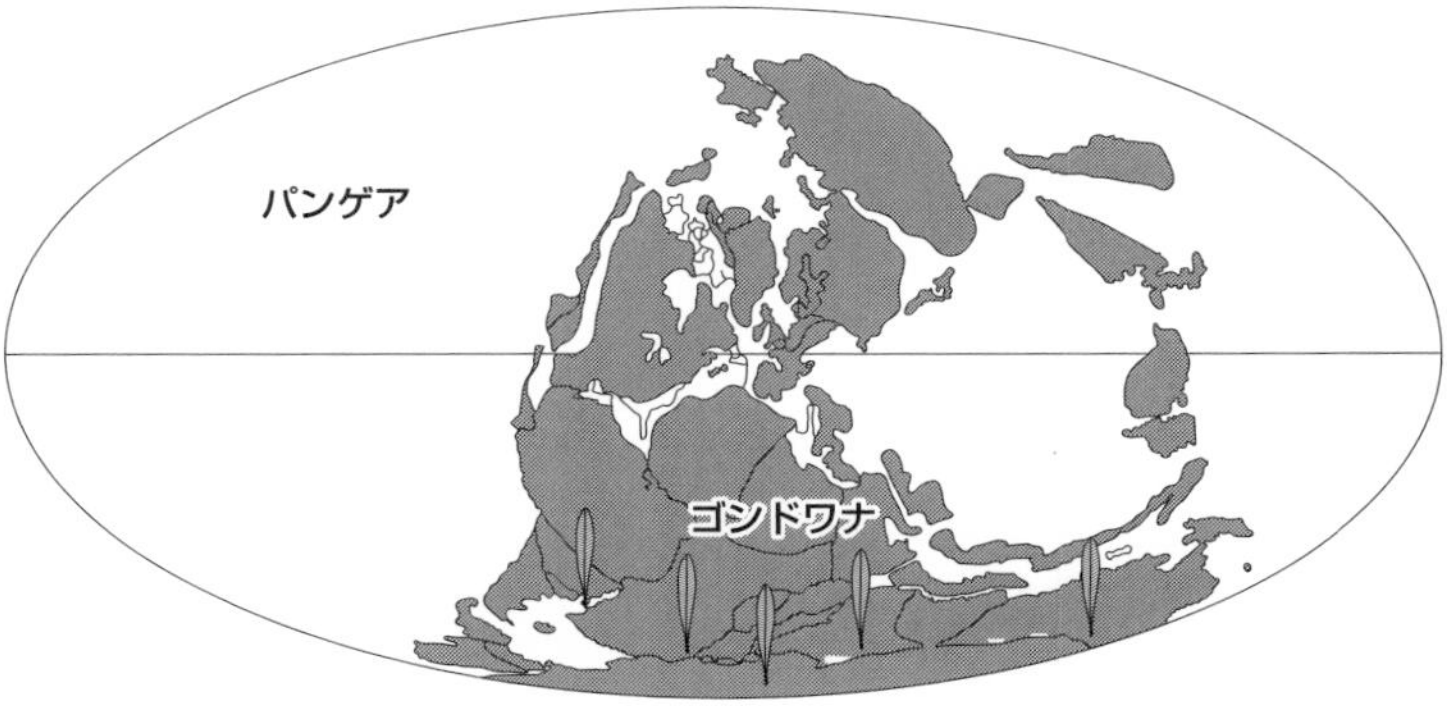

図38　パンゲア・エリアとゴンドワナ・エリアを示した2億7500万年前の大陸の復元図。葉の絵が描かれているところはグロッソプテリスの分布域。

（泥炭形成エリア）にあった。一方、ペルム紀の石炭は現在、南アフリカやオーストラリア、南米、インドなどで見つかるが、これらの現大陸はペルム紀には南半球にあったゴンドワナ超大陸の一部だった（図38）。なお、現南極大陸もゴンドワナ大陸の一部だったので、南極大陸にもペルム紀の石炭が眠っているはずだ。かのスコット隊が南極探検に出かけた目的の一つは、植物化石とペルム紀の石炭を見つけることで、その目的に関しては達成された。彼らが発見したグロッソプテリスの標本は、南極大陸がゴンドワナ大陸の一部だったことを示す一助になった。その標本は、困難な移動中もスコットが死ぬまで手放さず、今はロンドンの自然史博物館に収蔵されている。

一九八〇年代のイギリスの石炭発電所は、ほぼ全面的にイギリス産の石炭紀の石炭を使っていた。その後、さまざまな鉱山労働者のストライキがあり、電力会社は使用する石炭の仕入れ先を分散させることにした。

このとき初めて中国産の石炭がイギリスに輸入されることになった。私もこのころ、中国の石炭についてかなりの研究をしたものだ。ところが、旧ソ連の崩壊後、ロシアがロシア産の石炭を輸出しようと攻勢をかけてきた。そのロシア産石炭の採掘地の一つが、シベリアのクズネック（クズバス）盆地にあるペルム紀の石炭層だった。この盆地はペルム紀には北半球に位置していた。数社の電力会社がすでに、イギリスの発電所で燃やす石炭をここから輸入していた。その石炭を燃やしてみると、イギリス産の石炭紀の石炭とは燃焼の仕方が違った。理由として、クズネックのペルム紀の石炭に含まれる木炭の割合が高いことが考えられた。私は何としても、クズネックの石炭を調べてみたいと思った。そこの石炭はどれも木炭の含有率が高いのだろうか？　もしそれが頻繁な火事の証拠だとすれば、火事が起きてからつぎの火事が起きるまでの時間、つまり火事の「発生間隔」を計算することは可能だろうか？　ペルム紀に大気中の酸素濃度が高かったなら、火事の発生間隔は短かったはずだ。研究したいテーマがつぎからつぎへと頭に浮かんだ。

シベリアの石炭の研究に取り組む許可を得るには、経済と政治の両面で複雑な交渉と見識を要した。私たちは、通訳者や通商代理人だけでなく、石炭地質学者にも同行してもらうことを望んでいたので、その点を強く訴えた。おかげで、英語を流ちょうに話すモスクワ大学の石炭地質学者、ナタリア・プロニナが頼もしい協力者となってくれた。私は研究室生ヴィッキー・ハドスピスと共にいったんモスクワに入り、そこからシベリアに向かった。ノヴォクズネックまでのフライトは長かった。ウラル山脈の東、カザフスタンの北にあるノヴォシビルスクから、さらに二〇〇マイル東に飛んだ。ノヴォクズネツクに到着した日の真夜中のことだ。寝ていた私は叫び声とドアをばんばん叩く音で起こされた。理解できた言葉は「パスポート」だけだった。最初は警察の強制捜査かと思ったが、ホテルが火事になっているのだとわかった。私たちは全員無事に脱出できたが、火がなかなか消えなかったので、翌日以降は別の宿をとることになった。この日のことは、太古の火事を研究している私たちにとってさえ火事は簡単に消せないということを思い知らされる、生涯忘れられない体験となった。

クズネツク盆地の石炭は、私がよく知っている石炭とはまったく違った。その多くは厚さが一〇メートル以上あった。イギリスの典型的な石炭は厚さ一～二メートルしかない。また、世界最大級の露天掘り炭田なだけに、露出している石炭があちこちにあった。

ホテルでの出来事を別にすれば、私たちは無事に炭田のフィールドワークに出ることができ、調べたいと思っていたことを調べることができた。クズネツクの石炭はたしかに木炭の含有率が高く、ペルム紀の泥炭形成地域とその周辺で火事が頻繁に起きていたことを示していた。引き続き、火事の発生間隔の調査に移った。そのためにはまず、泥炭の元の厚さを知る必要があった。元の厚さを知るには、埋没の過程でどれだけ圧縮されたかを算出しなければならない。大陸の位置と気候指標から、ここの泥炭は温暖な気候下で形成されたものと判断した。気候指標には、鉱化し石化した樹木の年輪などを使った。現在の泥炭が温帯地域で蓄積する速度を参考に、ペルム紀の泥炭の蓄積速度を見積もった。こうして私たちは、泥炭が特定の厚さになるまでにかかる時間を計算し、さらに、木炭を含む層準の数を数えて、泥炭が形成される過程での火事の発生間隔を割り出すことに成功した。その結果、ペルム紀の火事の発生間隔は同じ条件下での現在の水準より短く、火事が頻繁に発生していたことが明らかになった[12]。この研究結果は、ある時代の「火事レジーム」はその時代の大気中の酸素濃度を反映する、という考え方を確実なものにした。その後私たちは、世界各地のペルム紀の岩石産地で木炭をどんどん見つけるようになった。ペルム紀に森林火災はあちこちで発生していたようだ（図39）。

火事だらけの世界での暮らしを想像するのは簡単ではない。今の私たちの世界には、自然発生の火事と人為発生の火事の両方があるが、ヒトは自ら火事を消すこともあるので自然発生の火事の頻度と範囲を正確に把握するのはむずかしい。それでも、このペルム紀のような火事の多い時代には、火事はあらゆる気候帯で発生していたと予想できる。おそらく、今よりずっと大規模で、ときに激烈で、頻繁に起きていたはずだ。その結果、植物は成長を抑制され、動物もまたさまざまな影響を受けただろう。大気への影響もあったはずだ。煙の問題は今よりもっと深刻だったはずだ。

やがて、ペルム紀は、地球史上最大の大量絶滅という出来事を迎えて幕を閉じる。その原因については今も議論が続いているが、氷期が終わって海洋からメタンが放出されたことと、シベリアで大規模な火山噴火があったことにより、大気中に二酸化炭素と有毒ガスが急増したとする説が有力だ。それにより気温がかなり上昇し、汚染物質が陸上と海洋の環境を破壊したと考えられている。

このとき、火事はどうだったのだろうか。この疑問を解くにも岩石に含まれる木炭が手がかりと

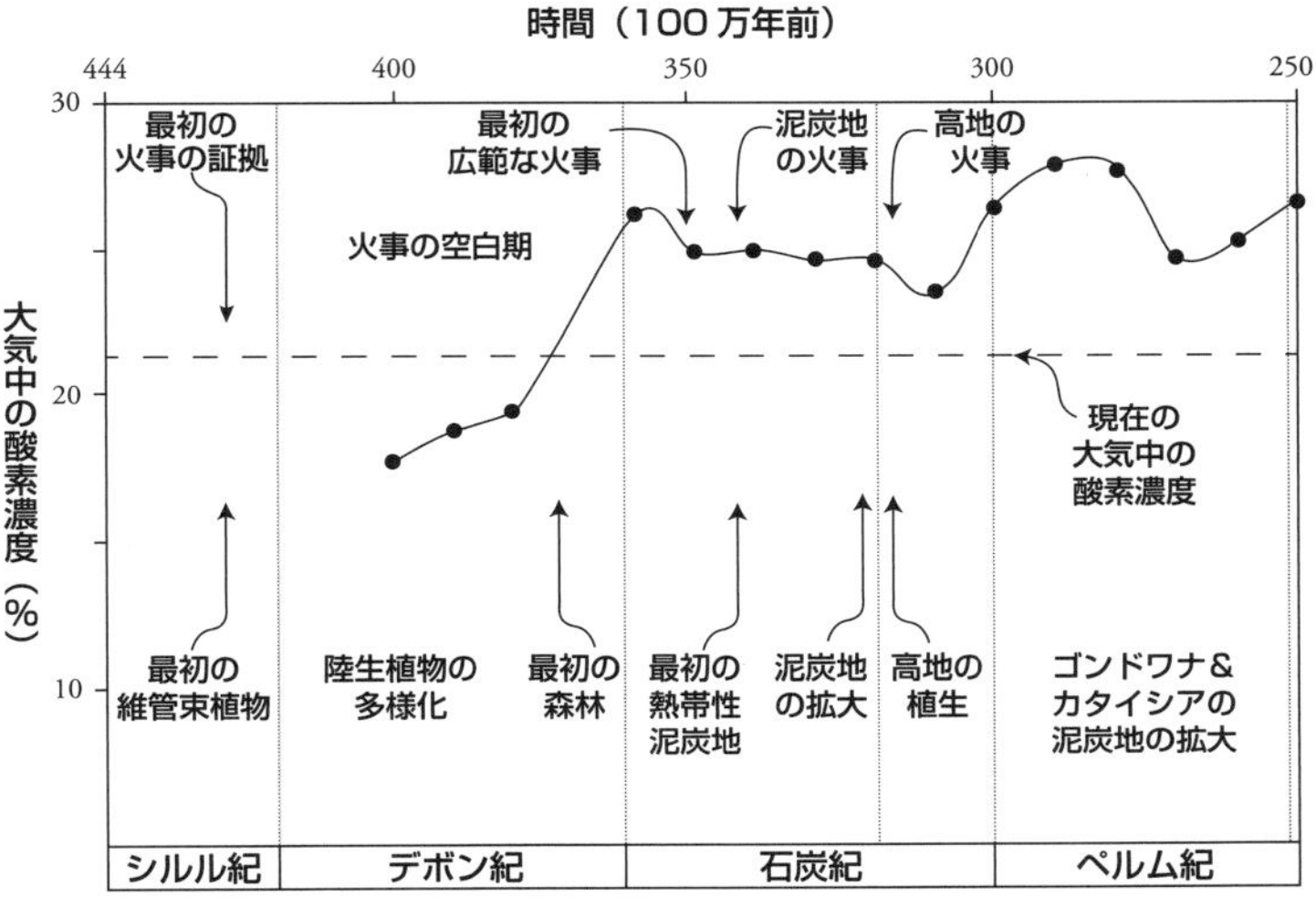

図 39　古生代後期（4 億 5000 万年～ 2 億 5000 万年前）の酸素濃度と「火事レジーム」の関係。

なる。中国に、ペルム紀末から三畳紀前期にかけての堆積層がある。中国の石炭岩石学者らは、ペルム紀末の直前まで石炭に相当量の木炭が含まれていたことを明らかにした。[13] 火事は、ペルム紀のあいだじゅう、生態系に影響を与え続けていたようだ。事実、雲南省東部の石炭から得られたデータは、ペルム紀末に向けて火事活動が増強していることを示している。とはいえ、現時点ではまだ、火事がペルム紀末の大量絶滅を引き起こした、あるいはそれを引き起こす原因の一つになったというような仮説を発表できるような段階にはない。ただ私は、大量の火事によって出た煙が氷冠に及ぼす影響のことをときどき考える。炭素粒子が雪原や氷原に積もると白い大地が黒くなり、より多く太陽放射を吸収するようになるのは周知の事実だ。広範囲にわたって黒くなった植生も、同じような作用をするだろう。そうなれば地球は温暖化に傾き、氷床の溶解が進んだかもしれない。すると地表はさらに黒っぽくなり太陽放射を吸収し、温暖化を促進するという、正のフィードバック・ループに入るだろう。くり返すが、この考えは今のところ私のただの憶測にすぎない。

ともあれ、二億五〇〇〇万年前ごろにペルム紀と三畳紀の境界で起こった出来事は、地球を一変させた。生物種のおよそ九五パーセントが絶滅した。火の観点から眺めると、この大量絶滅期に重要なことが二つ起きていた。まず、火事の多い世界に適応していた植物が死滅した。そして、あらゆる大気組成モデルが指し示しているように、大気中の酸素濃度が急落した。その後に続く三畳紀の世界は、まったく違う姿になっていた。(14)

5章

火事と花と恐竜と——中生代

中生代は三畳紀、ジュラ紀、白亜紀からなる地質年代区分で、恐竜が現れ、消えた時代にあたる。中生代は二億五〇〇〇万年前に始まり、六六〇〇万年前まで続いた。地質時代としてはそれなりの長きにわたっており、最初と最後が大量絶滅期となっている。今から半世紀前までは、地質時代の火事について書かれた文献などほとんどなかったが、2章で触れたように、レディング大学のトム・ハリスが「中生代の森林火災」と題する画期的な論文を書いていた[1]。ハリスは希代の科学者で、世界をリードする古植物学者だった。植物化石の研究に心血を注ぎ、幅広い好奇心をもち、実験を重視し、既成概念にとらわれない考え方をした。とはいえ、ハリスが「中生代の森林火災」の論文で引き合いに出した証拠も、中生代の岩石から出てきたわずかな木炭のみという限定されたものだった。

三畳紀

ペルム紀は、生物がほぼ一掃されるという地球史最大の大量絶滅で終わった。あらゆる生態系が崩壊したあとに三畳紀が始まったとき、世界はどんなだっただろうか。

分類群ごと消滅した植物には、古生代後期に石炭の主原料となっていたリンボクや、南半球で栄えていたグロッソプテリスがあった。ペルム紀末の大量絶滅から数百万年ほどは、植物は数も種類も少なかった。一方、新たな植物の台頭も見られた。棒のような形状の胞子植物のプレウロメイア（ヒカゲノカズラ類）や、つる性でシダのような葉をもつ種子植物のディクロイディウムなどがそうである（図40）。

三畳紀の最初の一〇〇〇万年は、生態系の回復期のようなものだっただろう。バーナーの大気組成モデルによれば、三畳紀は大気中の酸素濃度がかなり低い状態で始まった[2]。三畳紀の初頭に石炭が出てこないことは以前から知られており、研究者らはこの区間を「石炭空白期」と呼んでいた[3]。困ったことに、この石炭空白期には、石炭に含まれる木炭で大気中の酸素濃度を計算する「代理測定」が使えない。しかも、三畳紀前期の地層には木炭の記録がほとんどなかった。酸素濃度が低かったから、あるいは植物が少なすぎたから火事が起きなかったのか、それとも単にこの時期の堆積層に木炭を探す人がいなかっただけなのか、明確なことはわかっていない。そもそも三畳紀前期の堆積層が出てくる場所がほとんどないという問題があった。海洋環境の堆積層ならあるのだが、そこに木炭が見つかる可能性は低い。なお、三畳紀前期の古土壌（地層の下に埋まったまま保存されていた土）を解析した研究からは、この土壌がたしかに酸素濃度の低い場所で形成されたものだという結果が出ている[4]。

木炭は、三畳紀中期と後期（二億四七〇〇万年～二億一〇〇万年前）になると出てくる[5]。この時代の木炭はおもに裸子植物の樹木が元になっている。三畳紀中期にはふたたび大型の樹木が現れたということだ。だが、この時代の火事の状況を知るには不十分だった。出てきた木炭はほとんどが樹木で、その樹木の種類もごく数種にかぎられていたからだ。ともあれ、地球は一〇〇〇万年ほどを経てやっとペルム紀末の惨劇から回復した。このころになると、ソテツだけでなく各種の種子植物、シダ、トクサなど、多くの新しい植物が出現していた。動物界では恐竜の多様化が始まっていた。

三畳紀末からジュラ紀の初頭にかけて（二億二〇〇〇万年～一億九九〇〇万年前）は興味深い時代で、トム・ハリスが一九五八年に発表した火事についての論文もこの時期が主要テーマになっていた（57ページ参照）。彼は、ウェールズ南部にあって地質学者らの疑問の的となっていた不可思議な石灰岩クナップＴＷＴ（Cnap Twt）の地質について、石灰岩層の割れ目に三畳紀末（二億八〇〇〇万年～二億一〇〇〇万年前）の堆積物がつまったものだと解き明かした。その堆積物にはケイロレピスという針葉樹の木炭が多く保存されていた。ハリスは、南ウェールズに広がる高地の針葉樹林に火事が起こり、土砂

図40　三畳紀後期の植生の復元図。手前にあるのは、ディクロイディウム。奥にあるのは、ヒカゲノカズラ、ソテツ、木生シダ、ナンヨウスギ、シロメイア、ギンコーファイテス、針葉樹。

と木炭、未燃焼の植物が、石灰岩の割れ目に流れこんだのだろうと推察した[6]。三畳紀後期の火事は、ボーン・ベッド（脊椎動物の骨が大量に堆積している化石密集層）のようなものがなぜできるのかの理由を知るヒントを与えてくれた。大規模な火事が起きたあと、浸食と堆積の作用でふるい分けがなされ、骨ばかりが多く集まる層ができたに違いない[7]。

ハリスはグリーンランド東部に散在する三畳紀・ジュラ紀境界の木炭についても記録した。グリーンランドは近年ふたたび、この時期のことを調べようとする研究者らの注目を集めている。グリーンランドでは三畳紀・ジュラ紀境界にまたがる岩石から大量の植物化石が採取できるからだ。私たちもここで採取した標本から、この境界をはさんだ植生の変化だけでなく、大気中の二酸化炭素濃度の変化や、地球規模の気温の変化を学んだ。植物化石の気孔を分析することで、二酸化炭素濃度が推測できることは前にも述べたとおりだ。この時代に植生と気候が共に変わったのは、おそらくパンゲア超大陸の分裂と関係がある。ペルム紀末までは、地球の陸塊がすべてつながったパンゲアという一つの大陸が存在していたが、それが三畳紀に分裂と移動を始めたからだ。三畳紀の終わりには、また大量絶滅がやってきた。地球史で五度起きたと言われる大量絶滅の四番目のものである。三畳紀末の大量絶滅の原因については今も議論が続いているが、どうやら大気中に二酸化炭素が大量放出され、気候が大きく変動したようだ。その影響はもちろん植生にも及んだ。三畳紀・ジュラ紀境界をはさんで、広葉樹中心の植生から針葉樹中心の植生へと切り替わった。この切り替わりの時期は、木炭による代理測定から推測できる火事の増加時期と一致していた[8]。葉の形状の変化は火事の増加と何か関係があるのだろうか？ ラボで実験してみると、広葉と針葉では燃え方が違い、針葉のほうが燃えやすいことが判明した。大気中の二酸化炭素濃度が上がれば気温も上がるし雷も増えただろうから、すべては火事を増やす方向に働いたということだ。スウェーデンの三畳紀・ジュラ紀境界をはさんだ石炭を調べるという別の研究でも、石炭に含まれる木炭の割合からこの境界以降に火事活動が急増していることが明らかになった。ただし、このスウェーデンの石炭はグリーンランドの岩石とは形成されたときの環境が違っていたようで、携わった科学者らは植生が針葉樹林から低木林に変わったと報告した。彼らはさらに、私たちが開発した「木炭の反射率から火事の温度を割り出す」手法を使って、火事の温度が下がったことのみならず、高温の樹冠火から低温の地表火にシフトしていたことをも示してくれた(9)。

ジュラ紀

ロバート・バーナーが後期に作成した大気組成モデルによれば、ジュラ紀全体をとおして（二億年～一億四五〇〇万年前）酸素濃度はひじょうに低かったという(10)。さすがにそれはないと私は思った。なぜならジュラ紀の岩石からは火事でできた木炭がふつうに見つかっており、石炭に含まれる木炭の割合から代理測定した酸素濃度もそこそこ高かったからだ（図41）。とはいえ、ジュラ紀の火事については今もまだ、私たちの知見は十分に集まっていない。ここでもう一度、トム・ハリスのことに話を戻そう。彼はグリーンランドの岩石研究に一区切りつけたあとは、残りの研究人生の

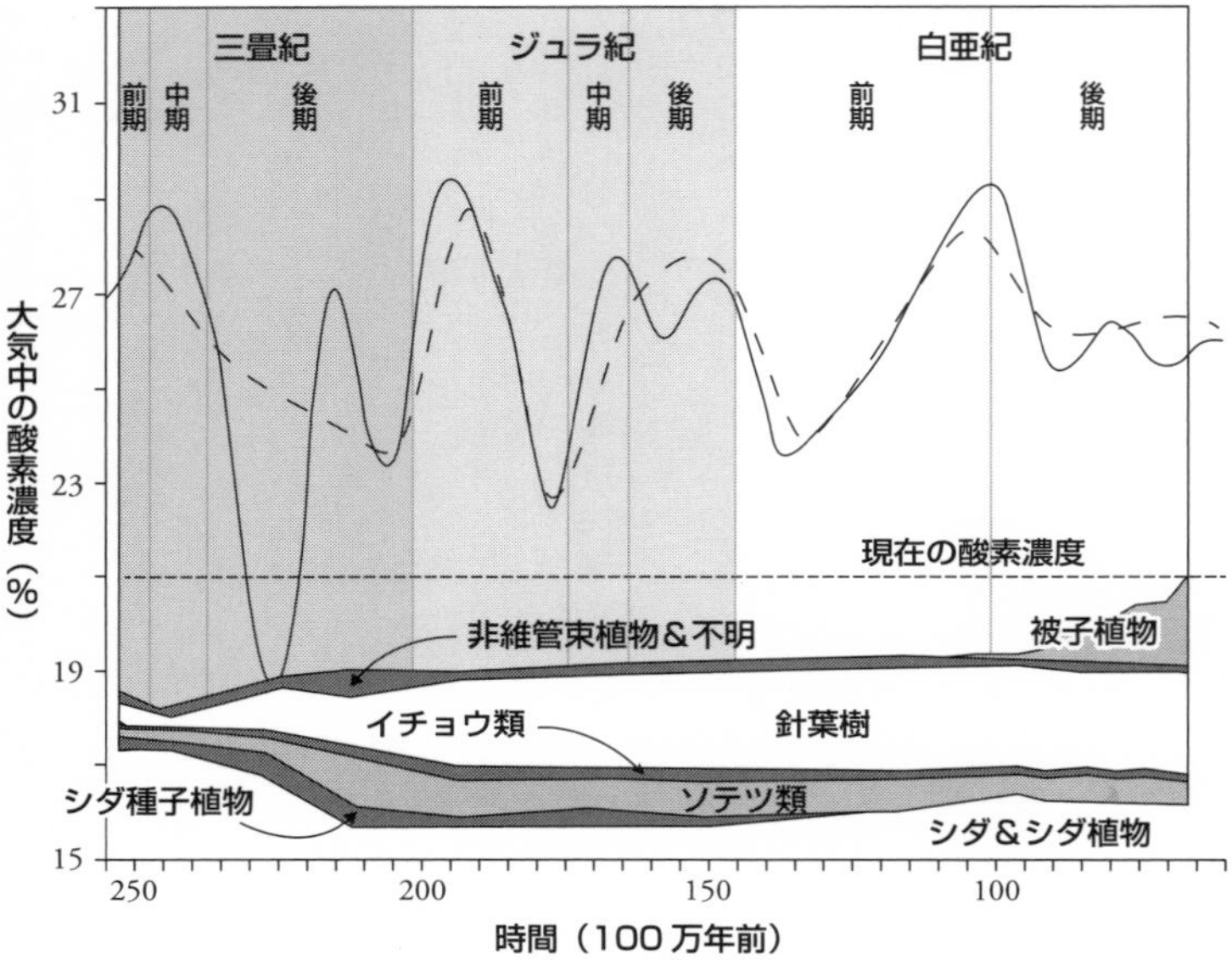

図41　石炭に含まれる木炭の割合から代理測定した酸素濃度と、中生代の植生の変化。実線曲線と破線曲線はそれぞれ、500万年と1000万年を期間単位とした平均値。

大半を、ヨークシャー州のスカルビー層にあるジュラ紀中期の岩石から植物相を記載することに費やした。彼のおかげでスカルビー層は世界屈指の植物化石産地となった（図42）。ハリスはスカーバラの北側の地域で岩石から木炭が出てくるのに気がついた。なかでも壮観だったのは、イチョウ類の葉が大量に出てきた砂岩の単層だ。彼は樹木の木炭片と、ときおり出てくるシダの木炭について記録した。私自身もよくここで、自身の素材集めや学生たちとの木炭リサーチをしたものだ。ミック・コープによる最新の再調査では、

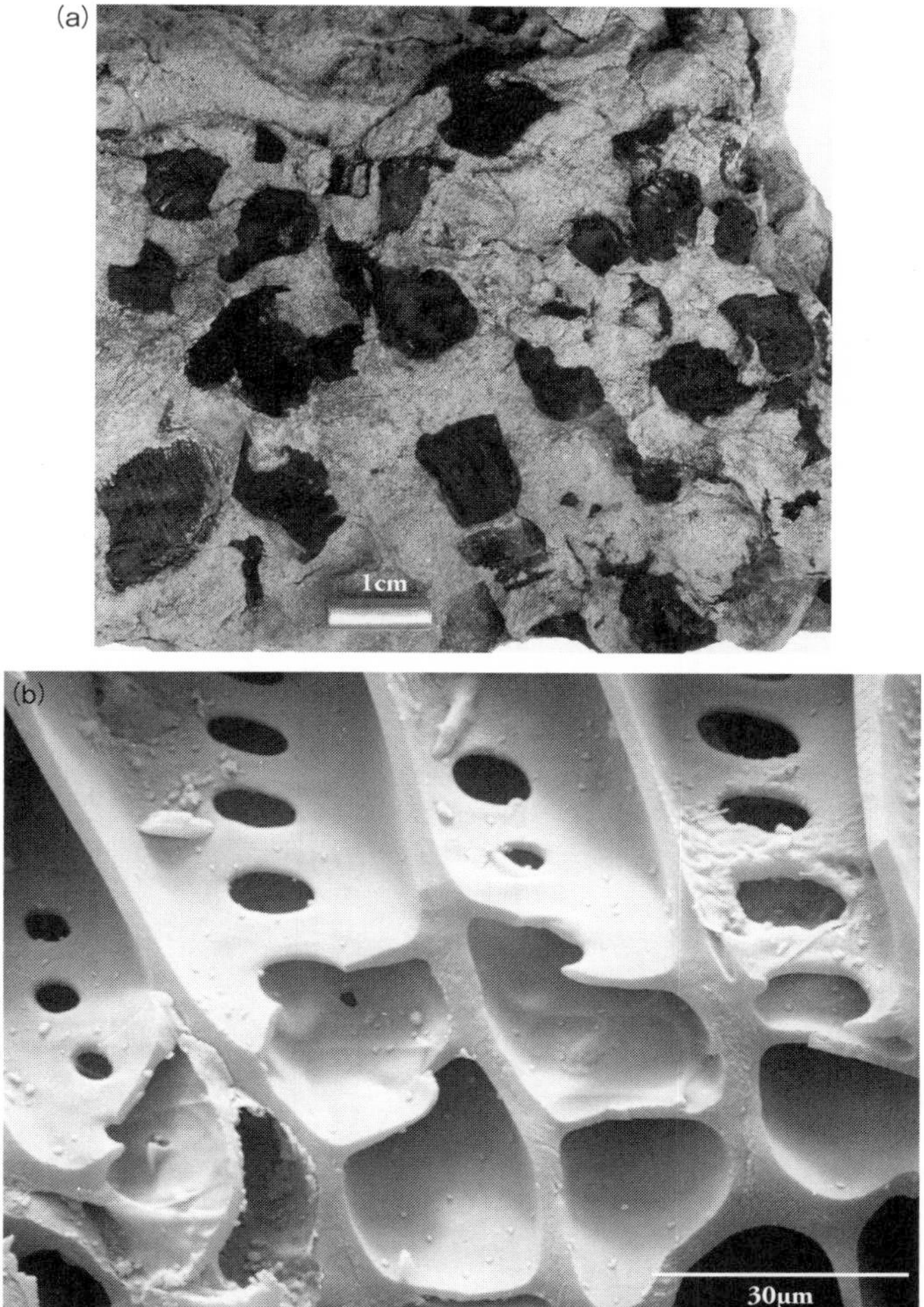

図 42　(a) イギリスのヨークシャー州スカーバラにあるスカルビー層のジュラ紀中期（1 億 7000 万年前）の河成砂岩層から出た木炭。(b) それを走査型電子顕微鏡で観察したもの。

火事の影響を受けた植物相が針葉樹、ソテツ類、ベネチテス類、イチョウ類に及ぶことが確認された[11]。この時代の植生は種子植物が多数派だったようで、地表はシダ類とトクサ類に覆われていた。花はまだ現れていなかった。このころ世界を闊歩していたのは、巨大な竜脚類の植物食恐竜と、アロサウルスのような肉食恐竜だった。

ジュラ紀の岩石からは、どうやら木炭はそれほど多く出てこないようだ。私もあちこちの産地で集めてはきたものの、やはり少ないと感じている。別の研究者らは、シーケンス（同じ作用でたまっていった連続的な地層の集まり）全体で木炭を探すというアプローチで、堆積岩と植物と気候の相互関係を調べた。そして、木炭が出てくるのは乾燥期だけだったことを見出した。つまり、この時代の火事は酸素要因より気候要因に強く左右されていたということだ。彼らはまた、この時代は気候が振り子のように変動していたことも見出した。このころイギリスは北半球の、パンゲア大陸の北の辺縁に位置していた。一方、パンゲア大陸の南側はもっと古くからある広大なゴンドワナ大陸だったところで、そこに位置していた現在のアルゼンチンやインド、南極の岩石調査はすべて、ジュラ紀中期に何度か火事の多い時期があったことを示している。しかし、ジュラ紀に関しては今なお情報不足で、このころの火事はどんな植物を燃やしていたのか、動物にどんな影響を与えていたかなど、知りたいことはたくさんある。

あるとき私は、北海油田の域内に多数あるシーケンスに木炭が見つかるのではないか、と思いついた。なにしろ北海原油の貯留層になっている砂岩の多くは、ヨークシャーの海岸に露出している木炭を含んだ岩石とよく似ているのだ。ブレント砂岩層群もその一つだった。ちなみに、原油価格市場で主要な価格指標の一つとなっている「ブレント原油」は、このブレント砂岩層群から産出される原油のことをいう。私は教え子のティム・ジョーンズに、北海のボーリング・コアに木炭を探してみてはどうかと提案してみた。なんと驚いたことに、ジョーンズは、ボーリング・コアに木炭の層がたくさん入っていたと報告してきた(12)。北海に堆積している砂は、高地にあった岩石が浸食作用で削られ流されてきたものだという見解で確立していたが、その砂が海盆に流れてきて積もったのは地殻変動によるものだとずっと信じられてきた。先に地殻の隆起があり、そのあと高くなった土地で浸食が起きたと考えられていたのだ。だが、北海に積もった砂はおそらく、堆積物がある時点でまとまって流出してきたものであり、木炭は火事後浸食の結果として運ばれてきたのだろう。もしそうなら、こうした流出堆積物のまとまりは広範囲に存在し、それぞれの流出単位に関連性が見られるはずだ。私は、現在のロッキー山脈で山火事後に残る堆積物と木炭の光景を思い出した。太古の北海でも堆積物のまとまった流出はくり返し起きていたはずだ。北海コアの一連の研究からは、流出単位ごとに木炭が多いところと少ないところがあり、火事活動が増減していたことが示された。また、一部の木炭層はジュラ紀末に急に増えていた。

ジュラ紀後期の二番目にあたるキンメリッジアン期（一億五七〇〇万年〜一億五二〇〇万年前）になると、見つかる木炭の数が減った。西ヨーロッパと中央ヨーロッパで報告されたのは数点の木炭片だけだった。科学者らはその理由を、この時代の酸素濃度が火事を発生させられないほど低かっ

図43　イギリス、ラルワースにあるパーベックの「化石の森」。ジュラ紀後期（1億5000万年前）の石化した針葉樹の木が岩石から切り離されて残っている。

たからだろうと考えた[13]。私たちが開発した「石炭に含まれる木炭」による代理測定法でもこの時期の大気中の酸素濃度が低かったことが示された。やはり、火事の多い少ないを決めるのは気候要因だけでなく酸素要因も関係しているということだ。

一億五〇〇〇万年前ごろのジュラ紀後期になると、ふたたび火事の証拠が出てくる。このころの火事は、多くが針葉樹林で起きていたようだった。その最たる例が、ジュラシック・コーストとして知られるイギリス南部の海岸の、ポートランド島に近いパーベックにある「化石の森」だ[14](図43)。ここの針葉樹林は、現在の中東のように暑く乾燥した気候下で海岸一帯に広がっていた。針葉樹林はくり返し焼かれており、その木炭が土壌に保存されている。[15]パーベックの樹木化石群を調査したジェイン・フランシスは、同じジュラ紀後期の南極大陸に針葉樹林が広がっていたことも明らかにした。

白亜紀前期

白亜紀の初め(一億四〇〇〇万年前)までに、パンゲア超大陸は分裂し、こんにち存在する六大陸の配置に向けて移動を始めていた(図44)。イギリス南部のウィールデンには、そのころできた非海成堆積層の岩石がある。北大西洋が出現したころ堆積したもので、植物化石と恐竜化石が出てくる産地として世界的に有名だ。一九世紀の初めから半ばにかけて恐竜化石の発見があいついだが、その舞台の一つとなったのがここである。植物は圧縮された化石として保存されており、ほとんどが葉の化石だった。アルフレッド・シーワードやマリー・ストープスなど著名な古植物学者らが植物化石を記載し、レディング大学のパーシー・アレンが圧巻の大調査を実施したのも、ここウィールデンだった。[16]

インペリアル・カレッジ・ロンドンのケン・アルヴィンは、ベルギーの白亜紀の化石シダ研究と、走査型電子顕微鏡を使った先駆的な研究でよく知られる人物だ。彼はイギリス南部の海岸沖にある

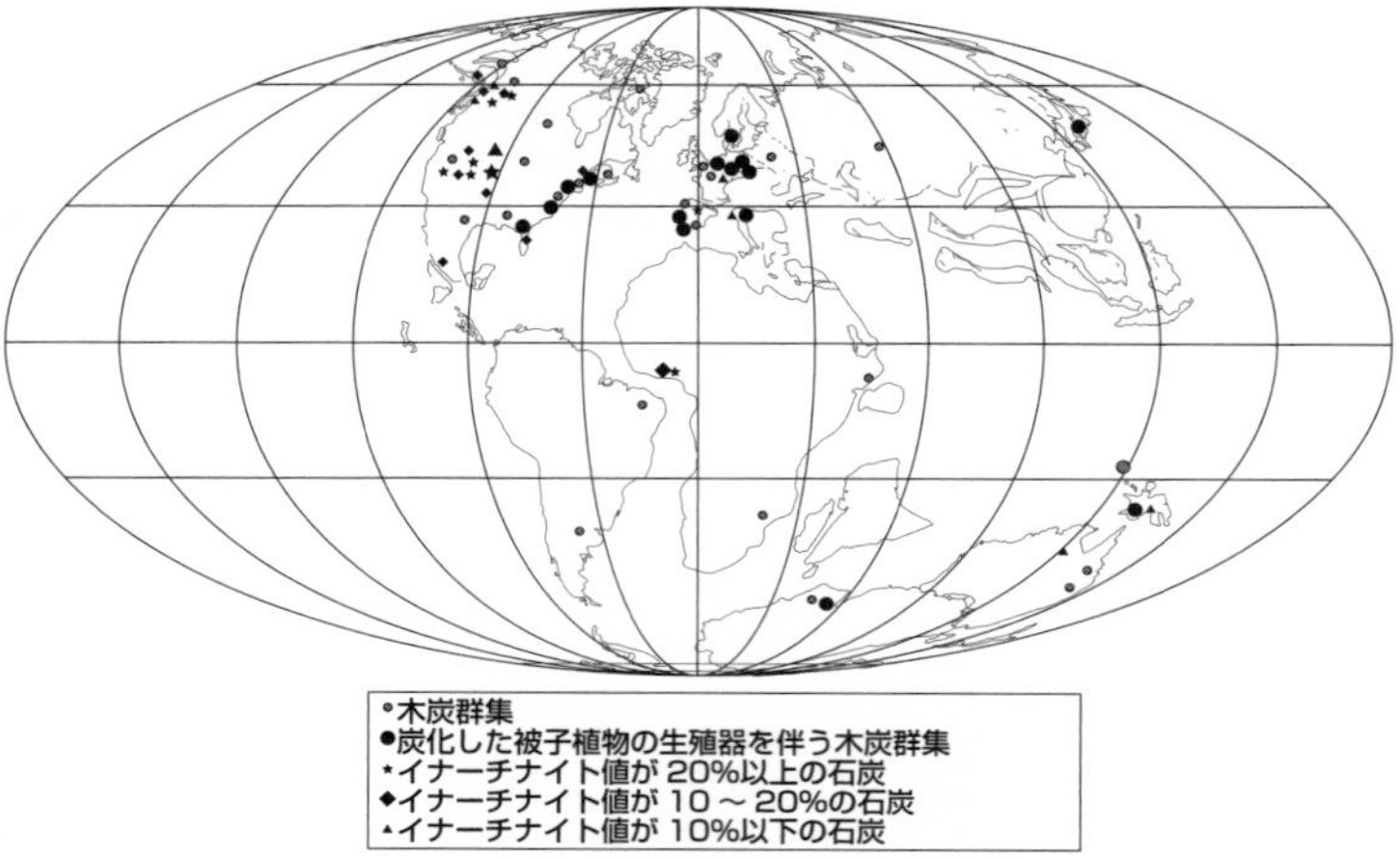

図 44　古地理図に示した白亜紀（1 億 4500 万年～ 6600 万年前）の木炭の産出地。

ワイト島のウィールデン岩石に炭化したシダを見つけたとき、その二つの経験を存分に生かせると思ったという。[17] ワイト島のウィールデン層も白亜紀前期（一億四五〇〇万年〜一億二五〇〇万年前）のもので、アルヴィンの働きにより当時の環境についての理解は一九七〇年代初期に急速に進んだ。パーシー・アレンは、ウィールデンで圧巻の大調査をしていたころ、ここにある岩石を扇状地（三角州）の堆積層だと考えていた。そしてその「扇状地モデル」はその後も広く使われていた。ところが、一九七五年、パーシーは地質学の会合で驚きの発言をした。彼は、自分の提唱した扇状地モデルはおそらく間違っていて、この地方の堆積層は河川に堆積したものだろうと述べたのだ。[18] そう、これが科学というものだ。堆積環境の前提が変わったことは各方面を刺激した。ウィールデンの気候についての研究はもちろん、この堆積層に見つかった植物化石の生態系についての研究も活況を帯びてきた。

私も刺激を受けた一人だった。私はワイト島で何年も木炭集めをしており、ロイヤル・ホロウェイ校に移籍したのを機に、ウィールデン層の、なかでもワイト島の地層における木炭の産出状況について体系的な研究をしようとしていたところだったのだ。こうして私たちは、木炭がさまざまな時代区分で出現したこと、木炭を含む層準ごとに出てくる植物の種類が異なることを見出した（口絵22）。火事の影響を受けた植生は大きく分けて二種類あり、一つは海岸沿いのシダ類（現在なら「草原」のような景色だっただろう）、もう一つは針葉樹林だった[19]。まだ疑問は残っていた。火事はワイト島以外でも同じように増加していたのだろうか。また、酸素濃度と気候の変化は実際どのように火事に影響していたのだろうか。

やがてほかの場所からも、同じような木炭化石の証拠、ひいては火事の証拠が集まってきた。カナダのノヴァ・スコシアでは、地下にある白亜紀前期の堆積盆地から採取したボーリング・コアに、木炭が豊富に含まれる層準が見つかった。イギリス南部のウィールデン層と同じく、針葉樹とシダの木炭だった[20]。白亜紀前期のノヴァ・スコシアでは明らかに火事が多発していたということだ。ボーリング・コアは堆積岩や化石を研究する科学者にとって頼もしいツールだ。かならずしも地表に露出しているとはかぎらない岩石の層を、かなりの深さまできれいに取り出すことができるからだ。ノヴァ・スコシアからは記録上最古のマツも見つかり、マツ類が地球史における「火事の多い時代」に進化したという従来の推測が正しかったことを裏づけた[21]。

私は同じ白亜紀前期の岩石があるベルギーの採石場に出向き、ワイト島から採取した素材と比較するための木炭サンプルを探した。いつものことながら、最も心躍る掘り出し物は、あたりが暗くなって、そろそろ帰ろうかというときに出てくる。太古に川があったことを示す「砂岩チャネル」の中に、なにやら木炭化したもののかたまりを見つけたのだ。ラボにもち帰って走査型電子顕微鏡で観察すると、驚異的な光景が写し出された。そこには大量の炭化した植物と、昆虫までもが保存されていた（口絵23）。このように急速に堆積された河川層に木炭が見つかる場合、火事で焼けた植物がまとまって流される火事後浸食が起きていたと考えてまず間違いない。

花の出現

この時代に起きた最も重要な植物進化は、顕花植物、つまり被子植物の出現と拡大だ。もし白亜紀にタイムトラベルできたとしたら、あなたは何を思うだろう。恐竜を実際に目にする驚きだろうか。それもそうだろうが、白亜紀の初めに緑色と茶色でしかなかった光景が、白亜紀の終わりに色とりどりの花で賑《にぎ》わう光景に変わっていることに、何より感動するだろう。

チャールズ・ダーウィンが被子植物の起源について「忌まわしい謎」と言ったのは有名な話だ。[22]一九世紀半ばから二〇世紀初期にかけては、被子植物の出現した時期を知ろうと、より古い時代に植物化石を探そうとする競争があった。マリー・ストープスも一九一二年に、イギリス南部の白亜紀前期の岩石に被子植物の樹木を見つけたと主張している。[23]彼女が見つけた化石が被子植物の樹木だったことには何の疑いもない。だが残念ながら、彼女が記載した標本は博物館に収蔵されていたもので、地層の年代が真偽不明だった。

二〇世紀のほとんどの期間、最古の被子植物をめぐる主張と反論がくり返された。二億年前の三畳紀にすでに出現していたという主張まで出てきたことがあった。最古の被子植物を特定するのも大事だが、出現したあとの多様化と拡散のスピードを調べることも重要だ。最古の被子植物については現時点でも、中国から出たものから、イギリス南部のウィールデン層から出たものまで、候補がいくつかあって確定していない。[24] だが、別の方法で被子植物の起源を探すこともできる。私たちは被子植物に特有の花粉を探すことにした。そして一九六〇年代と一九七〇年代にかけてウィールデン層から見つかった胞子と花粉を徹底的に調べた結果、最古のウィールデン層に被子植物の花粉はほとんどないが、地層が若くなるにつれて数も種類も増えていることがわかった。[25]

アメリカにも、とくにアメリカ東部には、植物化石を産出する白亜紀前期のシーケンスがいくつかあり、そこで見つかった植物とその花粉が被子植物の進化と多様化の詳細を知る手がかりとなった。特定の面に単一の植物が大量に集まる「単一群集」の一つに、サッサフラス群集があった。[26] 単一群集ができるのは環境がかく乱された結果だと考えられており、案の定、サッサフラスが出てきた単層のすぐ下にあるいくつかの面から、大量の木炭化石が出てきた。

私たちはすでにスウェーデンで花の木炭化石を見つけていた。それは七〇〇〇万年前ごろの白亜紀末に近いシーケンスから出てきたものだった。ほかの堆積岩からも出てくるだろうか？ 花を含

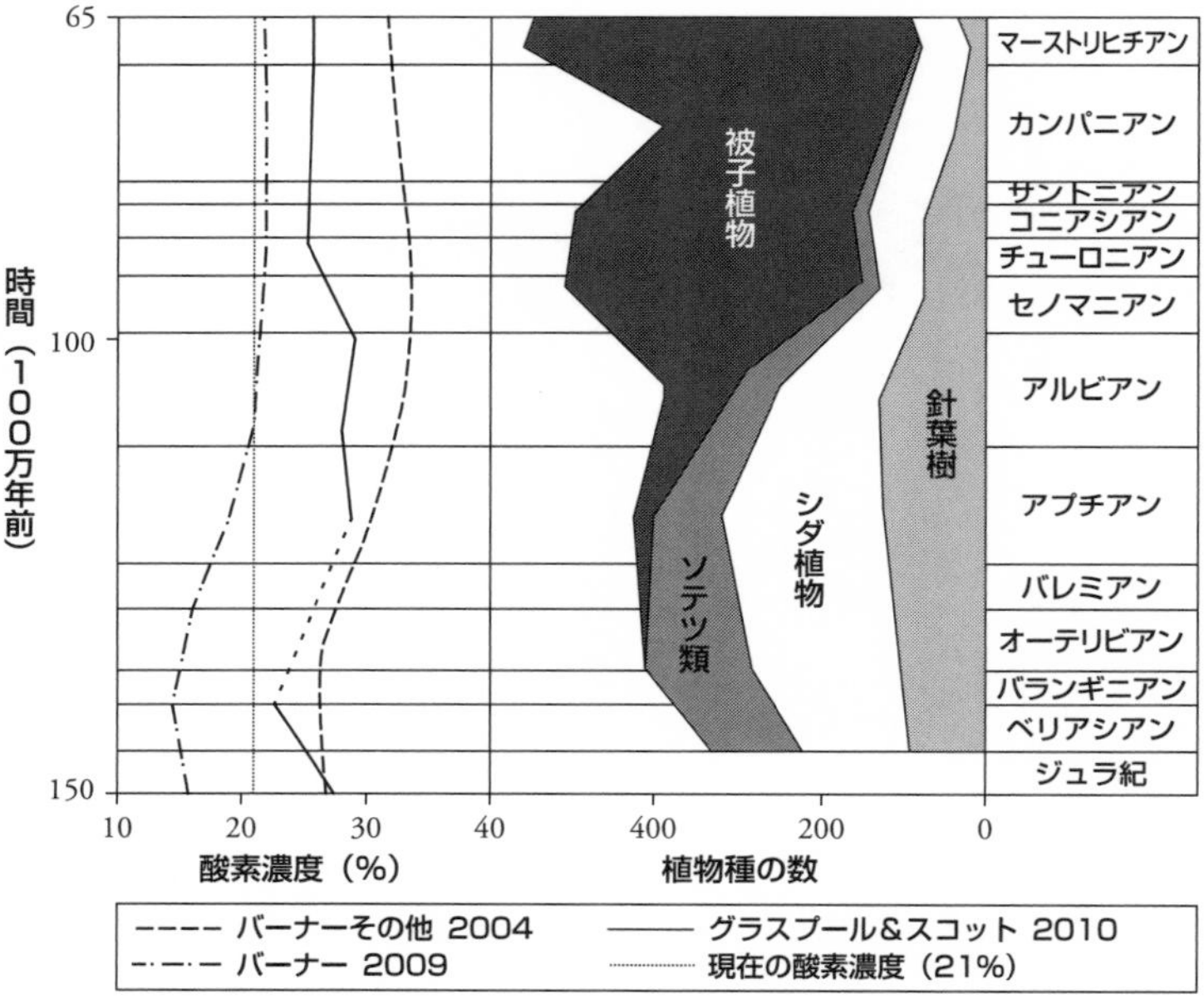

図45　白亜紀の植生の変化。

む植物化石群集を産出している場所を広く調べなおすと、花の多くが木炭として保存されていることがわかった。木炭化石になった花を探す作業はそう簡単にできるものではない。この時代の花はたいてい、長さ一ミリほどの小さなものばかりだ。そんな小さな木炭片が、たまたま岩石の表面についていた、というような幸運が起きることはめったにない。通常は重さ数キロになる岩石や堆積層を切り出し、ラボにもち帰って処理し、小さな花をひたすら探すことになるのである。

　その後の二〇年で、新たな植物相が続々と見つかり記載された。

その多くに炭化した花が含まれていた[27]（口絵24）。なかには植物化石の宝庫のような堆積層もあり、何種類もの植物や、樹木まるごとの化石が含まれているところもあった。花を含む木炭化石植物群はやがて世界各地で見つかるようになった。南極大陸からも見つかった[28]。南極大陸は極にあるにもかかわらず、白亜紀の時代には緑でおおわれていたのだ。

白亜紀の岩石には明らかに花の化石が豊富にあり、被子植物がどれほど速く広まり多様化したかを示していた（図45）。白亜紀は火事だらけの世界でもあった。初期の被子植物はほとんどがサッサフラスのような弱々しい植物だったようだが、かく乱された環境でうまくやっていた。もちろん火事は、環境をかく乱する大きな要因の一つだ。火事はおそらく、最初期の被子植物の進化と拡散を陰で支える役目をしていたのだろう[29]。

火事と恐竜

白亜紀の火事だらけの世界は恐竜集団にどう影響したのだろう。恐竜の化石が密集して出てくるボーン・ベッドの一部はひょっとすると、火事後浸食と洪水、急速堆積の結果なのでは？　この疑問が頭をもたげたのは、ワイト島で調査していたときだった。恐竜の骨が出てくることで有名なヒプシロフォドン・ベッドに木炭化石が含まれていたからだが、そのときはそう確信できるほど十分なデータがなかった。

カナダ、アルバータ州にある州立恐竜公園は、世界有数の恐竜化石産地だ（図46）。この産地か

図46　恐竜化石が眠る白亜紀後期の堆積層（9000万年前）。カナダ、アルバータ州、州立恐竜公園。

ら出てきた恐竜の多くはロイヤル・ティレル博物館に展示されている。ここの堆積層から木炭が出たという記録はまだなかったが、白亜紀が火事の多い時代だったなら木炭が出てこないはずがない。そう思いつつ博物館の建物を出て、展望台への階段を登っていると、なんと、木炭化石を含む層準がいくつも目に飛びこんできた。そのときの私の驚きをどう表現すればいいだろう。その後、テキサスやフランスにある恐竜のボーン・ベッドに木炭が含まれていたことが確認された。アルバータ州の恐竜ボーン・ベッドの再調査では、火事とのかかわりも調べられた。その結果、いくつかの層が火事後浸食と氾濫によって形成されたものだと判明した。[30] 白亜紀後期の火事が与えた影響は無視できない。地質時代の生態系を復元しようとする際にはそのことを考慮する必要がある。最近の復元画家たちは、この時代を描くとき、同じ場面に火事と恐竜を配置するようになっている（カラー口絵13）。

火事による植物の進化

火事は、植物の進化にも影響を与えてきたはずだ。同じく火事が多かった古生代後期にも、植物は火との共存を可能にする形質（特性）を進化させたが、そのとき得た形質は、残念ながらペルム紀末の大量絶滅で基本的にリセットされた。一方、現生植物のいくつかの分類群に、火に耐える形質や、火事があるとむしろ有利になるような形質を得た形跡があることを私たちは知っている。[31] そうした形質は、いつ得たものだろうか。

二〇年前までなら、形質の出現時期を知りたいと思っても化石を調べる以外に方法はなかった。その後、分子生物学の進歩が「分子系統学」を花開かせた。分子系統学は、二つの現生生物種のＤＮＡコードの違いを調べ、概算の変異率を「分子時計」にして系統樹をさかのぼることで、その二つの種が共通祖先からいつ分岐したかを推測する学問分野だ。この方法を使って、系統樹の特定の枝に現れる形質の出現時期をたどることができる。たとえばマツ科の系統分析をすると、火に強い樹皮のような形質は火事の多かった白亜紀に出現したとわかる。[32] バンクシアを含むヤマモガシ科の被子植物にも、白亜紀が起源の火事関連の形質が多くある。[33] これは現生植物のＤＮＡから推測した形質出現の時期だったが、その後、オーストラリアの白亜紀の岩石から最初期のヤマモガシ科の植物化石が発見され、ＤＮＡと化石の両方で同じ結論が導き出された[34]。最初期のマツ科の植物も、カナダで木炭化石として見つかった。マツ科はまさに、火事と共に生き残ってきたグループだ。こんにち多くの植物に見られる火事関連の形質が白亜紀に出現したという証拠が、ＤＮＡと化石の二方向から認められたことは、白亜紀が真に火事だらけの世界だったという考えをさらに強力に支える。

火事は別の形でも生態系に影響を及ぼしたはずだ。現在の山火事研究によれば、火事は「リン循環」に影響するようだ。庭いじりをする人なら知っているだろうが、リンは植物の成長に欠かせない栄養素で、肥料の主成分の一つだ。リー・カンプは、火事がリン循環に強く作用することを示した[35]。火事によって大気中に放出されたリンは、別の環境に運ばれてそこでの植物の成長を促す。白亜紀に大規模な火災があったなら、大量のリンが一時的に海にも流れこんだだろう。すると海藻が大発生する。急成長して短命サイクルをくり返す海藻の群生は、周囲の溶存酸素を使い切り、海水中の酸素欠乏状態が広範囲に拡大する。この現象は「海洋無酸素事変」と呼ばれる。白亜紀の海洋無酸素事変が発生していた期間は、有機物質に富む黒色頁岩《けつがん》という形で岩石に記録されていて、初期研究によると燃焼指標物質が検出されたものもあるという。

では、六六〇〇万年前の白亜紀末の世界はどんなだっただろう。植生に関しては現在の景色とよく似ていて、針葉樹と花を咲かせる木々が広がっていたはずだ。とはいえ、まだ恐竜が主役だった時代である。植生の多くが定期的に焼き尽くされる火事だらけの世界を恐竜たちが生きていたこと

図47　アメリカにある白亜紀・古第三紀境界（6600万年前）。白く見える境界層には、小惑星の衝突による溶けたスフェルールが含まれている。火事は白亜紀を通じて多かったが、小惑星の衝突後に地球規模の大火災が起きたとする証拠はない。

を思うと、感慨深い。

地球規模の大火災？

恐竜の絶滅は、科学者のみならず一般市民も大きな関心を寄せるテーマだ。一九八〇年、白亜紀・古第三紀境界（K／P境界）に相当する世界各地の堆積層に、小惑星の衝突が原因としか考えられない薄いイリジウムの層が入っていることが発見された。それにより、恐竜絶滅の引き金として「小惑星の衝突説」が一気に注目されることとなった[36]（図47）。もちろん反論は多く出た。その後にメキシコのチクシュルーブ・クレーターが衝突の場所だと認定されたにもかかわらず、白亜紀末の大量絶滅の原因を小惑星の衝突のみに帰するという考え方への異議は残っている。この時期には大きな火山噴火もあり、溶岩の大量流出がインドのデカン・トラップのような独特な地形をつくり出していた。こうした火山活動はもちろん大気組成にも影響して気候を変えただろうが、ここでは本書のテーマである「火事」に関連することに話を絞ろう。小惑星衝突説が発表された直後に、研究者数名から、小惑星の衝突に引き続いて全地球が火事に包まれたのではないかとする主張が上がった。(37) この主張は、世界にいくつかある深海の堆積岩からすすが見つかったことを根拠にしていた。アイデアとしては魅力的で、また人目を引いたため、全地球が燃えている光景が小惑星衝突の復元図に描かれるようになった。だが、ほんとうにそうだったのだろうか。

私は違うと思う。理由は大きく二つある。まず、私たちが研究を通じて得た自然火災の性質にこの推論が合わないからだ。もう一つは、彼らが根拠としている証拠というのが疑問含みだからである。火事はどんな生態系でも自然に発生するわけではない。火事が起こるかどうかは燃料と湿度、地形に左右される。火が燃えて広がるためには十分な燃料がなくてはならない。燃料は地球上のどこでも均等にあるわけではないし、燃料があるところでもいったん火事が起こればそこにあった燃料は燃えてなくなる。燃料に含まれる水分量も重要だ。燃料がひどく湿っていたら燃えない。その水分を蒸発させるのにすべてのエネルギーが費やされ、セルロースとリグニンを分解して可燃性のガスを発生させるところにまで回らないのだ。湿潤な場所なら、燃料を乾かすだけでも相当量のエネルギーを要する。もちろん、大気中の酸素濃度が現在の水準より高ければ湿った植物でも燃えることは以前も述べた。それでも、すべての植物に同時に火がつくことはない。

火がついて火事が広がったとしても、湖や川など天然の障壁があればそこでさえぎられる。水辺の湿地帯に生えている植物が障壁になることもある。地球のあらゆるところで同時に火事が起こることはありえない。したがって、地球規模の大火災はなかったというのが私の考えだ。仮に、全世界で同時に植生に火がついたとすると、その火事はとてつもなく高温になるだろう。そうなれば、あらゆる動物が死滅する。地中の穴に隠れていた動物でさえ生き延びることはできないだろう。

火事後のことも考えよう。広大な地域で植生が焼き尽くされると膨大な火事後浸食が起こるだろう。泥炭の表面が焼け、生きていた植物が大量の木炭になるはずだ。ところが、K／P境界から出てくる木炭の半分以上は枯れていた植物の残骸で、生きていた植物ではない。隕石の衝突と火事の関連性を調べた研究でも、隕石の衝突後に大火事が発生したという記録は一つも見つかっていない(38)。

全世界的大火災の根拠とされる証拠は、境界の層にあるすすの量と、燃焼を示す地球化学的指標（化学物質の成分や元素の配分をもとに得られる指標）の形をとっていた。だが、どちらも海成堆積岩から出たものだという点に注意を要する。火事は白亜紀後期に頻繁に起きていたこと、木炭など火事があったことを示す物質が簡単に海に移動することを、私たちは知っている。すすを証拠に使うのなら、それが小惑星衝突の前後に頻繁に起きていた通常の火事（枯れた植生が乾燥し、そこに雷が落ちて起こるような火事）の結果ではなく、小惑星衝突が直接原因となる火事の結果だということを確実に示す必要がある。海に積もった地層には、移動、堆積、保存の過程で特定の物質が「集中」する可能性があることは、いつも心にとめておかなければならない。

陸成堆積岩から何か証拠は見つかるだろうか。ニューメキシコ州シュガーイートには、石炭層の中から小惑星衝突時の層が出てきた場所がある。私たちはそれを使い、衝突前、衝突時、衝突後のそれぞれの層における木炭（イナーチナイト）の割合を測定した。結果は、少なくとも私にとっては意外でもなんでもなく、全体をとおして木炭、つまり火事の証拠は大量にあったが、衝突時にとくに集中していたわけではなかった。泥炭の表面が燃えた証拠や火事後浸食の証拠も見つからなかった(39)。シュガーイートはチクシュルーブ・クレーターに近く、衝突の影響を受けたとすればその影響が最も強く表れるはずなのに、そうではなかったということだ(40)。もちろんこれは、私たちが当初から疑っていたことを一か所で確認しただけの話だ。衝突時の陸成堆積岩における木炭の出現度についてはもっと広く調べる必要があった。そこで、同僚のマーガレット・コリンソンと私と研究室生のクレア・ベルチャーで、アメリカ南部からカナダ国境までをカバーする一連の調査に着手した。K／P境界を含む大きな岩石ブロックを掘り出し、切り分け、研磨標本にし、木炭の帯を探し、その時期を特定し、衝突時の層との関連性を調べたのである。

その結果、境界の前後に木炭は多くあった。衝突時の層そのものにも木炭はあったが、その木炭はほかの木炭ととくに違いはなく、この時期だけ木炭が多いということもなかった(41)。もちろん、衝突時の層はごく短期間に堆積したから木炭が少なくて当然だという反論はあるだろう。だが、現在の山火事を見ればわかるように、大規模な山火事ならたった一度の出来事でも大量の木炭が短期間に堆積する。さらに、衝突時の層からは、地表が熱せられた形跡も火事後浸食の形跡も見られなかった[42]。

地球規模の大火災の考え方がこれほど長く残る理由の一つは、小惑星衝突時の気温変化を推測した初期のモデルで、衝突後に大気が超高温になったという結果が示されたことにある。それほど高温になったのならさぞかし大きな火事になったはずだという仮説が出てくるのは不思議ではない。だが、気温モデルが改良されるたびに、想定温度も下方修正されていることを忘れないでほしい[43]。

すすと燃焼の地球化学的指標についてはどう考えればいいだろうか。最新の研究によると、根拠とされたすす粒子の多くは化石燃料が燃焼するときに出る典型的なものだったという[44]。小惑星が衝突したときの岩石には化石燃料の堆積物が含まれていたことが見つかっている。ということは、その化石燃料が衝突の際に蒸発して、地球化学的指標を残した可能性がある。さらに、陸成堆積岩から集められた地球化学的指標は、生きていた植生が燃えたときの成分組成ではなく、化石燃料が燃えたときに典型的な成分組成だった[45]。

まとめると、こういうことになる。K／P境界をはさんだ数百年間に火事は頻繁に起きていた。その中には小惑星の衝突が直接原因となった火事もあっただろう。だが、その火事の温度はそれほど高くなく、全世界的な大火災になるほど長くは持続しなかった。しかしながら、魅力的な神話のほうは、これからも長く持続しそうである[46]。

6章

火事と熱帯雨林と草原と――新生代

中生代から新生代になると、世界はどうなっただろう？　新生代の古第三紀に入ってからも頻繁な火事が続いていたことは、アメリカ南部からカナダ国境までをカバーする一連の調査で明らかになった（150ページ参照）。だが、白亜紀・古第三紀境界（K／P境界）の大量絶滅のあとも大気中の酸素濃度は現在の水準より高いままだったのだろうか。あいかわらず火事の多い世界だったのだろうか。火事があったのなら、木炭にどんな証拠が残っていて、それが当時の植生について何を教えてくれるのだろうか。

私たちが石炭に含まれる木炭の割合をデータベース化するというプロジェクトを始めたとき、論争点の一つになったのが、データの登録と図式化の方法についてだった。暁新世の初めから半ばにかけて（六五〇〇万年〜五五〇〇万年前）の石炭は、石炭関連の文献に第三紀最初期として登録されている（第三紀とはかつての地質年代区分の呼び方で、現在では古第三紀および新第三紀に分かれている）。とはいえ、始新世が始まった五五〇〇万年前ごろの石炭は、年代特定が困難なことで知られている。これは、石炭のシーケンス（連続的に形成された地層）の多くが陸成層なのに対し、年代特定に使われる化石は海成層から出てくるというところに原因がある。

この時代の石炭の多くは、暁新世後期または始新世前期のもの、とおおざっぱに登録されていることが多い。けれども私たちには、もう少し詳しく年代を特定できる方法がある。暁新世の石炭はどれも、イナーチナイト（木炭）の含有率が一九パーセント以上と概して高い。だが、始新世中期から後期（五〇〇〇万年〜四〇〇〇万年前）には世界各地で木炭含有率が五パーセント以下に落ちる。

暁新世から始新世にかけて、地球システムに何か根本的な変化があったに違いない。

もう一つの問題は、データを可視化して見せるために私たちが選んだ図式化の方法にあった。可視化するには酸素濃度を曲線で描くのが効果的で、その曲線にする数字を得るために、私たちは一〇〇〇万年ごとに範囲を区切って値を出すことに決めた。この方法は、古生代から中生代への移行期には何の問題もなかった。ペルム紀末の大量絶滅があったのは二億五〇〇〇万年前だが、データは二億六〇〇〇万年〜二億五〇〇〇万年前と、二億五〇〇〇万年〜二億四〇〇〇万年前の二つに区切られたため、この境界をはさんだ変化が明白に可視化された。しかし、白亜紀と古第三紀の境目（K／P境界の大量絶滅を含む中生代から新生代への移行期）は六六〇〇万年前で、暁新世と始新世の境目は五六〇〇万年前であり、七〇〇〇万年〜六〇〇〇万年前の区切りと六〇〇〇万年〜五〇〇〇万年前の区切りでは、どちらも途中に地質年代の境目が入ってしまう。つまり、私たちの図式化の方法では、この二回の境目をはさんでの変化が見えないのだ。それでもやはり、暁新世最初期の信頼に足るデータを分析すると、この時代に酸素濃度が高かったことが示されており、一方、始新世中期から後期の信頼に足るデータは酸素濃度が現在と同じ水準の二一パーセント前後で安定していたことが示されていた。五〇〇〇万年前以降には現在と同じ酸素濃度の世界になっていたことはどうやら間違いなく、酸素濃度はもはや火事活動を左右する重要な要素ではなくなっていたようである。

さて、新生代に入ってすぐの暁新世はどうだったのだろうか。この時代について、私はいつも不思議に思っていたことが二つあった。一つは、暁新世の石炭に木炭がよく出てくるにもかかわらず、暁新世の堆積岩についての文献に木炭の記録がまったくなかったことだ。もう一つは、白亜紀にあれほど多く記載されていた「炭化した花」の記録もなかったことだ。記録がないというのは、単にそれを調べた人がいなかっただけだとも考えられる。私は同僚らとイェール大学のサバティカル休暇中にこの疑問の解明に挑んだ。暁新世の堆積サンプルを多数選び、少なくともそのいくつかに木炭が見つかるはずだというほうに賭けた。私の予想は当たった。イェール大学とワシントンDCのスミソニアン研究所が所蔵する堆積サンプルに、組織構造を保存したすばらしい木炭が見つかったのである。これらの素材は今もまだ、熱意ある研究者による追跡研究を待っているところだ。

五六〇〇万年前の暁新世と始新世の境界は、エジプトの海成堆積岩にあるシーケンスを基準に決められた。それまで、年代区分の境界を定めるには特徴的な化石を指標に使うのが通例だったのだが、暁新世と始新世の境界については同位体を使うという、まったく違う方法がとられることになった（同位体とは、同じ元素でも保有する中性子の数が異なるものをいう）。この方法が使えるようになったのは、ほんの数十年前のことだ。海洋中に存在する化学元素について多くのことがわかるようになったのと、特異的な化学変化を測定する方法ができたからである。

近年、同位体地球化学の分野は急速に発展した。とりわけ、安定同位体と呼ばれるものへの関心は高まっている。ご存じのように、放射性同位体については岩石の絶対年代を調べるのによく利用されている。一方、安定同位体については、その存在比が環境によって変わり、動植物の骨格にとりこまれることもあるため、動植物化石の中に存在する安定同位体の比率を手がかりに、その化石生物が生きていたときの環境を探ることができる。

炭素には、中性子の数が六個、七個、八個の三種類の同位体がある。これらの同位体は原子質量（陽子と中性子の合計数）に応じて、炭素12、炭素13、炭素14と表現される。炭素14は、半減期が七万年しかない放射性炭素同位体で、考古学での年代測定に役立つ。よくある炭素同位体は炭素12と炭素13だ。どちらの同位体も安定しており、とくに炭素12は最も豊富に存在する炭素だ。動植物は選択的に軽いほうの同位体、つまり炭素12を骨格にとりこんでいる。炭素は地球全体を循環する形で存在する。炭素12に富む有機物質になることもあれば、火山活動を通じて大気中に放出されることもある。そのため、大気中の炭素同位体の組成比はそのときどきによって変わる。炭素13に対する炭素12の比率は一定ではないということだ。地質時代においても、炭素13に対する炭素12の比率が変動していたこと、ときには標準値からかなりはずれた値になっていたことがわかっている。標準値から逸脱した値になることは、「炭素同位体エクスカーション」と呼ばれていて、地球の大気に大きな乱れがあったことを示している。こうしたエクスカーションは地球規模で起こりうるので、私たちはそれを使って岩石どうしの関連づけをすることができる。そうしたエクスカーションが暁新世と始新世の境界付近の岩石に観察されており、ちょうどいい例として、エジプトのダバビアに一続きの海成石灰岩があった。こうしてここが、国際地質年代表（巻末の別表を参照）における暁新世と始新世の境界を決める場所に選ばれたというわけである。

暁新世・始新世境界の温暖化極大（ＰＥＴＭ）

暁新世と始新世の境目に、「地球システム」を大きく乱す何かがあったのは明らかだ。だが、それは何だったのか。炭素同位体エクスカーションは、海の岩石と陸の岩石の両方で見つかる。化石だと、海の岩石に見つかっても陸の岩石には見つからない、あるいはその逆ということがあるが、同位体エクスカーションならその問題に悩まされずにすむ。同位体地球化学の分野が発展したおかげで、海で起きた事象と陸で起きた事象を初めて比べられるようになった。

海の貝殻化石と石灰岩の同位体研究から、この時期には酸素同位体の比率も変動していたことが示された。変動していた同位体は、酸素16と酸素18という安定同位体だ。これらの酸素同位体の比率は、気温の変化に影響を受けるもので、貝殻と海成堆積岩に残された記録から算出することが可能だ。[1] このようにして分析した結果、始新世の開始時に、地球全体で短期間の急激な気温上昇が起きていたことが判明した。この時期は、暁新世・始新世境界の温暖化極大（ＰＥＴＭ）と名づけられた。二万年近く続いたこの温暖化極大期に、地球温度は五℃～八℃上昇したと考えられている。温暖化が始まったときには、気温が五℃ほど上がるのにたった二〇〇〇年しかかからなかったという。地質学的なタイムスケールで考えると恐ろしく速くやってきた地球温暖化だったようだ。

ＰＥＴＭ以降の全世界の同位体偏移を調べた研究は、地球温度の変動をかなり詳しいところまで明らかにしている。始新世に入ったあとも地球温度は小さな上昇と下降をくり返し、その後、短い温暖期がやってきたあと気温が急落し、地球は寒冷化したようだ。

そうそう、重要な疑問が残っていた。ＰＥＴＭはなぜ発生し、生物と地球環境にどんな影響を及ぼしたのだろうか？　現在、地球は急激な気候変動のまっただ中にいる。化石燃料を燃やすことで大気中の二酸化炭素濃度が上昇し、その結果、地球温暖化が進むという大問題に直面している私たちにとって、ＰＥＴＭはけっして遠い過去の無関係な出来事ではない。

ＰＥＴＭの急激な気候変動をもたらした原因として、まず考えられたのは、海洋底からのメタン放出だった。メタンは二酸化炭素よりはるかに強力な温室効果ガスである。[2] メタン放出説に全員が納得したわけではなく、別の計算方法によると陸上環境からの炭素放出も示唆された。[3] 新たな説も浮上した。泥炭地の多くが火事で焼け、大気中の二酸化炭素濃度を急上昇させたのが原因だというのだ。[4] こうして私たちはまた、「境界イベント」がらみの火事について調べるという課題を得た。

私もこの時代の火事については同僚たちと何度も議論してきた。だが、三〇年以上探したにもかかわらず、この時代の岩石に木炭が一つも見つからないという事実を前に、いつも気落ちしていた。地質学者らは暁新世と始新世の境界付近の植生を調べていたが、だれも境界がどこにあるのかはっきり知らなかった。あるいは、それらの岩石を断面にして炭素同位体エクスカーションを探せるのかどうかもわからずにいた。

そんな閉塞状態の突破口は、なんと、私たちのすぐ足元にあった。現在、イギリス南部は北緯五一度に位置するが、五五〇〇万年前ごろは北緯四〇度にあり、今の地中海沿岸地域と同じくらいの緯度だった。気候も、現在よりずっと暖かかった。

二〇世紀後半に進められたインフラ整備の一大プロジェクトに、英仏海峡のトンネル工事がある。このプロジェクトの目的は、単に鉄道を敷くというだけでなく、高速鉄道を敷くことだった。おかげで私たちは今、ユーロスターの座席でくつろいでいるうちに海峡を渡っている。だが、このトンネルを工事しているときに、暁新世と始新世の境界について、大きな発見があったことを知る人は少ない。

イギリスの古第三紀の地層に厚いリグナイト（褐炭《かったん》）の石炭層が見つからないことに、私たちはいつも落胆していた。イギリス南部には「コブハム・リグナイト」という小さな堆積層がある。だが、これはひじょうに薄い非持続性リグナイトで、ロンドンのすぐ南で見つかってはいたものの、露頭に十分に出ていなかった。英仏海峡のトンネル工事がコブハム近くの堆積岩を掘削していたころ、作業員が厚いリグナイトの層を見つけたという報告が入った。それを聞き、マーガレット・コリンソンと同僚らが現地に急行した。こうした状況で臨時の地質学調査をするのは簡単なことではない。考古学の遺跡現場なら、イギリスの法律が、数日、場合によっては数週間から数か月間の発掘調査を優先的に確保してくれる。残念ながら地質学調査にはその法律は適用されない。ありがたいことに、このときは建設業者がコリンソンらを工事現場に入れてくれて、さらに岩石の記録とサンプル採取のために一日を使わせてもらえることになった。

現場に入った地質学者チームは頭を抱えた。炭素同位体エクスカーションがイギリスの陸成岩石の中に見つかるとすれば、ここをおいてほかにない。しかし、問題はどうサンプリングするかだ。同位体エクスカーションは短期間で形成されるが、リグナイトはかなりの長期間をかけて形成される。つまり、同位体エクスカーションがあるとしても、ひじょうに薄い層として現れる。与えられた一日で採取できるサンプルの中に、それが含まれている可能性はきわめて低い。その一日が過ぎれば現場はコンクリートで覆われてしまう。結局、リグナイトをブロックごと石膏で固めて（プラスタージャケットにして）運び出し、ラボにもち帰って続きの作業をすることにした。

作業で優先すべきは、岩石シーケンスの記載をすることと、同位体分析で炭素同位体エクスカーションを探すこと、エクスカーションがあるならどこにあるかを突き止めることだった。その作業中に、ちょっとした興奮が渦巻いた。あまり硬くないリグナイト・ブロックを割ってみたところ、中から木炭化石が現れたからだ。マーガレット・コリンソンはそれを見て、石炭と木炭についての経験が豊富な私を呼んだ。こうして私もこのプロジェクトに加わることになった。

同位体分析の結果が戻ってきた。リグナイトの下部に、炭素同位体の大きな揺れが示されていた。そこは葉理《ようり》という薄い層が重なって形成されているところで、明白にそれとわかる木炭層も含まれていた。逆に、リグナイトの最上部はごつごつしていて、目で見てわかるような木炭層は含まれていなかった。さあ、ここからPETMの炭素同位体エクスカーションは見つかるだろうか？(5) 見つかったら、このころ泥炭地の多くが火事で焼けて大気中の二酸化炭素濃度を急上昇させ、それがPETMの温暖化を招いたという説の検証ができるだろうか？

同位体分析をさらに進めると、葉理状の薄いリグナイトの中に明らかなエクスカーションをたしかに見つけることができた。そしてここが、ＰＥＴＭの開始時だということが同定できた。一方、ＰＥＴＭの期間中に何が起きていたかの手がかりを拾うには、顕微鏡下でリグナイトを観察し（岩石の系統的な記載と分類をする「記載岩石学」研究をして）、木炭の含有率を詳しく調べる必要があった。トンネル工事現場からリグナイトをブロックごともち帰るというのは地質学者チームのとっさの判断だったのだが、その判断がここから大いに生かされることになった。

通常、石炭の記載岩石学研究をするときは岩石を砕いて分析し、そのデータ平均を求めるという方法をとる。だがこのときは、ひじょうに薄い層として現れる同位体エクスカーションを探すため、リグナイトを砕かずシーケンスの初めから終わりまでを樹脂に埋めこみ、ひと続きの大きな研磨岩石ブロックにした。そして、わずかでも変化がありそうな層を一つひとつ調べていく方法をとった。私の専門の木炭研究においても、研磨岩石ブロックで観察するという方法が役立ってくれた。リグナイトを薬品で溶かして木炭を取り出そうと試みたところ、その木炭はシダに由来するもののように見えた。しかし、この方法で完全に木炭を取り出そうとしても、木炭のまわりにある石炭のほうが硬いため、どうしても途中で壊れてしまう。それよりも、岩石そのままの状態で木炭を観察したほうが、木炭の元となった植物や植物器官を調べるには好都合だとわかったのである。

当時はフォトモンタージュのソフトウェアがまだなかったので、木炭として保存されている植物の器官全体を画像化するには、低倍率（×10）レンズで大量の写真を撮影し、それらをコンピュータの描画プログラムを使ってこつこつと縫い合わせていく作業が必要だった。一例として、シダの葉柄《ようへい》の全横断面の画像を紹介しておこう（口絵25）。これは当時ポスドクフェローだった、デイヴィッド・ステアートが五六枚の写真を縫い合わせた苦心の作だ。[6] 驚くことではないが、石炭岩石学者のほとんどは、この画像を見るまで大きな植物器官がこんなふうに木炭に保存されていることを知らなかった。

私たちの記載岩石学研究は、岩石断面の下部から出てきた葉理状のリグナイト部分に木炭がよく含まれていることを改めて確認した。そこは同位体エクスカーションが見つかった場所である。木炭の元になっている植物はほとんどがシダ類で、被子植物の樹木もいくつかあった。木炭は帯状に現れており、それは山火事が何回かあったこと、その後に火事後浸食が起きていたことを意味していた。[7] シダ類は、焼けた跡地にいち早く群生をつくる典型的な植物だ。シダ類ばかりが木炭になっているのは、樹木が十分に成長しないうちにつぎの火事が起きていたからだろう。一方、泥炭が焼けたという証拠は一つも見つからなかった。泥炭の燃焼が炭素同位体エクスカーションを引き起こしたのなら出てくるはずの証拠は、記載岩石学研究からは出てこなかった。

対照的に、ＰＥＴＭが始まったあとのリグナイト（上部のごつごつした部分）に木炭はほとんど出てこなかった。この部分は草のような植物の腐敗物が埋まって形成されたリグナイトで、腐った葉やクチクラ層、草に似た組織に富んでいた。これは水環境の変化、つまりＰＥＴＭの開始後に雨量が増えた結果、火事が減り、氾濫と浸水が増えたからだと解釈された。[8] だが、雨量が増えた証拠はほかでも見つかるのだろうか。それとも、コブハムだけの局所的な天候不順だったのだろうか。シェフィールド大学のデイヴィッド・ビアリングはコンピュータを駆使して古気候の予測モデルづくりをしているが、一度つくったモデルに固執せず、つねに新しい証拠をとり入れてアップデートしている。その彼が提唱したモデルの一つに、私たちの考えと同じ、ＰＥＴＭの期間中に雨量が多かったことが示されていたので、このモデルを支える何らかの証拠があったものと思われる。(9)

私たちは顕微鏡で胞子と花粉を調べることにした。この時期のイギリスの岩石シーケンスに見つかる胞子と花粉の種類から、植生の変化がわかるかもしれないと思ったからだ。案の定、コブハムの葉理状のリグナイトからシダ類の木炭が多く出てきたのと呼応するように、顕微鏡下でシダの胞子がたくさん見つかった。(10)その胞子は見た目に特徴があり、「シッカトリコシシスポリテス」と呼ばれているが、おそらく絶滅種のシザセオウスというシダの胞子だろう。ＰＥＴＭ開始後の植生の特徴は、シダ類の減少、火事の減少、湿地植物の増加、イトスギ（ヒノキ科）などの湿地性針葉樹の増加、そしてヤシを含む被子植物の多様化だった。(11)どんなタイプのヤシだったかまではわからないが、ＰＥＴＭ期のイギリス南部はヤシの木が風にそよぐ南国の楽園のような風景だったのかもしれない。コブハムのリグナイト上部（ごつごつした部分）は、ＰＥＴＭの開始から四〇〇〇年～一万二〇〇〇年ほど経過したころのものと年代測定され、その植物相は全体的に豊かになってはいるものの、以前とそれほど大きな違いはないとわかった。コブハムがＰＥＴＭ以降にどうなったかについてはわからない。コブハムではその後に環境が大きく変わり、胞子や花粉が適切に保存されなくなったうえ、海の堆積物も混じるようになってしまったからだ。

もしＰＥＴＭの期間中に、環境や火事パターン、植生、水事情に変化があったとすると、リグナイトから抽出された有機化合物を調べることで何か学べるかもしれない。たとえばＰＥＴＭの原因や結果を知る手がかりが見つかるかもしれない。そう考えた私たちは、ブリストル大学のリチャード・パンコスト率いる有機地球化学者たちに声をかけ、バイオマーカー探しに協力してもらうことにした。バイオマーカーとは既知の生物に由来する化学物質で、岩石の中にそれが見つかれば、そこにその生物がかつて存在していたことを指し示す。細菌に由来するバイオマーカーに、ホパノイドという化合物群がある。ブリストルの研究グループは、私たちの岩石サンプルにホパノイドがどれだけあるかを調べただけでなく、その炭素同位体値の変化についても調べてくれた。これらの情報はＰＥＴＭの期間中に起きた環境の変化を知る手がかりになりそうだった。私たちは、とくに当時の湿地生態系の変遷に関心があったので、これはありがたかった。

ＰＥＴＭの地球温暖化は、温室効果ガスであるメタンの濃度の急激な上昇が原因とされていたことは前にも述べた。その一部は海洋からのメタンハイドレートの放出だったが、それ以外にも高緯度の湿地帯（陸上）からのメタン放出があったはずだと考えられていた。だが、それまで陸上メタン放出に関しては、直接的な証拠が存在していなかった。ブリストルの研究グループが調べてくれたコブハムのリグナイトに含まれるホパノイド炭素同位体値は、ＰＥＴＭの開始時に、メタンを常食する細菌（メタン栄養生物）の個体数が増加していたことを示していた。おかげでやっと、温暖で湿潤な気候に変わったことで湿地帯からのメタン産生が増加したことを示す証拠が見つかった。陸上からのメタン放出は、温暖湿潤な気候になればなるほどメタン放出が増え、それが地球温暖化を加速させるという、正のフィードバック・ループを作用させていたのである。[12]

現在の火事世界への移行

五五〇〇万年前までに、大気中の酸素濃度は現在と同じ水準の二一パーセントに安定したようだ。火事活動を決定する要因としては、現在がそうであるように過去においても酸素濃度より雨量のほうが影響力が強かったので、湿潤な気候は火事を減らしたはずだと私たちは推測した。始新世に温暖湿潤気候になったこと、熱帯雨林が出現して拡大したことは、すでにいくつかの研究で示されていた。現在の状況を見ても、人為火災でない自然火災が熱帯雨林で起きることはない。この私たちの推測を支えるデータを集めるには、どこに行けばいいだろう?

そのデータを得るのに適した場所は、シェーニンゲンの露天掘り炭田にあった。この炭田はドイツが東西に分かれていたころの国境をまたぐように広がっていて、東西統一後の今も国境フェンスの一部が遺跡として保存されている。ここの石炭シーケンスは、暁新世と始新世の境界から始新世初期までの地層を含んでおり、ときに木炭含有量の高い石炭が出ることで知られていた。[13] ここなら、イギリスのコブハムのリグナイトから始めた研究の続き、つまり始新世初期(四八〇〇万年前)ごろまでの全体像を調べることができそうだった。

私はこの露天掘り炭田の端に立って見渡してみたが、広大すぎて規模感をつかむことさえむずかしかった（図48）。この炭田は一一枚の炭層を露出しており、下部にある主要炭層の厚さはおよそ一〇メートルだ。石炭を含むシーケンス全体の厚さは一七〇メートルに及ぶ。この石炭シーケンスは北半球の熱帯気候だった海辺で堆積したものだ。なるほど、シーケンス最上部には陸になっていたときに育っていたヤシ植物の根があった。岩石には周期的に海水に浸かっていたことを示す三つのメイン・シーケンスが現れていた。海水に浸かったあと、陸になり、泥炭を形成していたのだ。

岩石サンプルを得るための主要炭層がある場所までは、長い道のりを歩いて降りなければならなかった。採取するサンプルはそれぞれ、記載岩石学用、同位体地球化学用、花粉学用と、三つずつ必要だ。最後の花粉学というのは、顕微鏡でしか見えない花粉と胞子から当時の植生を明らかにする学問分野だ。炭田でのサンプリングは大変だったが、私たちは真っ黒になりながら大量の素材を集めた。ありがたいことに、少なくとも一部は車で炭鉱の外に運び出すことができた。

この本を書いている時点で、私たちの研究はまだ終わっていないが、前進はしている。当時の気温を新手法で解析したところ、始新世初期の北緯四八度に位置する陸地は年間の平均気温が二三℃から二六℃だったとわかった。[14] シェーニンゲンで採取した素材から得られたデータは、シーケンス下部で火事が多かったことを示していた。シェーニンゲンの地層ができた時代（古第三紀で最も温暖湿潤だった時代）の全体的な傾向を言うなら、出てくる木炭の量という点では「火事だらけの世界」だった白亜紀よりも少ないが、火事の発生頻度という点では現在よりも活発だった。[15] このころ

図 48　ドイツ、シェーニンゲンの始新世（5500万年〜5000万年前）のリグナイト（黒っぽいところ）。この炭田は数枚の厚いリグナイト層を露出している。

には大気中の酸素濃度は現在と同じ水準で安定していたので、火事を抑制する要因は雨量と湿度になっていた。雨が増えると植生は繁茂する。その後に干ばつが起こると、乾燥した燃料がどっさり積まれた状態となる。湿度が低ければ火事は簡単に広がる。このようなサイクルで火事はそこそこ盛んにあったようだ。

始新世に入ってから数百万年が過ぎた五〇〇〇万年前ごろに、木炭の量は現在の泥炭に含まれているのと同程度にまで減った。火事がそれほど多くない状態（現在の火事世界）への移行は、始新世初期のころから始まっていた。そして、四五〇〇万年前には完全に「現在の火事世界」に入っていたこと

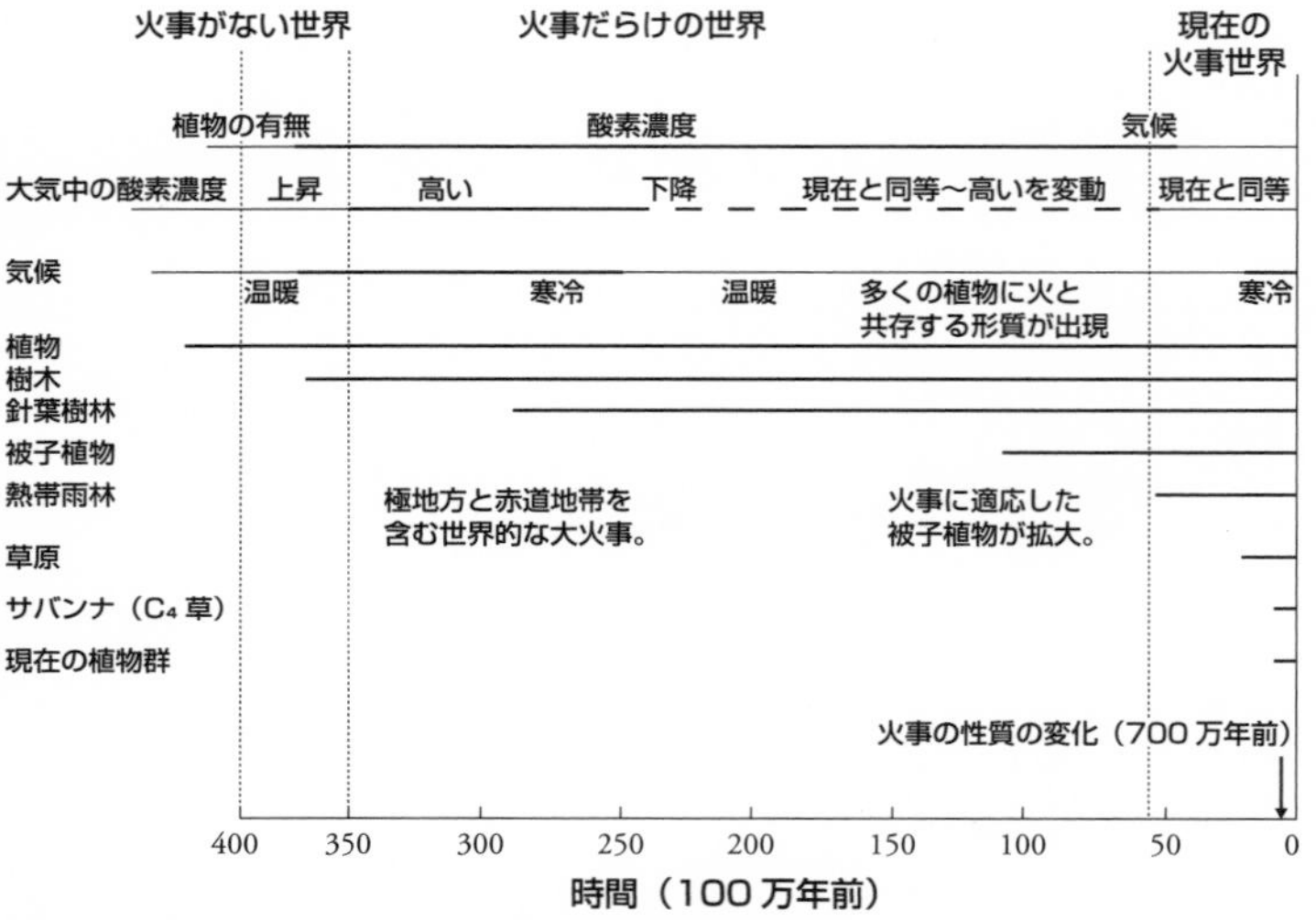

図 49　植物進化の「大発明」と火事世界の移り変わり。

が、世界各地の記録によって裏づけられた（図49）。

始新世のあとの時代は、入手可能な情報がほとんどなかったので、私たちは直接的なキーワードを使っていない文献まで範囲を広げて探すことにした、すると、石炭に含まれる木炭のことをイナーチナイトと表現して記録されているものがあることがわかった。石炭にイナーチナイト（木炭）が見つかったのなら、火事があったことを意味する。この時代に火事の証拠がなかったのは、ほんとうに火事がなかったわけではなく、私たちの調査が足りなかったのだ。

そういえば、私は四〇年以上も前にケルン近郊の大きな露天掘り炭鉱に行ったことがあった。そこは一五〇〇万年前の中新世に形成された厚さ五〇メートルのリグナイト

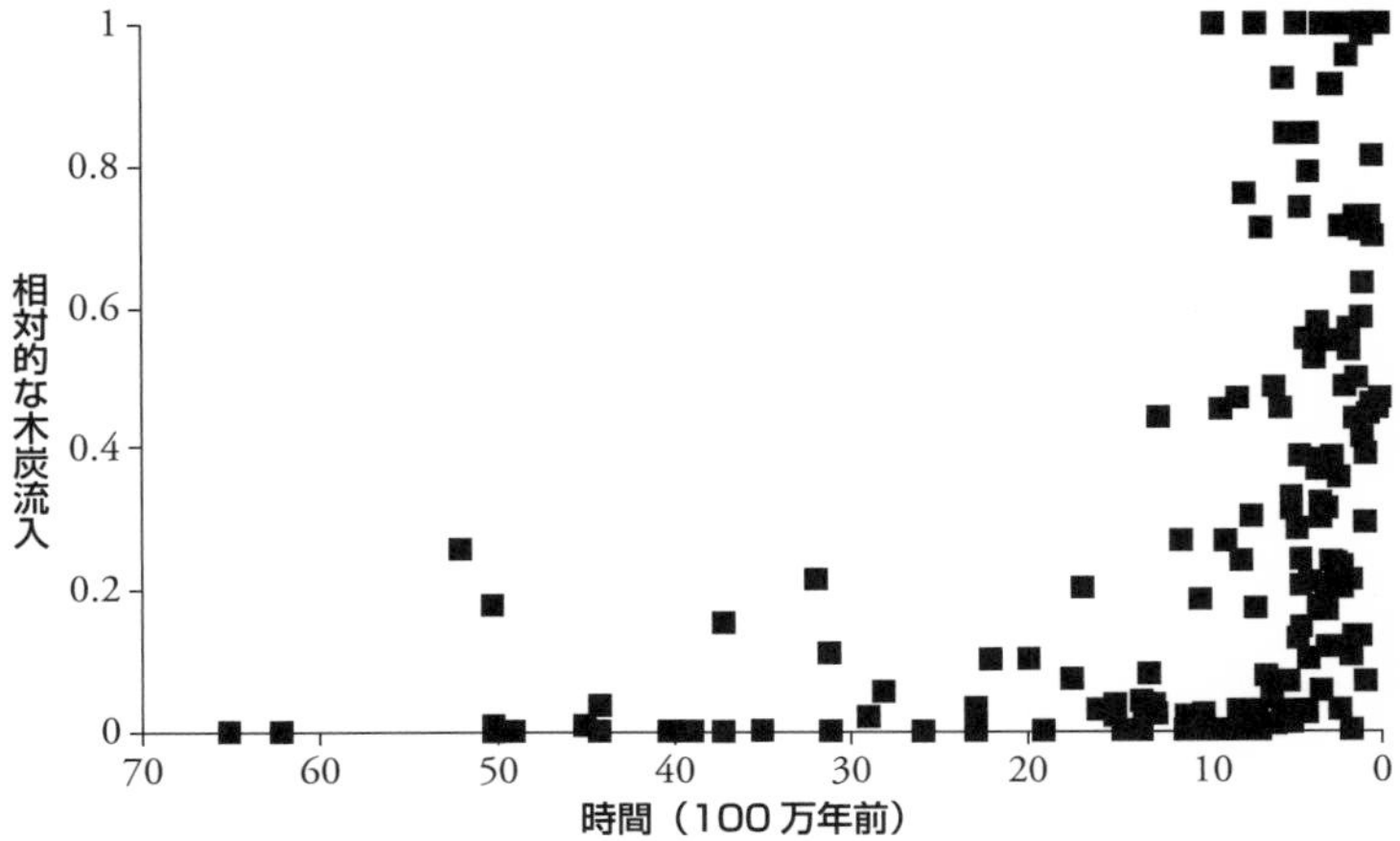

図50　サバンナでの火事の増加に伴う海底堆積層への木炭流入の増加

を採掘している炭鉱で、私はその炭層から木炭を採取したのを思い出した。中新世のリグナイトに入っていた木炭は、石炭紀の石炭に入っている木炭ほど豊富ではなかったが、たしかにあった。もっと最近では、オーストラリアの漸新世から中新世（三四〇〇万年〜八〇〇万年前）の石炭から火事の証拠が出てきている。研究者らは、そのころ火事に適応した湿地植物の子孫が現在のオーストラリアの「火事に適応した植物相」になっているのではないかと考えている。[16]

もっと連続的に眺めたいなら、海底コア（海底から円柱状に掘削した堆積層）を調べるのがいいかもしれない。木炭が風でかなり遠くまで運ばれることを思えば、海底コアは、少なくともバイオマス燃焼（林野火災を含む有機物質の燃焼）の形跡を教えてくれるだろう。この種の研究としては今のところ、アメリカの研究者J・R・ヘリングによる一本の論文しかない。一九八五年、彼は太平洋と大西洋の一連の海底コアを調べた結果を発表した。[17] 過去五〇〇〇万年前のものを含む海底堆積層に、かなりの火事の記録があったという。ヘリングはさらに、七〇〇〇万年前ごろから火事が増えたことと、その性質が変化したことも示した（図50）。その後の研究で、過去一〇〇〇万年に火事活動そのものが激変していたことがわかった。さて、これはどういうことだろうか？

草原の急拡大

三〇〇〇万年前ごろから地球の気候は全体的に乾燥してきた。乾燥してきた世界で植物にどんなことがあったのかについて、私たちが得た最初の手がかりは、炭素同位体の記録だった。アメリカ、ユタ大学のトゥーリ・サーリングは、一九九三年に発表した画期的な論文で、七〇〇〇万年前ごろ陸上の炭素同位体の値が大きく偏移していたことを示した。[18] 植物は、代謝経路が違うとどの炭素同位体（同位体分留）を選ぶかが変わるので、C_3の代謝経路を使う従来の植物は、C_4経路を使うよう進化した植物とは、炭素13に対する炭素12の同位体比が異なる。被子植物はC_4経路を進化させたおかげで、以前よりも乾燥した土地で繁栄できるようになった。現在、乾燥地帯に育っている多くの草はC_4植物だ。

草と草原の進化については、にわかに関心が高まってきている。しかも、それが地球史のごく最近の出来事だったというのだから驚きだ。草原（個々の草種ではなく、そうした草本植物の生息地）

が出現したのは三〇〇〇万年前の漸新世のころと思われる。C_4植物の草原は中新世と鮮新世に急拡大し、広大なサバンナができた。そしてこのサバンナ生物群の拡大と持続を促進した要素の一つが、火事である。[19]

火事がサバンナ拡大の促進役になったという考えを視覚的に支えてくれたのが、火事がなければ草原は広がらず、サバンナは出現しなかったということを示す数理モデルだった。[20] 火事がないか、あっても火事と火事の間隔が一〇年くらい開いていれば、そのあいだに若木は十分成長し、途中で火事に遭っても生き延びる。草原だったところはそのうち低木の藪になり、やがて森林になる。逆に、火事が頻繁にあると樹木や低木の若木が十分に育ちきらないうちに焼かれてしまい、森林どころか低木の藪さえ育たない。だが、草はすぐさま芽生えて焼け跡を埋めるように広がる。それがつぎの火事の燃料となる。火事が草原を増やし、草原が火事を増やすという正のフィードバック・ループに入るのだ。なお、サバンナの出現は、ヒトの進化にも一役買っている。

一〇〇〇万年前ごろから全世界的に気温が下がり、地球は二億年間続いた温暖な世界から寒冷な世界に入った。意外かもしれないが、南極大陸には二〇〇〇万年前まで植物が生えていた。[21] 南極の氷床が拡大したのは比較的最近のことで、それはおそらく、ドレーク海峡ができて海流が変わったことと関係している。この時期には、インドがアジアに衝突してヒマラヤ山脈が高くなり始めていた。[22]

地質学的に最近の火事を読み解く方法について考える

化石記録に火事を探すという私たちの研究の道は、ヒトという種が出現してから行き止まりになった。ヒトは自ら火をコントロールし始めたからだ。これについては7章で改めて語るので、ここでは、比較的最近の火事の歴史を解明するには「どんな方法をとることができるか」について考えてみたい。本書ではこれまで、基本的に二種類の証拠をベースに話をしてきた。堆積岩に見つかる木炭と、イナーチナイト・マセラルとして記録されてきた石炭の中に見つかる木炭だ（イナーチナイトにはフジナイトとセミフジナイトが含まれる）。いずれにせよ地質年代が若くなるにしたがい、つまり現在に近づくほど、データ量は増える。この若い年代期間における私たちの最大の関心事は、氷期への突入が火事にどう影響したかだ。そのためには気候変動と植生変遷の研究を統合する必要があるだろう。

だれの目にも可能性が高いと映る方法は、泥炭コアと湖底コアを調べ、その地域に生育していた植物の胞子と花粉を調べることだ。このようなコア調査からは、地質が若くなるほど私たちにとってなじみある植物が多く現れ、それらの植物の過去数百万年の分布状態と量が気候に左右されてきたことが明らかになるはずだ。過去のさまざまな出来事を年代的に同期させて把握するためには、研究対象となる岩石シーケンスにふさわしい正確な年代モデルも必要になる。太古の時代なら一〇〇〇万年単位、あるいは一〇〇〇万年単位で変化を追うだけで十分だが、若い時代の場合は一〇〇万年でなく一〇〇〇年単位で見なければならない。

木炭の量に注目するなら、研磨岩石からつくった薄い断面で木炭片の数を数えるという方法がある。しかし、その数字の解釈は簡単にはいかない。どんなときにどのくらいの数字になるのかという基準のようなものが確立されていない現状では、ある層準と別の層準の木炭片の数を比較しても意味のある解釈はできないのだ。また、過去七〇〇万年で観察された木炭の量が増えたからといって、それが火事の増加を意味するのか、それとも木炭のたまり方や保存のされ方が変わったことを意味するだけなのか、単純には判断できない。

木炭を入手し、観察し、定量化する方法はいろいろある。それぞれに異論反論はあるにせよ、全体としてこの方法は妥当な成果を出してきた。だが、この方法でネックになるのは、その木炭片一個がそもそも「何であるか」という問題だ。現在の山火事を見ればわかるように、木炭のサイズは一マイクロメートル（一〇〇〇分の一ミリ）の粒子から一センチを超えるものまで、大きな幅がある。埋まった時点で大きな木炭片だったものが堆積時の圧縮の過程でバラバラになることもある。とくに高温で炭化した木炭片は壊れやすい。研究用に標本を処理する際にも壊れる。木炭の量は手がかりになりそうではあるものの、火事でできる木炭の量が一定ではなくかなりの幅があることは、現在の火事研究からわかっている。木炭片のサイズを比べて、大きな木炭片が見つかれば近くで火事があったと推測する方法もある。だが、風で運ばれた木炭だけならこの推測は成り立つが、水中では大きな木炭片のほうが沈むまで時間が長くかかるため、遠くまで運ばれる可能性が高い。

とまあ、このようにいろいろ問題はあるのだが、木炭のデータを使う強みは、それらが同じ環境で同じプロセスで形成された堆積シーケンスから得られるデータだという点にある。たとえばある湖に、一定の速度で堆積していたか、少なくとも計算可能な速度で堆積していた地層があって、そこに急に木炭が増えた層が出てきたら、それは火事の結果だと解釈していい。少なくとも局所的な火事があったと判断できる。泥炭の堆積層に対しても、この同じ方法が使える。

もう一つのむずかしさは、世界各所で集められたデータ——産地も違えば分析した研究者も違う、調査・分析の方法も少しずつ違うデータ——をどう比較するかという点だ。この問題を解決しようと作業部会が結成され、そのおかげで、基本的に過去七万年を範囲とする全世界的な木炭データベースができあがった。そのデータベースは日々新しい情報が追加されており、オンラインでだれでも使えるようになっている。[23] データは数学的に変換されているので、比較が可能になった。総合して眺めたいときには、これらの変換されたデータを使って、局所的または全世界的な火事の変遷を可視化することができる（図51）。残念ながら、こうした情報があれば過去七万年の火事史に関する疑問がすべて解けるというほど甘くはない。私たちにはまだまだ知りたいことがある。ある場所で燃えやすいのはどんなタイプの植生か。気候変動と植生の変化にどんな関連性があるのか。そして、土地開墾や道路建設によって原野や原生林が分断されて動植物の生息地が孤立する「ランドスケープの細分化」と呼ばれる問題との関連性も知りたいところだ。将来的には、私たちが開発してきた、堆積岩に含まれる木炭の研究が進んで、どんな植物が燃えたかがわかるようになれば、こう

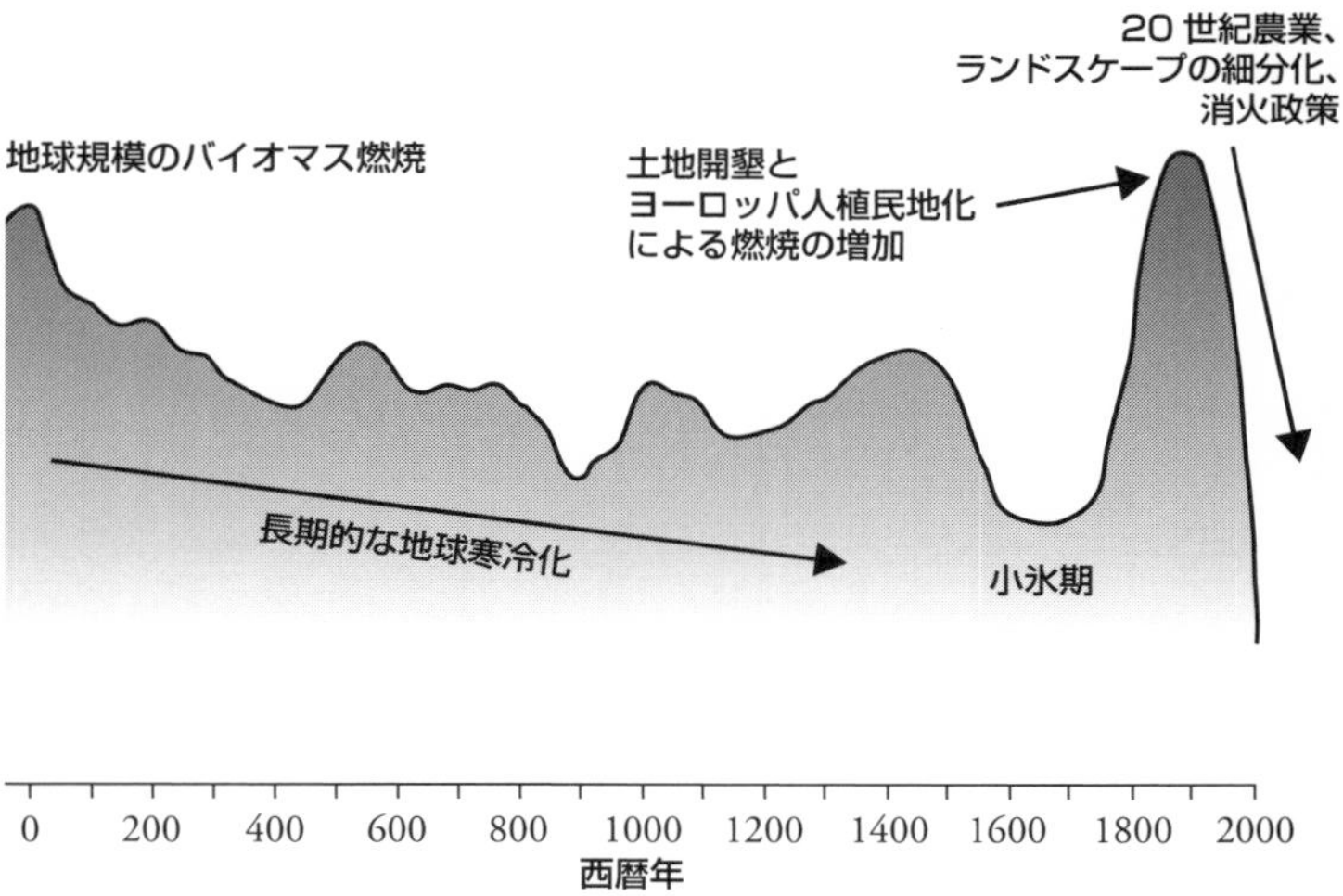

図51　過去2000年の火事の移り変わり。20世紀に顕著な変化がみられる。

した疑問の解明につながるものと信じている。

地質学的に最近の火事史を明らかにできそうな、別の手がかりもある。森が火事になってもすべての樹木が焼失するわけではなく、多くは生き残る。よくあるのは、幹の片側だけ焼かれるケースだが、その場合は火事後も成長を続けられる。木を切り倒したとき、年輪とともに火事の傷痕が見つかることがある。年輪と傷痕を手がかりにすれば、年単位で、一か所の森における火事史だけでなく広範囲な地域規模の火事史をたどることが可能だ(図52)。この方法がすばらしいのは、年輪の「幅」という形で記録されている気候の変化と、火事の発生を関連づけられることだ。樹木を構成している炭素の同位体組成と関連づけて考察することもできる。

アメリカ北西部のセコイア国立公園からは、

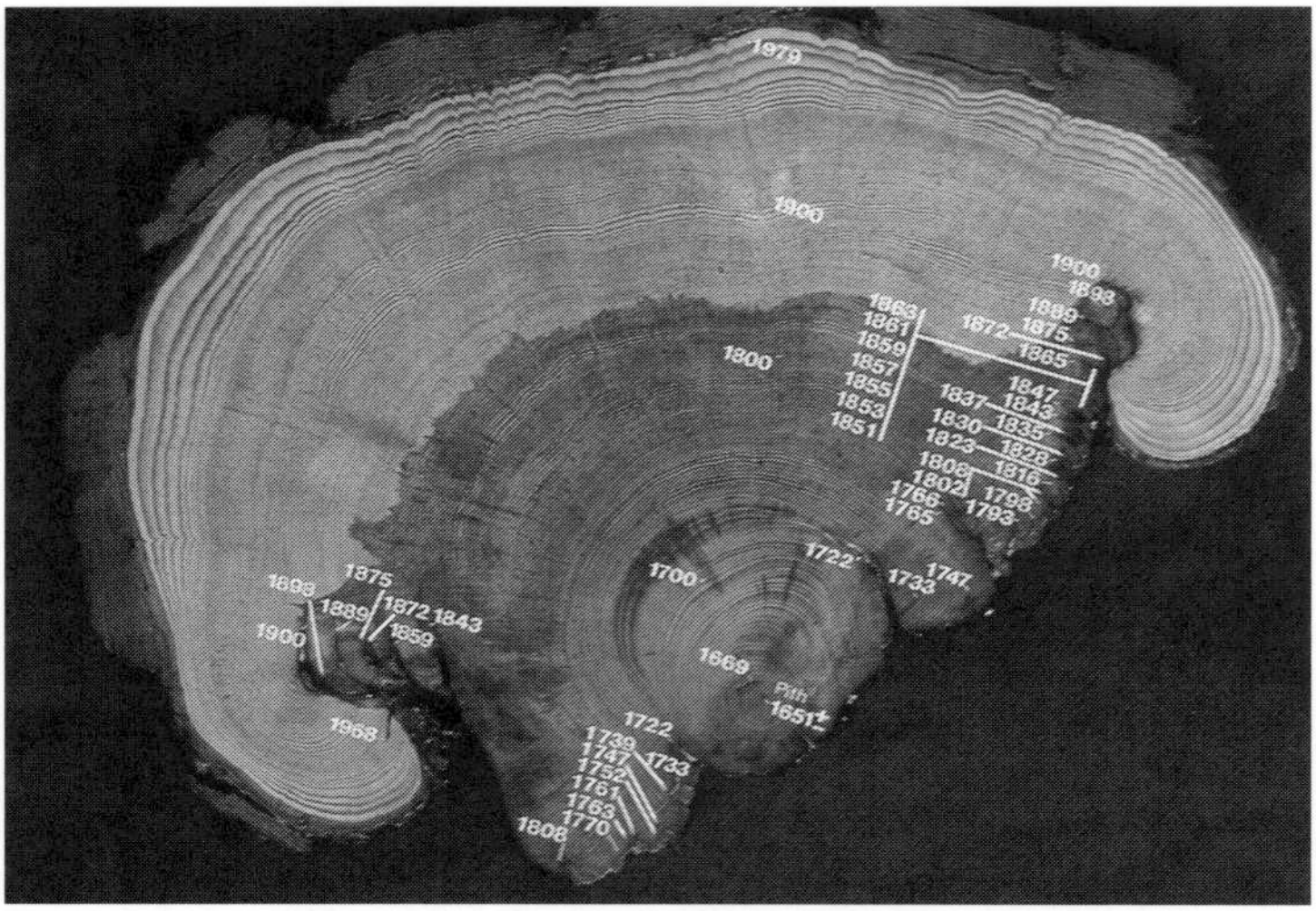

図52　樹齢400年を超える針葉樹の幹の断面。42か所の火事の傷痕がある。

最古の火事の傷痕と年輪の記録が得られた[24]。そこから、過去三〇〇〇年の山火事の歴史を作成することが可能になった。火事のデータは微量木炭測定法を使って湖底堆積層からも得られたので、二つのデータセットを統合することが可能になった。おかげで、この地域では定期的な地表火の火事が何千年も続いていたことが明らかになった。一方、近年では、アメリカ西部の多くの地域で初期消火体制が敷かれ、その結果どんどん燃料が蓄積され、山火事が起きたときの破壊度が増大している。地表火で終わることなく樹冠火となって多くの樹木を焼失させ、植生に多大なダメージを与えているのだ。

　アメリカ西部における火事の傷痕と年輪による研究が充実してくると、山火事の発生と拡大の要因が自然的なものから人為的なものへと変わってきたことだけでなく、火事と気候変動の関連性までもが浮かび上がってきた。その一つが、気温が上がると火事活動が活発になるという関連性だった[25]。火事活動はエルニーニョやラニーニャのような大規模な気候現象の影響をまともに受ける。木炭データベースのほうも、充実してくるにつれ、気候変動と火事の関連性をよりいっそう浮かび上がらせるようになってきた。一例として、急速に気候が変わる時代ほど火事の発生が多いという興味深い関連性が見つかった[26]。現在の状況についてはこの本の最後でもう一度論じようと思う。

ヤンガードリアスをめぐる大火災仮説

K／P境界後に全世界的な大火災が起きたという疑問だらけの説が出てきたことがあったが、二〇〇九年には、また別の火事に関する奇妙な説が出てきた。私自身も巻きこまれたこの議論は、二〇〇六～二〇〇七年に始まった。ちょうど私がイェール大学のサバティカル休暇をとっていたときだった。私は以前から、カリフォルニア州サンタバーバラの沖にあるチャンネル諸島北部の火事史の研究にかかわっていた。ここは北米最古のヒトの遺骸が見つかったところで、ヒトが来る前の自然な状態での火事と、ヒトの活動が始まってからの火事と植生への影響を探るのにうってつけの場所だった。

発見された人骨の年代測定に放射性炭素が使われたことから、ここの堆積層に木炭が存在することに気づいた私は、サンタローザ島アーリントン峡谷の人骨が発見された場所から川を少し上ったところにあるサイト（ＡＣ００３）の岩石サンプルを、二〇〇七年の初めごろに送ってもらった。同じころ、ある科学会合で、研究者多数のグループによる報告書が発表された。一万三〇〇〇年前ごろの北米に彗星《すいせい》が衝突した証拠を見つけた、という報告だった。この研究グループは、彗星の衝突により北米大陸全域で火事が起こり、クローヴィス文化（アメリカ先住民による石器文化）を消滅させただけでなく、マンモスその他の北米にいた大型動物をすべて絶滅させ、さらに世界的な気候変動を引き起こしてヤンガードリアスと呼ばれる小氷期を招いた、と主張した。[27] メディアはこの新奇なアイデアにすぐに飛びつき、テレビのドキュメンタリーが何本か制作された。私はがっくりと肩を落とした。科学というのは複数の研究グループが時間をかけて証拠の精査と評価をするものだ。だが、メディアが喜ぶようなドラマチックな説が出てくると、あっという間に広まって定着し、人々の頭の中で簡単には修正が利かなくなる。Ｋ／Ｐ境界で地球規模の大火災があったという新奇なアイデアがいつまでも残っているのと同じである。

このときの報告書は、のちに一流科学誌に掲載された。[28] 有名な研究者数名を含む著者軍団が大量のデータを使って展開した論文だったので、それなら間違っているはずはないだろうと判断されたのかもしれない。だが私は、北米大陸の全域で火事が起こった、という主張が出てきた時点でおかしいと思った。その主張の根拠としているデータも疑わしかった。その後、同じ著者軍団が、サンタローザ島アーリントンの「ＡＣ００３」から出た木炭のデータと、彼らが呼ぶところの「炭素質スフェルール」と「炭素質エロンゲート」のデータを使い、彗星衝突が激しい火災を引き起こしたとする主張をさらに固めてきた[29]。私は二〇〇七年に送られてきた「AC003」のサンプルに含まれる木炭の研究をすでに始めており、私の目にその木炭群集は「ごくふつう」としか映らなかった。「AC003」のサンプルには、大量の樹木の木炭と、それ以外のもの、たとえば節足動物の糞塊《ふんかい》などに加え、たしかに「炭素質スフェルール」も含まれていた。当時の私には、これがどこから来たものかわからなかったが、現在の山火事でできた木炭群集に同じようなスフェルールが含まれているのをしばしば見ていたので、特別視するようなものとは思わなかった。

現地に出向いて自分で調べてみよう、と私は思った。二〇〇八年、私はアメリカの研究仲間たちと、カリフォルニアのチャンネル諸島の別の島であるサンタクルス島に行き、調査を開始した。「AC003」の岩石サンプルの出どころであるサンタローザ島でも調査する計画をしていたが、その年は悪天候に阻まれて断念し、翌年以降に延期した。私たちは両島の各地で木炭を見つけた。木炭以外にも興味深いものがいろいろと出てきた（図53）。

北米全域大火災を主張する研究グループは、木炭の分析から高温の大火災が起きたことが示されたと報告していたが、私たちはそれに戸惑った。私たちがおこなった反射率分析では、サンタローザ島の火事は高温の大火災ではなく、低温の地表火だったからだ[30]。

この議論においては、まず炭素質エロンゲートと炭素質スフェルールの正体を突き止めることが肝要だということになった。これらの物質の一部にはナノダイヤモンドが含まれており、彼らはそ

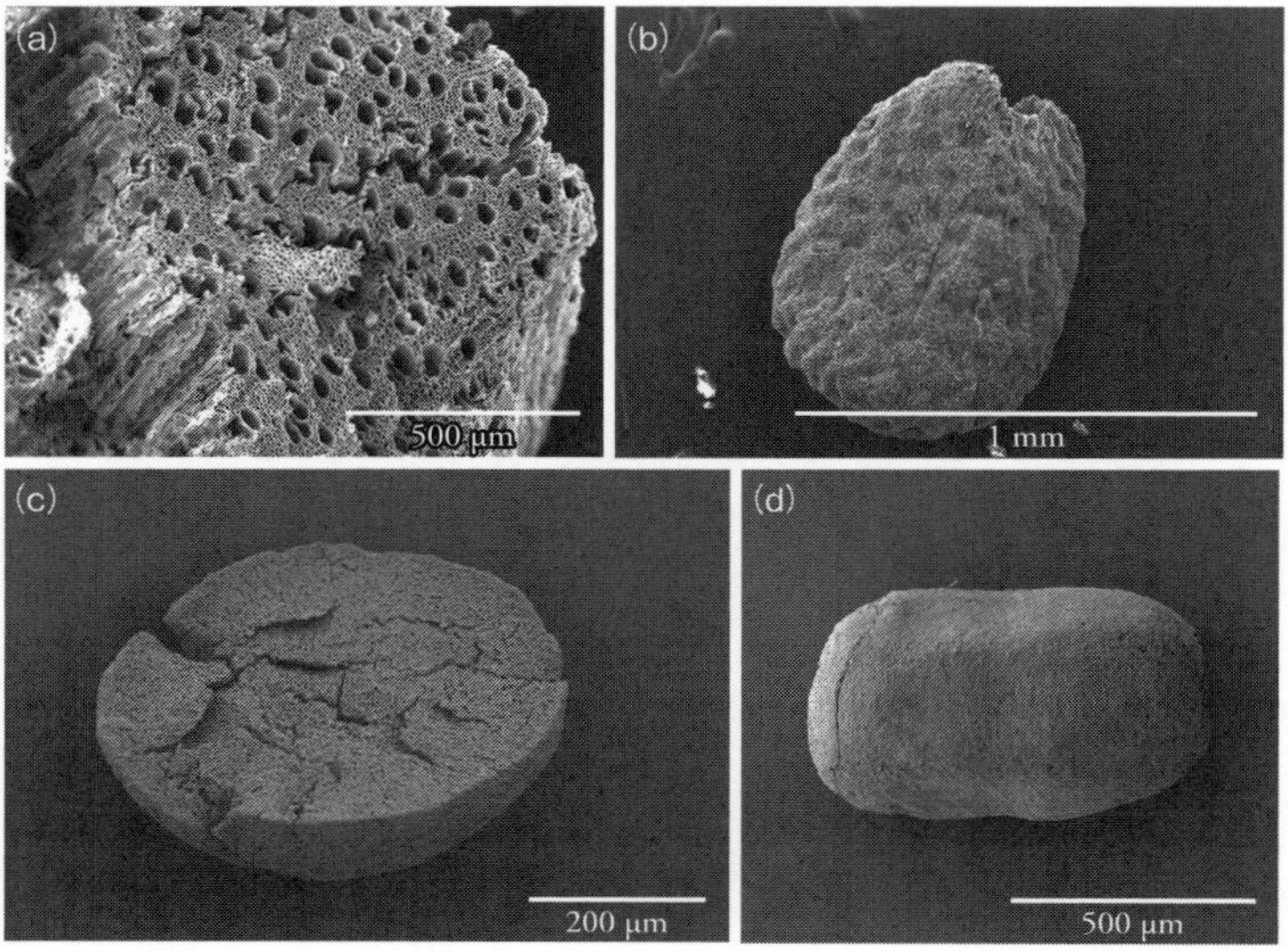

図 53　更新世後期（1 万 3000 年前）の河川に堆積した砂岩に含まれていた木炭を、走査型電子顕微鏡で観察したもの。アメリカ、カリフォルニア州チャンネル諸島、サンタローザ島のアーリントン峡谷にて採取。(a) 維管束と種子のついた被子植物の樹木。(b) その種子。(c) 菌核。(d) シロアリの糞石（糞塊）。(c) と (d) は混同され、彗星衝突後の高温火災に関連する炭素質スフェルールとエロンゲートだと誤って紹介されてきた。

れを彗星衝突の根拠にしていた。[31] しかし、岩石に残る節足動物の糞塊を調べていたことのある私の経験からすると、このエロンゲートは節足動物の糞に酷似していた。中にはシロアリの糞石とまったく同じものまであった。[32]

炭素質スフェルールには別の問題もあった。私は炭素質スフェルールを、現在の山火事跡地で回収した標本の中に何度も見ている。わが家の近くのフレンシャムで起きた火事でも見つけた。フレンシャムの火事が低温の地表火だったことはこの目で確認しているし、フレンシャムに彗星が衝突した事実などもちろんない。同僚らと話し合ううち、こうしたスフェルールは菌類の菌核ではないかと私たちは思うようになった。菌核とは、硬く球状になった菌糸体のかたまりで、土壌菌類がストレスを受けたときに形成される「休眠体」のようなものだ（だれかがこれを誤って胞子だと主張していたが、胞子ではない）。菌核は世界中で土の中に見つかる。とりわけ、定期的に火事に遭ってきた土壌に多くある。実物を見てみたくなった私は、ロイヤル・ホロウェイ校のご近所にある菌類研究所の研究者に連絡をとり、温度を変えて炭化させた菌核サンプルを含むさまざまな菌核を見せてもらうことにした。そうして調べた結果、「炭素質スフェルール」なる小球が実際には菌核だったこと、大陸全域に広がるような高温の樹冠火でできるものではないことがわかった[33]。私たちは、ナノダイヤモンドが含まれていたという話についても疑問を投げかけている[34]。

彗星衝突による北米全域大火災の仮説をめぐっては、今も論争が続いている。私の意見を言わせてもらうなら、そもそも彗星の衝突などなかったのだと思う。だが、この仮説はこの先何年も、メディアに蒸し返されるに違いない。

7章

ヒトが火を操る時代

われわれは、比類なき火の惑星における、比類なき火の作り手である。

——S・J・パイン

ヒトは火から生まれた、とよく言われる。火とかかわりあう動物はいくらでもいるが、火を手なずけること、それ以上に火をつくることを学んだ生物種はヒトだけのようだ(図54)。初期の人類が火に関心をもち、火を使った形跡はある。だが、火をコントロールしたり管理したりするようになるのはもっとあとのことだ。

ヒトと火のかかわりは少しずつ進んだだろうが、最初は日和見《ひよりみ》的な利用をする程度だったはずだ(図55)。この段階では、落雷などで自然に発生した火を狩りなどに利用していたものと思われる。それはいつ、どのように、なぜ始まったのだろうか。人類がアフリカで誕生したということは、今では広く認められている。アフリカには、アウストラロピテクス類からホモ属までを含む分類群「ホミニン」が進化した軌跡がある。彼らが暮らしていた環境で、火を見る機会はどれだけ頻繁にあったのだろうか。

植物化石の研究と同位体のデータから、一〇〇〇万年前ごろから植生と気候の両方が大きく変わったことはすでに述べた。ホミニンが類人猿と枝分かれしたのもこのころだ。漸新世から中新世

図54　ランドール・マキルウェイン画「初めての火の実験」。（これはヘアケア商品ではなさそうだ。マウスウォッシュかな？　ちょっと口の中に入れて試してみてくれないか）

（三〇〇〇万年～八〇〇〇万年前）にかけて、アフリカはおおむね熱帯雨林で覆われており、落雷や噴火をきっかけに火事は発生していただろうが、それほど頻繁に見られるものではなかった。八〇〇万年前の中新世末期から気候が乾燥し始め、C_4植物の草原が広がるようになると、視界はどんどん開けた。火事がよく起こるようになった。動物の側からすると、炎や煙を目にする機会が多くなった。火を頻繁に見るようになった初期のホミニンは、そこからいろいろなことを学んだはずだ。火事で獲物が死んでくれること。焼けた動物を食べると美味しいこと。火事の焼け跡に新しく生えてくるみずみずしい草を目当てに、草食動物の群れが集まってくること。火は、燃料を追加すれば保存できること、

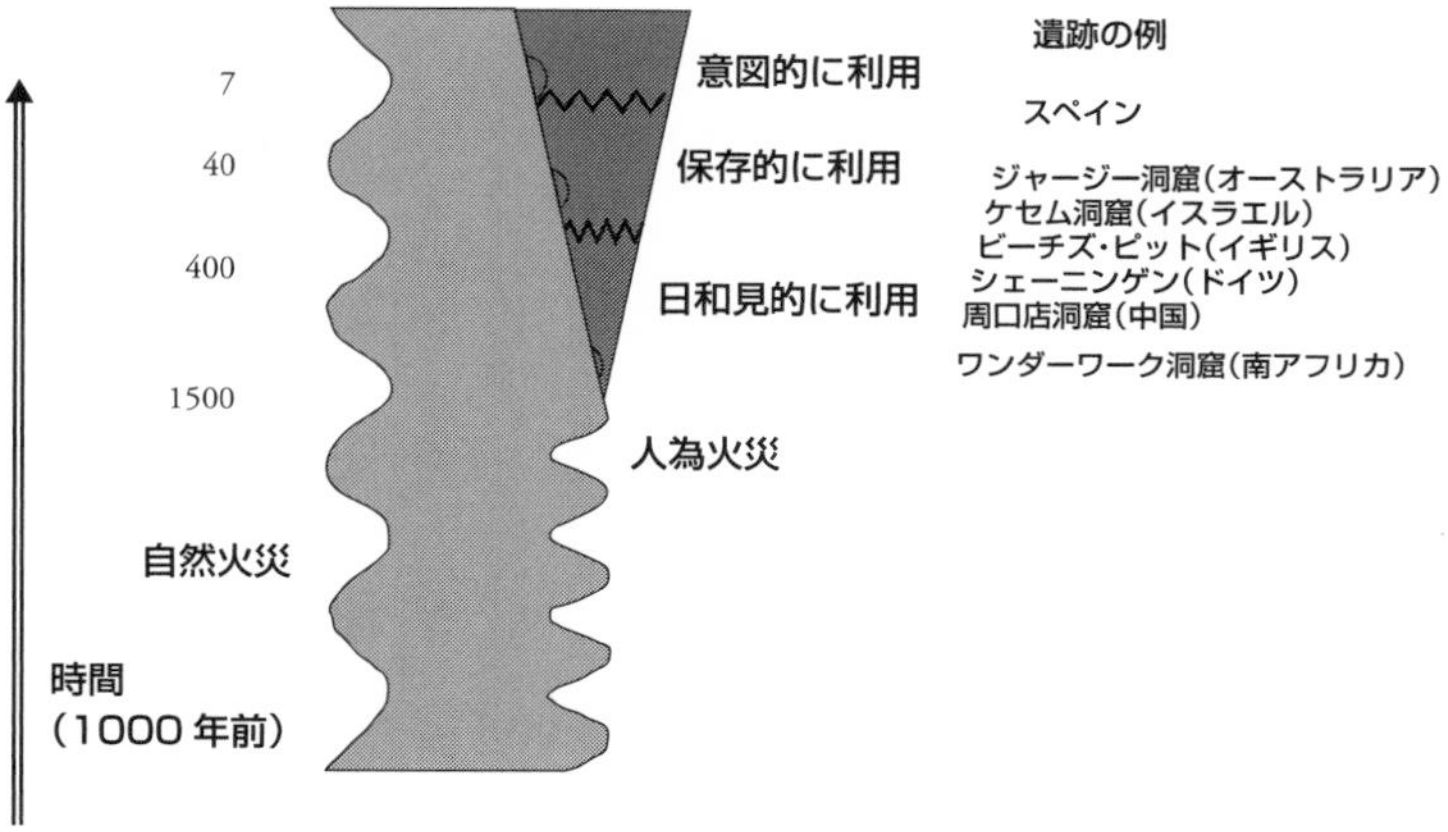

図 55　ヒトの火の利用方法と人為火災。

その燃料に糞を使えば燃焼速度を落とせることも学んだだろう。火を燃やし続ければ夜間に動物から襲撃されずにすむし、煙が虫を遠ざけてくれる。このように火を燃やす時間と空間を「延ばす」能力を身につけた動物は、ホミニンだけだった。

　そして、火を操れるようになったことにはとてつもなく大きな意味があった。料理をするようになって吸収できる栄養の量と種類が増えた。更新世にヒトが脳を大きくできたのは、そのおかげだと考えられている[1]。火を囲んで暖をとることは、言語の発達を促した。人類学者のジョン・ゴーレットは、ヒトの進化過程における料理仮説と社会脳仮説の両方を論じてきた人物だ。そのゴーレットが提唱した、火を自由に扱えることで初期のヒトが得た恩恵を、次ページの表1に紹介しておこう[2]。

防御	大型捕食者から身を守る
暖房	高緯度地域ではとくに重要
食事	肉やでんぷんを調理する
道具	石や木を加工する。のちに樹脂加工、熱加工へと発展
集まる場	社会的交流、儀式、言語を促進する

表1　火の恩恵の代表例。

ヒトはいつから火を使うようになったか

チンパンジーは、食物を加熱調理するのに足る知能を有しているという。[3] そこから、ヒトは火を操ることを覚えてすぐに調理できるようになったのではないか、という考えが生まれた。最初に火を使い、操るようになったのは、一九〇万年前ごろアフリカに出現したホモ・エレクトスだろうと多くの研究者は考えている[4]（図56）。ホモ・エレクトスはアフリカからユーラシア大陸へと移動した。氷期と間氷期をくり返す時代に彼らが北の寒冷地に集団移住するには、火をおこし、操る能力が不可欠だったはずだ。間氷期の暖かい時代でも夜間の気温はそれなりに下がる。ホモ・エレクトスが火を使ったという証拠は、中国、周口店の洞窟からも見つかっている。[5] 四〇万年前ごろネアンデルタール人が火を使っていたことも広く認められている。[6]

通常の岩石記録から火を使っていたことの確定的な証拠を得るのは困難だ。可能性だけなら論じることはできるだろうが、そこにヒトがいたという証拠と、その火が人為的におこされたものだという証拠がそろわなければならない。そうした証拠がそろう場所として妥当なのは洞窟だ。ただし、洞窟から木炭が出た、赤くなった火打石と土が

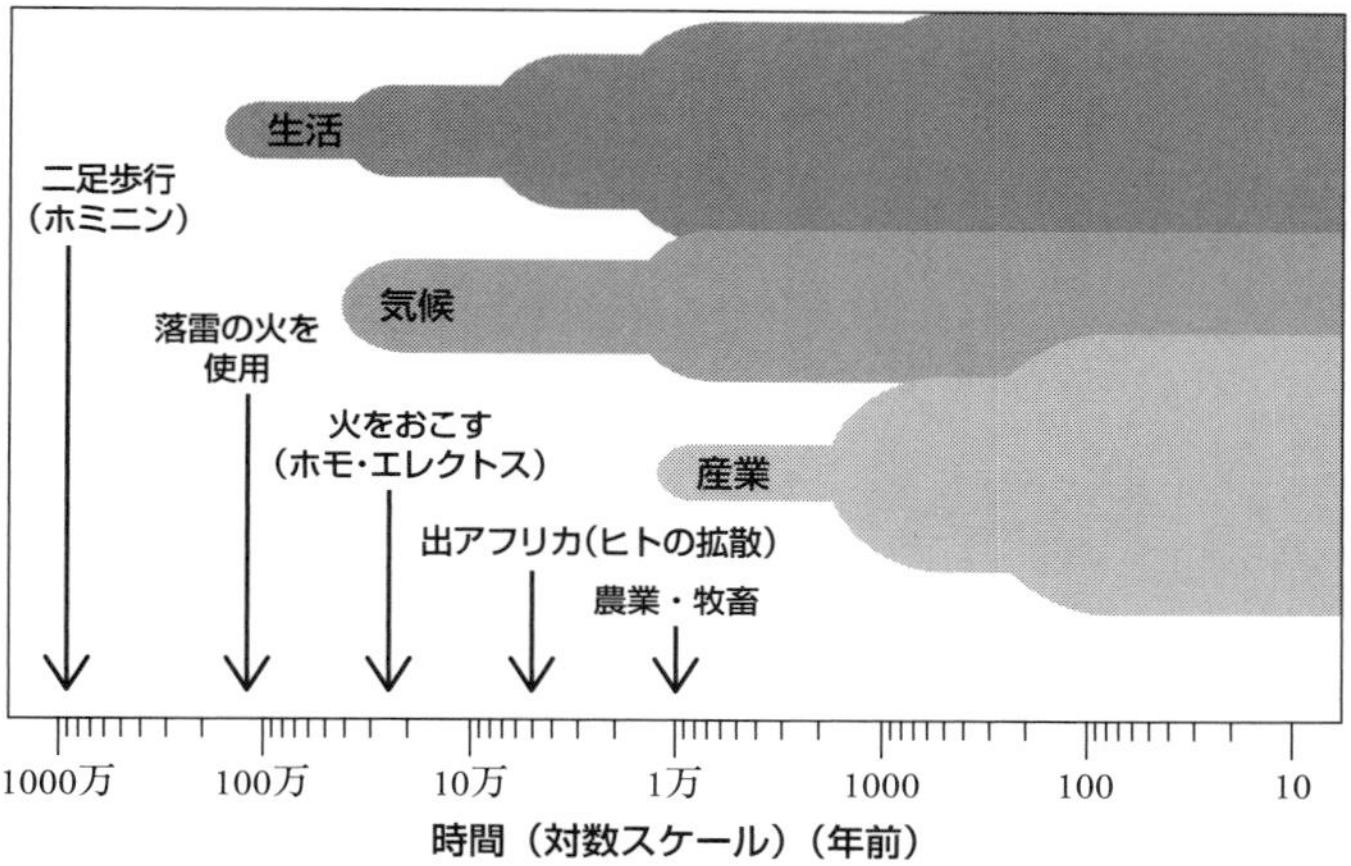

図56　ヒトの進化段階と火の利用。

見つかった、というような報告は多数あるが、その多くは確定に至らず推察に終わっている[7]。

では、ヒトが意図的に火を使ったことを示す確定的な証拠として求められる条件は何だろう。第一に、証拠の出た場所はヒトが暮らしていたことが確実な洞窟でなければならない。たとえ人骨や道具があったとしても、ほかの場所から水などで流されてきた可能性も考えて厳密に検証すべきだ。第二に、火の証拠は特定の場所から出てきたものでなければならない。堆積物の中に散らばって存在するような木炭は証拠にならない。炉床《ろしょう》のような、輪郭のはっきりした場所から出てくれば判断しやすい。第三に、その炉床は高温になっていたことを確認できなければならない。堆積物の中に、木炭だけでなく焼かれた跡もあることを確認したい。運がよければこの条件をそろえた証拠が見つかるかもしれないが、簡単ではないだろう。そうそう、ヒトが火を使った最初の証拠を見つけたいなら、人類のゆりかごであるアフリカで探す必要がある。

考古学者は、ヒトが火を使った証拠を探すとき、まず炉床のありかを探すそうだ。では、地質学者が化石や遺跡の記録から炉床を見つけるにはどうすればいいだろう。炉床とは、家庭内で暖房や煮炊きに使うスペースで、元の構造の一部または大半が残っているか、有機物質や大量の灰が残っている場所と定義されている。[8]だが、その場所を特定するのは容易でなく、さまざまな方法が試られてきた。[9]初期の火の使用の証拠探しの研究の場は大半がアフリカだが、その他の地域も含めてここでいくつか、最近おこなわれた地質学者による研究を紹介しておこう。

まず、南アフリカのノーザンケープ州にあるワンダーワーク洞窟から出てきた証拠がある。その証拠を含んでいた堆積層はおよそ一〇〇万年前のものだ。[10]研究者らは、洞窟の中で火が使われた確たる証拠を見つけようとしていた。初期のホミニンがこの洞窟で暮らしていたことは明白だった。石でできた斧《おの》が多数、洞窟内各所で見つかっているからだ。火の証拠は岩石の特定の面に見つかった。研究チームはＭＦＴＩＲ（微細形態分析用フーリエ変換赤外分光光度計）という新技術を利用して、堆積層と焼かれた骨の両方に間違えようのない証拠を見つけた。この装置は赤外線で岩石サンプルを探査する。赤外線の吸収量と通信量は、素材の種類と素材がさらされたときの温度で決まる。私たちがヒトの火の使用の証拠を探すときは、今のところ一〇〇万年前を起点にするのがいいだろう。それより古い岩石を探さないというわけではないが、古くなるほど証拠は出てこない。火を使う証拠が増えてくるのは、四〇万年～三〇万年前の前期旧石器時代のころになる[11]。
火を日常的に使うようになった証拠がヨーロッパから出てきたのも、ちょうどこの時代だった[12]。その証拠とは、熱せられた石器と炭化した槍の先端で、ドイツのシェーニンゲンから出てきた（余談ではあるが、シェーニンゲンは私たちが始新世初期の木炭を探しに行った場所でもある）。日常的な火の使用の証拠は地中海沿岸東部のレバント地方から出てきた（三五万年～三二万年前[13]）。そのデータの一部はイスラエルのタブンⅥとケセム洞窟で得られたものである[14・15]。日常的な火の使用がいつ始まったかが確定できればヒトの進化史における重要なベンチマークとなるが、ここでも問題となるのは、それが真に日常的な火の使用であったことをどう証明するかだ[16]。

イギリスのサフォーク州ウェストストウにあるビーチズ・ピットから出てきた証拠を、ヒトによる最初の火の使用と確定しようとしたときも、この問題にぶち当たった。ビーチズ・ピットは四〇万年前ごろの前期旧石器時代の遺跡で、燃焼の証拠は別々の二つの地層面から得られた。この遺跡は扇状地の間氷期堆積層の中から発掘されたものだ[17]。まず問題になったのは、自然火災で生じた木炭もふつうに扇状地に堆積するということだった。木炭は再堆積したものの可能性もある。したがって、この遺跡から出てきた木炭が、真にヒトが火を使用した結果だとはっきりさせなければならない。そのためには、先ほども述べたように、燃焼の証拠が炉床のような特定の場所にあったのかどうか、その遺跡に焼けた石器の断片のようなヒトの活動を示す証拠があったのかどうか、火から出た熱の影響が周囲に及んだという証拠があるのかどうかを突き止める必要がある。このケースでは、それらの条件を満たしており、ヒトが火を囲んで座って石器づくりに励んでいるようすが想像できた。ただし、炉床内で炭化し焼成《しょうせい》された骨から得られた温度データの解釈については意見の一致を見ていない。

ビーチズ・ピットのような考古学遺跡の現場でも、地質学者がやるべきことは山ほどある。こうした現場から出てくる木炭の特徴を、たとえば木炭の反射率から得られる温度のデータという形で蓄積しておけば、今後の役に立つはずだ。考古学遺跡に見つかるさまざまな炉床や実験的な炉床でつくった木炭のデータを集めて、自然火災で生じた木炭との違いを明らかにしていけば、ヒトが火を使った証拠かどうかを判断しやすくなるだろう。

ヒトが最初に日常的に火を使うようになったのは、おそらく夜間に暖をとるためと暗い洞窟で光をともすためだっただろうが、ほどなく火をコントロールして調理にも使うようになった。リチャード・ランガムは、調理への火の使用を考古学的証拠に探した。そして、一〇〇万年前の食事の一部と思われる焼けた骨の証拠が出てきたことから、このころすでに火による調理をしていた可能性があると論じた。[18]だが、調理に火を使ったように思われる形跡が増えてくるのは、三〇万年~五万年前の中期旧石器時代だ。[19]いずれにせよ、考古学者の多くは、調理が日常的な活動となるのは後期旧石器時代(五万年~一万年前)になってからだと考えている。[20]

ヒトはいつから火を使うようになったのかというテーマとその証拠をめぐっては、不確定要素が多すぎる。意図的に火を使っていたかどうかというのもその一つだ。また、火を使えることと、火をコントロールできることには大きな違いがある。この問題は多くの側面をもつ。発見した火の証拠が人間活動によるものだと示す必要があるのはもちろんのこと、たまたまあった火を使っただけなのか、それとも自ら火をつくり出したのかを確認しなければならない。ヒトはいつ、火の使用者（ユーザー）または火の維持者（キーパー）から、火の生産者（プロデューサー）および監督者（マネージャー）になったのだろう？　この移り変わりを年代特定するのはとてつもなく困難だ。ヒトと火のかかわりあいを示す証拠は一五〇万年前までさかのぼることができるが、火打ち石などを使って好きなときに好きな場所で「火をつくる」ことを始めたのはごく最近の、おそらく四万年前ごろの更新世末だと思われる。

ヒトが火を使う存在からつくる存在になるまでの転換期のデータをどのように集め、またその証拠をどのように解釈するか――これは挑戦しがいのあるテーマだ。アンドルー・ソーレンセンらの言葉を借りれば、「いつから火がヒトの標準ツールになったのかについて、考古学者はまだ確かなことは何も言えない」のである。[21]これは実験考古学の学問分野にとってまさに将来性が見込まれるテーマであり、私たち地質学者にとっても岩石記録にどんな証拠を探せばいいかを知るためのテーマである。

料理は、肉に含まれる病原体や毒を中和し、消化を助ける。クリス・ストリンガーはこの点を重く見て、人類にとって料理スキルの獲得は重要な転換点になったと語る。[22]そしてもちろん、料理には社会的効用もある。だが、肉を調理して食べることと、穀物を調理して食べることには決定的な差がある。後者は、調理したあとでしか食べられる状態にならないからだ。ネアンデルタール人も火を使って調理をしていたという証拠が、イラクのシャニダール洞窟とベルギーのスパイ洞窟から見つかっている。穀草類など草本植物の多くに含まれるシリカの堆積物であるプラント・オパールが出てきたのに加え、遺骨の歯石から見つかったでんぷんの粒が、彼らが植物性の食料を調理していたことの揺るぎない証拠となった。穀物の料理のような複雑な仕事をするには、連帯つまり社会性が必要となる。[23] ヒトはそこからさらに前進した。穀物は、植え、収穫し、貯蔵しなければならない。穀物の栽培と調理をするうちに、ヒトは狩猟採集生活から定住農業生活への移行を進めたのだろう。

ところで、穀物栽培の増大と拡大に関する情報は、炭化した穀物から得られるとわかった。ヒトは穀物をあらゆるところに貯蔵する。そこが火事に遭うと、穀物が木炭になって保存される。この方法があったか、と私が気づいたのは、イギリスの自然環境研究会議が運営する共同研究プログラム「古代生体分子イニシアティブ」の報告を聞いたときだった。[24] ケンブリッジ大学とマンチェスター大学の科学者で構成された共同研究チームは、炭化した太古の穀物からＤＮＡ情報を抽出することに成功した。[25] さらに新しい技法が加わってこのアプローチの可能性が広がり、先史時代に穀物が地理的にどう拡散したかをたどることが可能になった。[26] 何よりすばらしいのは、この方法なら野生種と栽培種を区別して追跡できるところだ。農業が中東からどう広まったかは、とりわけ注目を集めるテーマだった。マンチェスター大学の研究チームはこの方法で、作物の栽培化が西アジアで始まり、紀元前七〇〇〇年ごろ南東ヨーロッパに導入されたことを明らかにした。栽培種の穀物はその後ヨーロッパ全域に広がった。そしてそれを裏づけるように、数年前にスペインで、紀元前五〇〇〇年ごろの炭化した穀物が発見された[27]。

同じように、炭化したブドウの種子から、古代文化におけるブドウ栽培とワインづくりの発展のようすをたどることができる[28]。炭化したブドウの種子があれば、ときには炭化したブドウの外皮だけでも、そのブドウの素性を知るのに十分な情報が得られる。驚くことに、雑多な植物がまとまって炭化した「木炭群集」の中から「圧搾ずみのブドウ」だけ特定する、といったことまで可能で、圧搾されていないブドウや干しブドウと区別できるのである。

古代都市の遺跡発掘という文脈では、火事は通常「破壊者」として描かれることが多い。遺跡に残った木炭はときに、都市が受けた被害の象徴として語られる（予想外の火事のこともあれば、戦争や放火による火事のこともある）。だが、遺跡に残った木炭は、かならずしも火事の結果とはかぎらない。木炭が風や水に乗って長距離移動すること、かなりの長期間残存し続けることはこれまでにも述べたとおりだ。したがって、木炭が出てきたときはすぐに火事に結びつけず、その木炭の由来を特定するところまで調べる必要がある。木炭は元の植物の組織構造の情報を含んでいるので、建築材料の木材が焼けたものか、それとも周囲の植生が焼けたものかを判断することができる（前者の場合、放射性炭素年代測定法は成長中の木の年代しか測定できないので、建材が燃えた時期、つまり火事が起きた時期を特定することはできない）。こうした場面では、木炭に残る年輪を調べて焼けた木の幹や枝の直径を再現するという、近年開発された分析法が役に立ちそうだ。都市の建材に使われた木材が木炭になったものは幹の直径がどれも等しく大きいが、自然火災で焼けた場合は直径がさまざまなサイズになるからだ[29]。

火事を、考古学と都市遺跡の文脈だけで考えていると、自然界での火事のことを忘れてしまう危険性がある。自然界で発生した火事がヒトの生活圏に広がり、住宅、村、町、ときには小都市を破壊することもある。現在においても、北米やオーストラリアの山火事が予想外に広がって、一つの地域コミュニティを全滅させてしまうようなことは実際に起きている。そのような場合、都市の火事以外の自然火災の研究を同時にしていなければ、未来の考古学者は都市滅亡の原因を見誤ることになりかねない。

ヒトの火の使用による環境への影響

農業は、計画的に始まったのではなく偶然に始まったのだろうが、それが定着してからは、火を使うことは農業用の開けた土地を得るのに不可欠な手段となった。そしてこうした火の使い方は現在も続いている。狩猟と火の関係を明らかにするのは、農業と火の関係に比べるとむずかしそうだが注目のテーマの一つであることは間違いない。パイロダイバーシティという言葉がある。この言葉は、火（パイロ）が生物や環境と相互作用しながらつくり上げる多様なエコシステム、と定義されている。たとえば、古くからその土地に住む人々の山焼きなどはパイロダイバーシティ形成の一部となっている。山焼きの慣行が、その土地の動植物の種類や個体数を決めたり、大規模山火事の発生を防いだりするなど、その土地独自のエコシステムに組みこまれているのである。

初期のヒトがどんなふうに火を使っていたかを想像するには、そうした慣行が今も続いているオーストラリアやアフリカの一部地域を見てみるといいだろう。たとえばオーストラリアの先住民（アボリジニ）は、狩りをするとき松明《たいまつ》で獲物を捕獲場所に追いつめてから殺している。(30) アフリカでもこの方法が使われている。(31) 獲物を集めるのに野焼きをすることもある。野焼きのあとに雨が降ると、植物がみずみずしい新芽を出すので、それを目当てに動物が集まってくるからだ。(32)

北米では、入植した開拓民が火を使って土地の開墾と狩猟をした。オーストラリアに入植したときも同じだっただろう。(33) アメリカ先住民のほうも、バイソンやシカ、アンテロープを狩るのに、またバッファローを追いつめて崖から落とすのに火を使っていた。スティーヴン・パインが指摘するように、「火のおかげで世界中のすべての動物が狩りの対象になった」。トーチを使って夜間に魚を獲る、煙を使ってクマを巣穴から追い出す、といった使い方もある。アフリカではスプリングボックが、オーストラリアではカンガルーが、火によって追い立てられた。

火は、促成栽培にも利用された。単に作物の成長を早めるだけでなく、収穫高を上げるのにも使われた。たとえば、ドングリやクリを実らせる樹木種は火事に強く、火事をやり過ごしたあとは、それまで使わずに貯蔵していた栄養をここぞとばかりに使って種子の生産量を一気に増やす。作物とヒトから害虫を追い払うために火が使われることもある。

草を火でコントロールして、適切な季節に新芽を出させることも可能だ。ときには年に二回、芽吹かせることもできる。現在も森林をコントロールするのに火を使うが、アメリカ先住民は何世紀も前からアメリカ南西部のマツの森に火を放って地表火を起こしていた。定期的に地表火を起こしていれば、樹冠火の大規模森林火災にはならないということを彼らは知っていたのだ。(34)

ヒトが火を使用したという証拠は炉床と洞窟から得られるという話は前述したが、その場所が炉床であることを立証し、それが人間活動の結果だと確定させるのは、それほど簡単なことではない。ましてや、林野火災の原因が自然かヒトかを判断するのは至難の業だ。たとえば、オーストラリアで山火事が増えたのはこの大陸にヒトがやってきてからだ、という言説はこれまでによくあった。(35)だが、ヒトの到来とは関係なく、気候や植生の変化に伴って火事が起きやすくなったのかもしれないし、場合によっては「木炭のたまり方」が変わったことで、前から多かった火事が急に増えたように見えるだけなのかもしれない。木炭記録は過去の一部を教えてくれるが、背景のすべてを教えてくれるわけではない。ヒトの到来が火事を増やしたかどうかについては今も議論が続いており、また、火事の記録のどこまでがヒト関与の証拠に使えるのかという点でも、意見はまとまっていない。

人間活動と火事の関連を調べるもう一つの方法は、深海コアからとった木炭データを使うことだ。草原が燃えるようになった新生代後期のバイオマス燃焼（林野火災などによる有機物の燃焼）の増加を示すのに、この種のデータが利用されたことは前にも述べた（172ページ参照）。海底コアのデータは、今のところ、ネアンデルタール人と後期旧石器時代のヒトが生態系管理のために野焼きや山焼きをしたというような形跡を示しておらず、七万年〜一万年前の火事の増減は明らかに気候変動と連動していた[36]。つまり、ヒトが関与する火事が地域規模の影響を与えるようなことはなかった、というのがこれまでのところの見解だ。しかし、この種の分析は火事のタイミングまで示すことができない。ヒトは意図的に野や山に火をつけたり消したりする。それどころか、燃やす期間まで変える。自然に発生する火事シーズンより前やあとに、ヒトが意図的に火入れするのはよくあることだ。こうしたことまでわかればヒトの関与が示唆されるのだが、残念ながら木炭データではそこまでの分析はできない。

ヒトは火と共に歩んできたので、さまざまな火の使い方を考案してきた。暖をとったり調理したりといった単純な使い方から始まり、やがて火を使って環境を操作することを覚えた。原野の一部を農地に変える焼畑はもちろん、ときには地域の景色をがらりと変えてしまうことまである。しかし、こうした変化は大局的に見れば些細なものだということを忘れてはならない。地域規模で長きにわたって確立されている「火事レジーム」は、そんなヒトの小手先の操作で変わるものではない。植生が変わるか気候が変わるかくらいの、長期的・持続的な変化を必要とする。

6章で述べたように、私はカリフォルニアのチャンネル諸島で火事史を調べるプロジェクトにかかわっていた（181ページ参照）。そこは北米で最古のヒト遺骸が出てきた場所で、ヒトがやってくる前とあとの火事パターンを比較できそうだと思ったからだ。調査の結果、少なくとも二万四〇〇〇年前に針葉樹林で火事があったという証拠が出てきた。ヒトがこの諸島にやってきたのは一万三〇〇〇年～一万二〇〇〇年前だから、それより前のことである。一万三五〇〇年～一万二〇〇〇年前の混交林で火事の証拠を見つけたときは、これこそヒトの到来と関係があるのではないかと少しばかり興奮した。[37] ひょっとして焼畑農地をつくるためだったのでは？　それとも島に生息していた小型マンモスを狩るのに火を使っていたのでは？[38] しかし、もう一つ考慮すべき要素があった。この時期にあった気候の揺り返しだ。一万二九〇〇年前ごろ、ヤンガードリアス小氷期が始まった。地球は最終氷期が終わってしばらく温暖になったあと、この小氷期を一時的に経験している。その影響で氷が融解して大量の淡水が北大西洋に流れこみ、メキシコ湾流の流路を変えたことは多くの科学者が認めている。そうであるなら、植生と火事の様相も影響を受けただろう。この時期に見られる火事がヒトの到来と関係があるのかどうかは、そう簡単には判断できないのである。

火事と気候

これまで見てきたように、火事と気候が連動していることには疑いの余地がない。火事が増えたというと、すぐ人間活動のせいだと考えるのは早計で、たとえ最初に点火したのがヒトであったとしても、燃料と気候の条件がそろわないかぎり、火事が持続したり広がったりすることはない。もちろんヒトが点火源になる機会は極力減らすべきだろうが、そうしたからといって山火事が起こらなくなるわけではない。

人間活動が二酸化炭素その他の温室効果ガスの排出量を増やし、気候変動を加速させていることは無数の研究が証明しており、広く認められている。過去数十年で二酸化炭素の排出が増えたことと、その増えた部分の多くが化石燃料からの排出だというのはわかっているが、火事によるバイオマス燃焼からの排出がどのくらいの割合で加担しているのかを知るのは困難だ。どちらも地球温暖化を促進する要素なので解明が急がれるが、人工衛星から送られてくるデータなら、この二つを分けることができる。人工衛星のデータから得られた、バイオマス燃焼により排出される二酸化炭素と、化石燃料を燃やして排出される二酸化炭素を年月を追って分析すると、前者（自然界のオープンスペース）から、後者（発電所など産業用のクローズドスペース）にシフトしていることがわかるという[39]。

私はこの本の最初のほうで、スティーヴン・パインが呼ぶところの「燃焼ニーズの変化」について触れた（44ページ参照）。世界の人口が地方から都市へと移るにつれ、農業用に火を使うことが減り、林野火災が抑制され、化石燃料の使用が増えるという変化である。この変化は人々の心理面でも、火を管理する・使うという考え方から、火を抑える・排除するという考え方に変わりつつある。何度も言うようだが、火事の抑制は地表に燃料を増やすことにつながるので、その後に起きた火事をより激しく、より破壊的なものにする可能性がある。アメリカは、一九八八年にイエローストーン国立公園で起きた大規模な山火事の連続で、この事実にやっと気づいた。

気候変動はもうすでに、火事活動に大きな影響を与えている。アメリカ西部がいい例だ[40]（図57）。

アメリカ西部の森林火災と３月から８月の気温

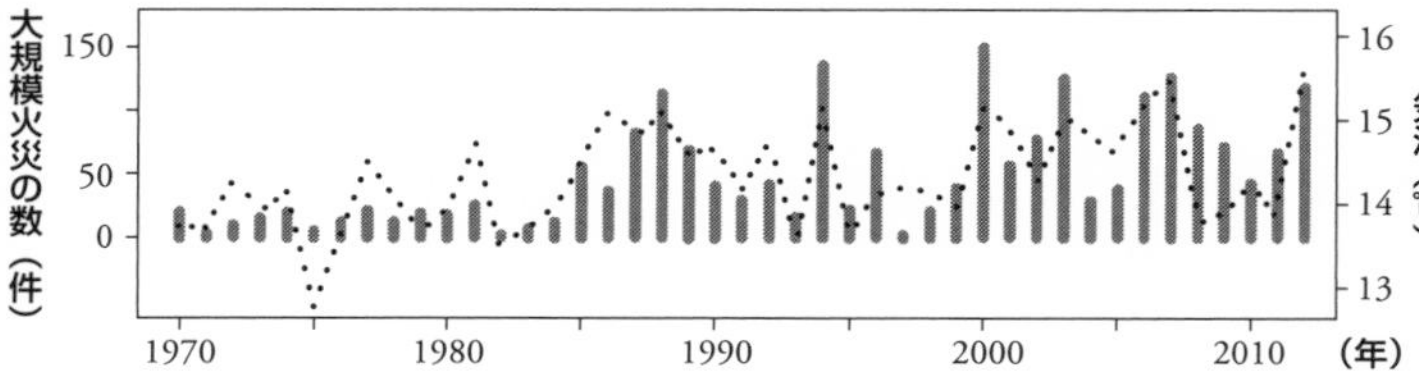

図 57　アメリカ西部における、400 ヘクタール以上が焼ける大規模森林火災の年間発生件数（棒グラフ）と、３月〜８月の平均気温（点線）。1980 年以降、平均気温が高い時期に大規模な山火事の件数が増えている。

気候変動はこれまでと違うタイプの植生を栄えさせ、何十年も前から続いていた火事レジームを変え、害虫の生息域を広げる。害虫が増えれば樹木が死に、枯れ木が増えれば燃料が増え、それがまた火事活動を活発にさせる。

計画的に火入れをしてはどうか、山火事が起きても燃えたままにしておく政策をとってはどうか、といった声も増えてきたが、こうした複雑な問題にシンプルな解決策は存在しない。現在では緑地のような「ヒトの居住地の中の自然」があちこちにあり、こうした場所でも気候変動や侵略的植物による植生の変化への対応が急がれている。その反対に、原生林の中に家を建てたいという欲求と、火事になったら命だけでなく財産も守ってほしいという欲求への対応も考えていかなければならない。

ヒトの居住地がどんどん野生地を侵食している現状において、私たちヒトは、たとえ自身が積極的に火を管理する立場になくても、もっと火のことを理解して賢明な対処行動をとるようにしたい。とはいえ、こうした問題に対してバランスのとれた方策を、というのは口で言うほど簡単ではない。人の命と住む家が脅かされているときに、そこを燃えたままにすることなどできるのだろうか？　計画的な火入れをするといっても、火事から出る煙だけでもだれかの健康被害を引き起こすかもしれないというのに、そんなことを積極的にやってもいいのだろうか？

8章

火事の未来

世界は火で終わると言う人がいる。
氷で終わると言う人もいる。
欲望を味わったことのある私からすると、
火を支持する人に賛同する。

——ロバート・フロスト『火と氷』

私はほんの数年前に、「野生地と都市の境界」という言葉を知った。この言葉は、都市の住民とインフラが野生植物の生育域を侵食している前線、またはその状態を意味している。基本的には二つのパターンがある。まず、人口増加にともなって町や都市が膨張し、野生地にまで広がることだ。もう一つは、個人または小さなコミュニティが、あえて野生地の中に家を建てたりインフラを引いたりするような状況だ。究極の隠遁生活を送りたいということだろうが、こうした排他性とプライバシーを望む人の数は年々増えていて、国際的に大きな問題の一つになっている(1)。たとえ住居やコミュニティが入りこんでいなくても、野生地はすでに人間活動と気候変動の影響を受けている。

侵略的植物の脅威

侵略的植物とは、本来ならそこに生育していなかったのに、ヒトによって導入されたのをきっかけに新天地で大繁殖する植物のことをいう。ちょっと珍しい植物を買ってきて、自分の家の庭に植えてしまうようなことは、だれしも身に覚えがあるだろう。そんなとき、その植物が庭の外にまで広がる可能性など考えたこともないだろう。とはいえ、この程度のことならたいして問題にならない。実際、よそからもちこまれた植物が、元からあった在来植物と混同されるような状況は、世界中どこにでもある。たとえば、イギリスではツツジが広く繁茂しており、場所によっては「雑草」扱いされることまであるが、ツツジはかつて中国からイギリスにもちこまれた植物だ。そもそも「在来植物」という呼び方自体に明確な定義があるわけではない。栽培種のツツジは比較的最近になってイギリスに入ってきたものだが、野生種のツツジは五五〇〇万年前からイギリスに生えている。[2] 私たちが自分の庭に植わっている植物を見て、これはこの土地の在来植物でないと気づくことはないだろうし、外来植物が引き起こす問題をいちいち想像したりすることもない。園芸植物が庭から逃げ出すことよりも、もっと心配しなければならないのは、別の用途のために、たとえば家畜の飼料用に導入される外来植物だ。飼料輸入は安易におこなわれているが、私はとくに火事の観点から、それが危険だということを語っておきたい。[3]

経済的合理性を理由に導入された植物が、意図しない結果をもたらすことは多くある。ユーカリがいい例だ。ユーカリは火に適応した形質を多く備えている。火事の多い環境で進化してきたので、燃えることを前提にした設計になっているのだ。[4] ところが今、火事が多くない土地に導入されたユーカリの大農園が、地域の火事パターンを変えるまでになっている。たとえばポルトガルでは、日照りが続く時期にユーカリの大農園で火事が発生する。その火事は年々激しくなり、地域の在来植物に飛び火して激害をもたらすようになっている。二〇一七年五月の火事では大量の在来植物が死滅した。火事に適応した植物というのは燃えやすい植物だ、ということが理解されるようになったのはごく最近だ。この種の問題を考えるときに、地質学的過去までさかのぼって考える必要があると気づくようになったのも、ここ数年のことである。

侵略的植物が煩わしいという程度ならまだいいが、在来種を追いやったり在来種と置き換わったりする存在になることもある。日本原産のイタドリのように、もはや駆除が不可能になっているものもある。火事に関しては、侵略的な「草」が最も厄介だ。草はたいてい飼料として導入される。オーストラリアでは、ガンバグラスという草がそれにあたる。ガンバグラスは成長が速いので、家畜のエサにするには効率がいい。だが、これが逃げ出すと、その燃えやすい形質が災いを呼ぶ。ガンバグラスは草丈が高いので、いったん火がつくと地表火より高温で激しい火事になる。低温の地表火なら耐えられる在来植物も焼かれてしまう。

北米で繁茂しているチートグラスも同じような問題を起こしている。この草はさまざまな生育地に入りこんで広がり、それまで長く続いてきた地域の「火事レジーム」をがらりと変えてしまった。[5] この草が生えている場所はどこでも火事が簡単に広がるようになった。地表に燃えやすいカーペットが敷きつめられているようなものだから当然だ。チートグラスは高速道路沿いに生えていることが多いが、それが「導火線」になって火事を「飛び火」させることも問題になっている。この草は乾燥に強いので、昨今の気候変動でますます勢いを得ている。火事が多いと樹木が十分に高く成長する前に焼かれてしまうため、火事が草原を増やし、草原が火事を増やすという正のフィードバック・ループができてしまう話は前にも述べたが、チートグラスが広がった地域ではこのサイクルが在来の植生地にまでもちこまれ、地域全体でサバンナ化が急速に進むという悲劇をもたらしている。ハリウッドの西部劇にかならず出てくるサボテン、サグアロは、アメリカ西部の在来植物だ（図58）。サグアロは、その形状から落雷を受けやすいが、ぽつんぽつんと生えているおかげでこれまで火が燃え広がることはなかった。[6]だが、侵略的な草が地表を覆うと、火はそれをつたってサグアロからサグアロへと燃え移り、一帯のサグアロを全滅させる。チートグラスを根絶させないかぎり、サグアロの生態系はあと三〇年で消えるだろうと言われている。

火事と侵略的植物と気候変動の相乗効果については、人工衛星から送られてくる最新データのおかげで、ここへきてようやく見えるようになった。一方、火事による影響を抑えようと、よかれと思ってやることが逆効果になるとわかったこともある。火事後に浸食という問題が生じることはこれまでにも述べた。林業産業は二つの方面から圧力をかけられている。一つは、火事で焼けた土地からの土砂流出を減らしてくれという要求だ。その対策として、ヘリコプターまたは飛行機からストローベイル（藁《わら》材）を落として焼け跡の地表を覆う試みがなされてきた。ストローベイルに雨を吸わせれば、雨水といっしょに土砂が流れ出るのを防げるからだ。ところが、このストローベイルの中に外来植物の種子が混入していて、そこから侵略的な草が広がってしまうことがある。

図58　アメリカのソノラ砂漠。サグアロ（サボテン）の周囲に侵略的な草が広がっている。

林業が直面するもう一つの問題は、火事後に在来植物を植樹して、本来の「自然な」植生に戻してほしいという要求だ。だが、要求者らが戻したいと思い描いているのは、過去数百年ないし数千年、ヒトがそれなりに管理してきた森のことである。真に「自然な」植生なら、どのみち気候変動に応じて植物の分布を変えていくだろう。こうした状況では、長期的・歴史的な視野で物事を考えなければならない。

温暖化する地球の火事を考える

さて、私たちはこれまで、気候が地域の火事レジームを決定づけてきたことを、地球の過去をふり返りながら学んできた。そうであるなら、未来の火事についても気候変動の文脈で考えなければならない。世界ではまだあちこちで焼畑農業をしている人々がいる。そうした人々にとって、それが生計を立てるための唯一の手段であれば、やむを得ない部分もある。[7] 問題は、アマゾンの熱帯雨林のようなところを焼き払って、貴重な生態学的資源をむざむざと破壊していることだ[8]（図59）。後者は完全に、森林を撤去してその土地を別のことに使うのを目的とする山焼きである。このような状況に対応するには、先住民による管理的な火の使用は許しつつ、昔からその土地で焼畑農業をしてきた人たちと営利目的の山焼きをする人たちとは分けて考える、というような中道の対応策を探す必要があるだろう。[9] こうした問題は原野や原生林にとどまらず、河川氾濫原でも生じている。河川氾濫原に過剰に建物が集まり、洪水や土砂災害の脅威が増しているのである。ここに火事後浸食の脅威が加わると、かつてないほど危機的な火事・水害サイクルを生じさせる。火事と水害が相互作用する関係にあることは、これまで何度も書いてきた。コロラド州では二〇一三年に大洪水が発生して大きな被害をもたらした。だがその洪水の原因をつくったのは、二年前の二〇一一年にデンヴァー北部と南部の両方で発生した複数の大規模山火事だったのである。[10・11]

火事に関する科学的知見はここ数年でめざましく増えてきたが、一般市民にはまだまだ届いていない。燃えやすい土地に家を建てる自由は「権利」であると考える人たちに、それをやめてくれと言うのはむずかしい。だが、そうしたところに家を建てると、火事になったときそこに住む人の命だけでなく、消火活動にあたる消防士の命も危険にさらすことになる。消防士の死が伝えられるたびに、火事はいつもかならず消さなければならないものなのか、という疑問が生じる。[12] 家を建てる

図 59　土地転用のために焼き払われるアマゾンの熱帯雨林。2006 年、ブラジル、マトグロッソ州。

側の自己責任とする考え方もある。燃えやすい土地に家を建てるのは自由だが、火事になってもだれも助けに行かない、という方針を定めるのだ。だが、そういう方針を定めたら定めたで、こんどは自分の財産を守ろうとその場にとどまって、自分の命を落とす人が出てくるはずだ[13]。

火事の発生を防ぐことができないのなら、せめて人為的な原因を減らすような対策をすべきだという考え方もある[14]。人為的原因を完全になくすのは無理だとしても、キャンプファイヤーやバーベキュー、喫煙（吸い殻から着火するケースはあとを絶たない）の規制を強化し、厳罰で臨むといった施策を講じることはできそうだ。だが、この場合、説明責任を負う側が苦労する。なぜあそこではよくてここではダメなのかを、植生の種類や火事のパターンとともに納得してもらえるよう説明するのは、現状ではかなりハードルが高い[15]。

この手の議論がさらに困難になるのは、林野を管理するために火を使う、計画的な火入れについてだろう。計画的な火入れでも、ときにコントロールが利かなくなり、全面的な大規模火災になってしまうことがある[16]。計画的な火入れをやるなら林務官の仕事ということになるだろうが、彼らがどこまで適切に火の管理ができるのかという問題が残る[17]。

インドネシアの泥炭火災のように、人為的な原因であることが明白な火災もある。泥炭地というのは湿地のように見えるかもしれないが、乾燥すると膨大な量の燃料貯蔵地となり、火事になるリスクが急上昇する(カラー口絵14)。インドネシアでは、農地のためだけでなく植林のための土地を確保しようと泥炭地に火をつけるケースがあとを絶たず、結果的に、ふだん火事が起こらない環境で大火災を発生させることになる。さらに、新たな乾燥域をつぎつぎ生み出す気候サイクルが拍車をかける。エルニーニョ現象が発生した年はインドネシア各地で異常な乾燥気候となる。今後、地球規模の気候変動でエルニーニョ現象の強度が上がると、インドネシアの火災はますます増えるだろう。一九八二年九月から一九八三年七月にかけて、ボルネオ島では三万七〇〇〇平方キロメートルが焼失した。これはベルギーとルクセンブルクを合わせたくらいの面積に相当する。この年もエルニーニョ現象が発生していたため、被害の大きさはエルニーニョの直接的な結果だと考えられている[18]。

林業政策が意図しない結果を生むこともある。ロシアでは、シベリアなど林業地帯の一部で木を伐採することを一時停止する措置を敷いている。ただし、山火事で死んでしまった木は、切って運び出すことが認められている。これは誘惑を招く政策だ。実際、一時停止期間中に火事が自然発生したエリアで、別の火事が人為的に加えられた形跡がいくつも見つかった。山火事を見た伐採者が、木を切り出してもいい場所をついでに広げよう、と考えても不思議はない。

この一〇年で、環境保護に関連した火事の問題がつぎつぎと明るみに出てきた。この本を読んだ皆さんなら、火が世界の多種多様な植生を支える重要な要素の一つであることを学んでくれただろう[19]。だが、火事はどんなときにも消さなければならないものだという一般認識を変えるのは簡単ではない。その一般認識が、ときに悪い結果をもたらすことがある。たとえば、火を消すことで守ったつもりの地域が長期的には脆弱になってしまうことがあるのだ。カリフォルニアなどはこれがジレンマになっている。カリフォルニアには、チャパラルという燃えやすい低木の群落がここかしこにある（図60）。火事がチャパラルの生態系の一部に組みこまれているのは自明の理だ。だが、どんなときに火事を燃えたままにすべきなのか、どんなときに消さなければいけないのか。こうした地域では、火事の性質を正しく理解していないと、政治家も環境保護活動家も間違った政策を推し進めてしまう危険性がある[20]。

間違った思いこみで問題を複雑化させることもある。多くの人は草原を、とりわけアフリカの草原を、森林が崩壊した成れの果ての低級な土地だと思っている。そこから、植樹をして草原を森に

図60 (a) カリフォルニア南部に広がるチャパラルの群落。(b) 焼失エリア。

変えようと言い出す人が出てくる。しかし、アフリカの草原は歴史が古く、多様な植物種で構成されており、その植物種の多くが生き延びるために火を必要としていることがわかってきた[21]。マダガスカルなどでは、生物多様性を維持するのに必要なのは、植樹ではなく「火」なのである。世界にそういう場所はいくらでもある。1章でも述べたように、マダガスカルには火事が生態系にいい影響を与える地域と悪い影響を与える地域があるので、画一的な方法で対応するのは間違いだ。

火事に関して、それぞれ見方の異なる利益団体間で冷静な議論をするのは困難だ。それを何より痛切に感じたのは、イギリスのヒース原野についての議論だった。ある団体は火事をいつもかならず消すことを主張し、別の団体は計画的な火入れを主張する。ヒース原野の燃焼が生態系の維持に役立つとしても、燃焼のときに出る煙が有害なら消すべきだという意見もあれば、一部の動物に有害でも植物に有益なら認めるべきだという意見もある。要は、どこに重きを置くかである。鳥好きの人は鳥への影響をいちばんに考えるし、生態系をひとまとまりにしてとらえる人は全体的な影響を考える。これは、正しいか正しくないかという二択で答えることはできない複雑な問題だ[22]。さらに考慮を要するのが背景に横たわる気候変動だ。結局のところ、植生を変えるのは気候なのである。

火事との共存をめざして

ここ数年は、火事による健康被害がとりざたされるようになった[23]。心配されているのは火事そのものよりも、火事から出る煙のほうだ。煙はかなり遠いところまで広がる。ときには火元から数百マイル、数千マイル離れたところに届くこともある。ほとんどの場合は一時的に不愉快なもので終わるだろうが、大規模な山火事となると煙は何日も漂い、ヒトにさまざまな影響を及ぼす[24]。ぜんそく患者はもちろんのこと肺に何の問題のない人でも、煙を吸いこむと呼吸が苦しくなり、最悪の場合は死に至る。インドネシアの泥炭火災から出た煙はシンガポールやマレーシアまで達する。煙が原因の死者の世界分布をみると、大規模火災や頻回火災のある地域に集中しているのがわかる[25]。

健康被害が生じるのは呼吸器系だけではない。妊婦も山火事の影響を強く受けるようで、早産や異常出産が増えているのは妊娠の特定期間中に煙にさらされたからではないか、という懸念の声が高まっている。住宅が野生地のほうに広がれば山火事の煙にさらされる人の数も増えるため、この種の問題は今後ますます増えるだろう。

火事と健康被害の関係は比較的身近に感じられるだろうが、火事と気候変動の関係は実感しにくい。科学者でも、過去に火事が気候変動の影響を受けてきたこと、未来も影響を受け続けることを確信できるようになったのは最近のことだ。ここ数年で研究が進み、これまで別の問題だと思われていた多くのことが同じ問題だとわかるようになった。火事と気候についての理解が進んだだけでなく、地域ごと、大陸ごと、そして全世界の火事についての情報の精度が上がったおかげで、火事の増減や頻度、発生する時期の特定が可能になった。発生する時期というのは生態系への影響とつながっているため、これを知ることには重要な意味がある。たとえばカリフォルニア南部などでは、火事が発生する時期というのはたいていい決まっている。もし、その時期がずれるようになったら、それに合わせて将来の火事政策も変えていかなければならない[26]。今ではアフリカ大陸の火事事情も把握できるようになった。アフリカでは、火事は地域ごとに違う理由で起きている。アフリカ中部の火事とアメリカ南部の火事は、発生する時期が違う。アフリカ中部の火事の多くは人為火災なのに対し、アフリカ南部の火事の多くは落雷による自然火災だ。とはいえ、そのどこまでが真の自然火災なのか、そこにはヒトが計画した山焼きや野焼きも含まれるのではないか、という点は目下議論中である。アフリカの草原は歴史が古く、その植生は長い時間をかけて火事と共進化してきたという話は先ほどもしたが、その事実がわかったのはごく最近のことだ。一方、新しく導入された歴史の浅い草原もある。アフリカの植生と火事の複雑な歴史を解明することは急を要する課題だ。理解不十分なままでは、誤解に基づく間違った環境保護活動や火事政策が進められてしまう[27]。

私たちは地質時代の火事の研究を通じて、気温の上昇と火事の増加は連動していることを学んだ。それだけでなく、雨量が劇的に変わるとその後の火事が危険なものになりうることも学んだ。たとえば雨季に植物が繁茂して、乾季にその植物が乾燥すると、より広範で激烈な火事になる。

そしてもちろん、気候が少し変わるだけで、過去にはなかったような火事が起こるようになる。ちょっとした落雷で火事が発生する、というような地域が以前より増えてくることは覚悟しておいたほうがいい。火事に対する政策は一度決めたらそのままにするのではなく、状況を見ながらつねにアップデートしていかなければならない。

私個人にとって、これは単なる学究的な課題に終わらない。私が住んでいるイギリス南東部のサリー州は、ロンドンへの通勤圏で人口が多く、一般的に山火事が連想されるような場所ではない。しかし、ここはイギリスの中でも森林面積が多い州で、長年続いてきた火事レジームが気候変動で少し変わるだけでも大きな影響を受けるだろう。ヒース原野が広がる地域では火事は定期的に発生しているが、基本的には地表火で、これまではきちんと抑制されてきた。だが、その火事がより大きな樹冠火になったらどうなるか。消火活動ができなくなるのはもちろんのこと、住居、住民、産業、交通機関に大きな被害が出るだろう。こういうときは、万一に備えた計画を立てておくことが必要だが、もともと山火事などめったに起きない場所で暮らしている人々は危機感をもちにくい。はたして事前計画など立てることができるだろうか？[28]

ここ数年は、未来の気候と火事についての予測モデルを作成しようという動きが出てきている。以前から地球温暖化に備えた「気候と植生の予測モデル」は存在したが、そこに火事を組みこんだモデルをつくろうというのである。このモデルづくりには今のところ、二種類のアプローチがとられているようだ。一つは歴史的データに基づいてつくる方法で、もう一つは「地球システム」を成立させている基本法則を使う方法だ。いずれにせよ、火事パターンがいつどこで大きく変わるかを予測できれば、行政に事前計画の必要性を認識させるきっかけにはなるだろう。

一つだけはっきりしていることがある。私たちが現在の世界でも未来の世界でも火事と共存していくつもりなら、火のことをもっと知らなければならないということだ。四億年の火の歴史について、「地球システム」を動かしている火の役割について、ヒトは火とどんな関係を築いていけばい

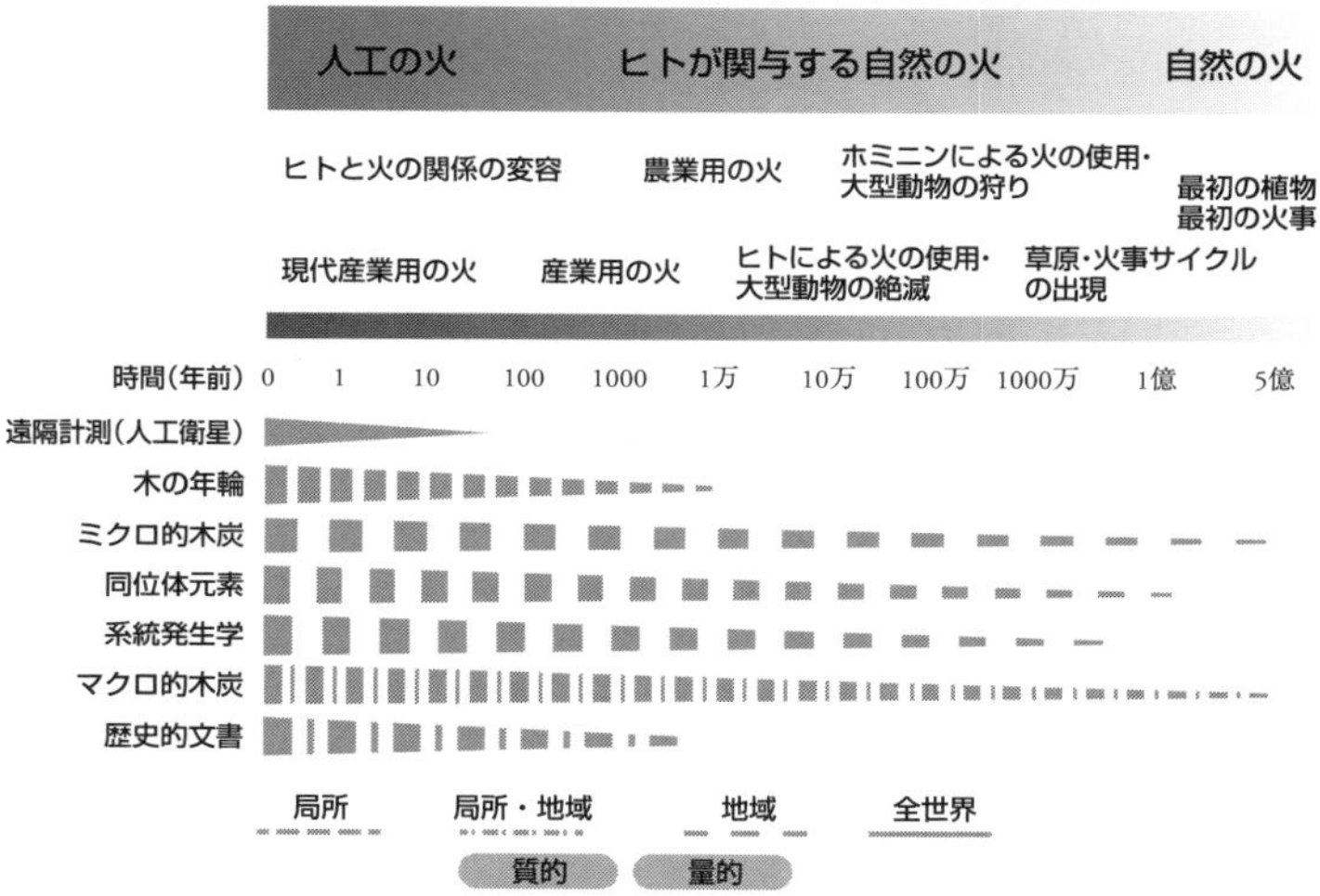

図 61　火事とその研究方法の進化。

いのかについて、学ぶべきことはたくさんある（図61）。

　まさに気候変動が進行中の今、この問題と取り組むために私たちにもできることがあるはずだと考え、二〇一六年のロンドンの王立協会の会合で、世界をリードする火災科学者三〇名が「チッチェリー宣言」を採択、署名した[29]。この宣言書をつくった目的は警鐘と啓発だ。気候変動により火事の様相が変わりつつある世界では、これまでになく多くの人が山火事の被害者や加害者になるだろうということを訴えると同時に、火事研究の拡大、一般市民との対話促進、未来の問題解決に向けての統合的・学際的アプローチの必要性を訴えている。

　さて、四億年の火の歴史から私たちが何を学んできたのか、それがなぜ重要なのか、そろそろまとめに入ろう。ヒトが地球上に出現するずっと前から、火は地球を動かす原動力の一つだった。火は、生物が生きるのに必要な酸素の大気中の濃度を左右してきた。多くの動植物は火事を前提とした環境で進化し、火に適応しただけでなく、ときには自身の生存と繁殖を火にゆだねることさえした。一方、ヒトは、自分たちのニーズに合わせて火を手なずけつつ、火と共に生きることを学んできた。火は、地球が地球として機能するのに欠かせない歯車の一つだ。そんな火を、「見たくないもの」としてふたをしてしまっていいはずがない。地球の豊かな環境をこれからも守りたいと思うのなら、火を排除するのではなく、火と共存することを受け入れよう。これは、一部の人を不快にさせるのを承知で言わせてもらうなら、山火事が起きてもそのままにして家や不動産の破損を受け入れるということであり、野生地の土地開発に関しても政策変更をしなければならないことを意味する。

まあ、しかし、こうした路線変更は私たちの手を離れたところで否応《いやおう》なしに決まってしまうのかもしれない。私たちは自分たちで火をコントロールできると思っているかもしれないが、それは幻想で、多くの場合コントロールできずに屈することになるだろう。また、これからの数十年で最大の世界的問題が「水不足」になることは間違いない。水が乏しい乾燥地域は火事の多い地域でもあり、火を消すのに水を使うのはとんでもなく贅沢《ぜいたく》だということになるだろう(30)。

未来の火事に対して準備をしておく、というのはこういう心の準備をしておくことも含まれる。水不足になるのがほぼ確実な未来に、火事はどうなるのか、私たちは火事にどう対処すべきか、今のうちから心の準備をしておこう。また、火事は国境で止まってくれない。それが国際紛争に発展することもあるだろう。私たちはどの国の住民であろうと関係なく「地球人」の一員として、火と向き合わなければならない。火のある世界で火と共に暮らしてきたヒトの進化史を思い出そう。気候と植生が変われば、これまで火事が少なかった地域でも火事が増えるようになる。自分が生きているうちに周囲で林野火災が起きるはずなどないだろうというような、甘いことを考えていられる時代ではなくなった。(31) これはつまり、火についての教育――悪い面だけでなくいい面も教えること――がもっと必要だということを意味する。(32) 私たちは未来に向けて、火は地球に不可欠な存在で重要な役割を担っていることをつねに思い返し、四億年の火の歴史からもっと多くを学んでいこうではないか。

界／代	100万年前	系／紀	統／世
新生代		第四紀	
	2.6	新第三紀	鮮新世 中新世
	23	古第三紀	漸新世 始新世 暁新世
中生代	66	白亜紀	後期 前期
	145	ジュラ紀	後期 中期 前期
	201	三畳紀	後期 前期
古生代	252	ペルム紀	ローピンジアン グアダルピアン シスウラリアン
	299	石炭紀	ペンシルバニアン ミシシッピアン
	359	デボン紀	後期 中期 前期
	419	シルル紀	プラドリ ラドロー ウェンロック ランドベリ
	444	オルドビス紀	
	485	カンブリア紀	
	541		

別表　国際地質年代表。100 万年単位。国際地質科学連合（IUGS）の国際層序委員会（ICS）が定めた、2022 年 2 月現在の国際年代層序表より。

解説

国立科学博物館　矢部　淳

　近年、世界各地で大規模な山火事が起こり、大きな被害が出ているというニュースが跡を絶たない。山火事で火傷したコアラをはじめ、生活の場を追われた野生動物のニュースや集落を襲う火事など、衝撃的な映像を記憶している方は多いのではないだろうか？　一方、日本国内はというと、大規模な山火事が発生することは稀だと考えられているため、人々の心にはどこか「山火事は他国で起こっている縁遠いこと」という印象があるようだ。しかし、本書で著者のアンドルー・C・スコット教授は、現在見られる山火事の姿が長い生物の歴史を通じて変わってきたこと、つまりつねに同じではなかったことを明快に示している。言い換えるなら、山火事は歴史的に見れば日本人にとっても決して関係のうすいことではないのだ。

　冒頭、日本には山火事が少ないかのような記述をしたが、実はそうではない。消防庁のまとめによれば、毎年平均して一〇〇〇件程度の山火事が記録されている。二〇二一年二月にも栃木県足利市で規模の大きな山火事があったことは記憶に新しいだろう。現実には、こうした火事による被害額は決して小さくない。とくに一月から五月は火災が起こりやすく、森林内に落ち葉が積もっていることや、風が強いことに加え、とりわけ太平洋側で乾燥した状態になり、火が燃え広がりやすい環境が広がるためだと言われている。つまり、本書でスコット教授が述べる、現在の酸素濃度下での傾向・挙動に一致しているわけだが、そのことは、今後、例えば地球温暖化が進めば、あるいは森林の構成が変われば、もしかすると日本でも、冬季の乾燥が拡大するなどして、火事の挙動が変わる可能性が否定できないことを意味している。

スコット教授によれば、山火事を司る基本要素には、「燃えるもの」すなわち「植物」と、燃やすための「酸素」、そして「着火源」がある。燃料である植物は、およそ五億年の時をかけて進化し、時代ごとに植生の役者が変わってきた。また、大気中の酸素は燃焼が継続するために必要な要素だが、現在の二一％という濃度は一定だったわけではなく、地質時代を通じて、それもまた植物の作用によって大きく変わってきた。「着火」と聞くと、どうしても人の行為／失火を思い浮かべてしまうが、火事の発生原因は自然のもので、雷が多いらしい。しかし興味深いのは、一旦着火されたとしても、酸素濃度が低かったり、燃料が湿ったりしていれば火事は発生しないこと、そして逆に二一％をはるかに超える濃度となった場合には、火災の発生頻度は上がり、その規模も大きく、湿っていても燃えるというように、火事のレジームが変わるということだ。

著者が過去の火事研究のよりどころとしたのは木炭（ただし原文では charcoal としており、木ばかりではなくさまざまな植物器官が含まれる）、つまり燃やされた植物器官である。古植物研究者の端くれである私も、燃やされた植物器官が残ることは知っていた。有名な事例としては、本書でも触れられている「白亜紀の花化石」がある。読者の方も想像できるように、花というのはとても繊細な器官で、化石となることはきわめて稀だ。しかし、中生代の白亜紀（一億四五〇〇万年前〜六六〇〇万年前）という時代の花が、なぜか特異的に立体的に保存されて見つかっている。しかも、その産地は世界各地にまたがっており、日本でも数か所の化石産地が知られている。その化石は一見真っ黒で立体的だ。圧縮を受けた通常の化石とは違い、燃やされているといわれれば十分納得できる保存状態である。実際に有機化学分析をおこなった研究によって、燃焼温度からみてその化石が山火事の産物であることが証明されている。

本書を通じて初めて気づかされたのは、これら山火事で焼かれた白亜紀の花化石が見つかるのは、きわめて妥当な理由があるということだ。つまり、前述の火事の三大要素の一つである酸素濃度が時代を通じて変化するなか、とくに酸素濃度の高い時代には大規模な火災が頻発したというのである。白亜紀はまさにそのような時代だった。

立体的な花化石が世界で初めて論文に示されたのが一九八一年のことである。実はその発見と並行して教授も当時、同様の事例を追いかけていたことが本書で紹介されている。ただし、英国という土地柄もあってか、その時代はさらに古い石炭紀という時代であった。花化石を含め、当時はまだ、燃やされたものが地層中に残るという認識が研究者の間にもほとんどなかったので、それを証拠立てるための基礎的な研究がスコット教授とそのチームによって進められていった。また、そのかたわら、スコット教授は、三億年以上も前の木炭化した植物の葉や生殖器官などを次々と報告していった。

私に関していえば、白亜紀の花化石のことはかなり以前から知っていたものの、石炭紀という時代に同様な保存状態の化石が見つかることは、恥ずかしながらごく最近まで認識していなかった。私自身の専門がより若い時代だということだが、実はこうした稀な保存状態のものがあるということは、二〇〇年以上の古植物学の研究史上でも、ごく最近になって受け入れられた事実である。本書が述べているように、そのネックとなっていたのは、石炭紀に、石炭の元となるような泥炭がたまる湿地で火災は起きるはずがないだろうという〈常識〉であった。これはまさに、先ほどの酸素濃度が関係している話で、酸素濃度が高かった石炭紀と続くペルム紀には、湿地ですら燃えることがあったのである。スコット教授はこの常識に挑戦して、ついにそこに風穴を開けたのである。

本書では、スコット教授が木炭研究を立ち上げ、それを過去の植生変化や気候や生態系の議論にまで発展させてきた古植物学者・地質学者として歩んだ四〇年あまりのキャリアーを追体験しながら、新しい発見に立ち会う感情の昂《たかぶ》りまでも共有することができる。スコット教授の研究は以後、時代や地域を問わず発展し、ついには新生代や現在の気候変化との関係にまで踏み込んでいる。

本書でもう一つ触れられていることに、世界各地の外来種の問題がある。外来種は地域の在来種がつくりあげてきた生態系とは異なるために、火事のシステムの中で思いがけない挙動をする事例があることに警鐘を鳴らしている。本書は化石、しかも木炭を中心に扱いながら、現代の環境問題をも含めた多様な切り口との関わりを実にうまく示した好著だと言えるだろう。

本書の英語版初版は二〇一八年に出版されている。四年も経過した二〇二二年に翻訳本が出版されるのは、競争の激しいこの業界においてはきわめて稀なことだと聞く。実は、今回の日本語訳の出版は、二〇一九年にある国際会議の場で私がスコット教授と同席した際に持ちかけられたことであった。初対面だったのだが、教授はとても気さくな英国紳士という印象で、自身が取り組んでいる研究の面白さなどについて、楽しそうに、とても熱く語ってくださったことをよく覚えている。その会議での講演で、「白亜紀の山火事、火山活動とその影響——木炭の活用例と誤り」というタイトルの講演をされたのだが、イントロで登場した現在の火事の映像（実は、本書の口絵に使われているものが多い）もあいまって、初めて見る人間に強い印象と感動を植えつけた。私も紛れもなくその影響を受けた一人であったと思う。

講演の折、スコット教授は自著を数冊携えていたと記憶している。紹介いただいた時は、パラパラとほんの少し見させていただいたのだが、デジタル版も販売されていると聞き、その晩すぐに購入。講演の熱が冷めぬうちに、面白く一気に流し読みした。本書が私に「刺さった」のは、私自身が地質学と古植物学に携わってきたことがもっとも大きいが、このように火を通して自然史を見ようという視点は、これまでにどこでもお目にかかったことがない。詳しくは割愛させていただくが、こうして私の出版社探しが始まったのだ。

実は、スコット教授から〈依頼された〉のは本書のことだけではなかった。日本で展示もしたいという。もちろん、どこかで展示されたことがあるわけではないので、文字どおり一から作り上げなければならない。それでも、その講演ですっかり感動した私は、もちろん二つ返事ではなかったが、結果的に引き受けてしまった。日本語版入稿間際の現在も、教授と頻繁にメールでやりとりしながら、展示の準備を進めている。この展示は本書で登場する、教授がまさに研究してきた標本や資料をもとにしたもので、本書のエッセンスが多く含まれている。二〇二二年一一月一五日から、東京上野公園の国立科学博物館で開幕する（会期は二〇二三年二月二六日まで）。ぜひ、本書も多くの方々に手にとっていただきたいし、展示もご覧いただきたい。そしてなにより、地質時代を知ることで、より深く山火事を知り、地球環境の変化が叫ばれているなかで、私たちがどのように対処していくべきかについて考えるための材料としていただければ幸いである。

二〇二二年七月

18c A. C. Scott
19c A. C. Scott
19 A. C. Scott
20a A. C. Scott
20b A. C. Scott
20c A. C. Scott
20d A. C. Scott
20e A. C. Scott
21a A. C. Scott
21b A. C. Scott
21c A. C. Scott
22a A. C. Scott
22b A. C. Scott
23 A. C. Scott
24a A. C. Scott and I. J. Glasspool, Geology, Field Museum of Natural History, Chicago
24b A. C. Scott and I. J. Glasspool, Geology, Field Museum of Natural History, Chicago; Specimen PP55042
24c A. C. Scott and I. J. Glasspool, Geology, Field Museum of Natural History, Chicago
24d A. C. Scott
25 From Collinson, M. E., Steart, D. C., Scott A. C., Glasspool, I. J., and Hooker, J. J. 2007. Episodic fire, runoff and deposition at the Palaeocene-Eocene boundary. Journal of the Geological Society, London 164, 87–97

Mack, M., Moritz, M. A., Pyne, S. J., Roos, C. I., Scott, A. C., Sodhi, N. S., and Swetnam, T. W. 2011. The human dimension of fire regimes on Earth. Journal of Biogeography 38, 2223-36

End Image A. C. Scott

Appendix Ages based on the 2017 International Chronostratigraphic chart produced by the International Commission on Stratigraphy http://www.stratigraphy.org/index.php/ics-chart-timescale

口絵図版出典

カラー

1 MODIS Project at NASA Image 1163886

2a NASA

2b Graphic by: Min Minnie Wong from NASA data

3 <https://earthobservatory.nasa.gov/IOTD//view.php?id=5800>

4 © Tom Reichner/shutterstock.com

5 Image courtesy of S. Doerr

6 John McColgan, Bureau of Land Management, Alaska Fire Service. Alaskan Type I Incident Management Team/Wikimedia Commons/Public Domain

7 Image courtesy of S. Doerr

8 Image courtesy of S. Doerr

9 A. C. Scott

10 A. C. Scott

11 A. C. Scott

12 Steve Greb

13 Image courtesy of Douglas Henderson

14 Xinhua/Alamy Stock Photo

モノクロ

15 A. C. Scott

16a A. C. Scott

16b A. C. Scott

17a A. C. Scott

17b A. C. Scott

18a A. C. Scott

18b A. C. Scott

39 Modified from Glasspool, I. J., Scott, A. C., Waltham, D., Pronina, N. V., and Longyi Shao. 2015. The impact of fire on the Late Paleozoic Earth system. Frontiers in Plant Science 6, 756
40 Karen Carr, Australian Museum
41 Ian Glasspool and A. C. Scott
42a A. C. Scott
42b A. C. Scott
43 A. C. Scott
44 Reprinted from figure 1 in Cretaceous Research 36, Brown, S. A. E., Scott, A. C., Glasspool, I. J., and Collinson, M. E., Cretaceous wildfires and their impact on the Earth system, pp. 162–90, Copyright (2012), with permission from Elsevier
45 Reprinted from figure 1 in Cretaceous Research 36, Brown, S. A. E., Scott, A. C., Glasspool, I. J., and Collinson, M. E., Cretaceous wildfires and their impact on the Earth system, pp. 162–90, Copyright (2012), with permission from Elsevier
46 A. C. Scott
47 Photo courtesy of M. E. Collinson
48 A. C. Scott
49 Adapted with new data from Scott, A. C., Bowman, D. J. M. S., Bond, W. J., Pyne, S. J., and Alexander M. 2014. Fire on Earth : An Introduction. J. Wiley and Sons
50 Redrawn from figure 2 in Bond, W. J. and Scott, A. C. Fire and the spread of flowering plants in the Cretaceous, New Phytologist (Wiley 2010), 188 : 1137–50. doi : 10.1111/j.1469-8137.2010.03418.x © New Phytologist Trust (2016)
51 From P. Bartlein and J. Marlon
52 Image courtesy of T. Swetnam
53a A. C. Scott
53b A. C. Scott
53c A. C. Scott
53d A. C. Scott
54 www.cartoonstock.com
55 Adapted from the work of J. A. J. Gowlett
56 Adapted from Archibald, S., Staver, A. C., Levin, S. A. 2012. Evolution of human-driven fire regimes in Africa. Proc. Natl Acad. Sci. USA 109, 847–52
57 Diagram A. L. R. Westerling
58 Image courtesy of T. Swetnam
59 Image courtesy of Guido van der Werf
60a A. C. Scott
60b A. C. Scott
61 Figure 1 in Bowman, D. J. M. S., Balch, J., Artaxo, P., Bond, W. J., Cochrane, M. A., D'Antonio, C. M., DeFries, R., Johnston, F. H., Keeley, J. E., Krawchuk, M. A., Kull, C. A.,

22 From data supplied by G. Nichols

23a A. C. Scott

23b A. C. Scott

24 Republished with permission of Geological Society of America, from Charcoal reflectance as a proxy for the emplacement temperature of pyroclastic flow deposits. Scott, A. C. and Glasspool, I. J., Geology 33, 2005, pp. 589–92; permission conveyed through Copyright Clearance Center, Inc.

25 Adapted from various sources

26 Image courtesy of Steve Greb

27a A. C. Scott

27b Image courtesy of Steve Greb, figure 11 in Greb, S. F., DiMichele, W. A., and Gastaldo, R. A., 2006, Evolution and importance of wetlands in earth history, in Greb, S. F. and DiMichele, W. A., Wetlands through time: Geological Society of America Special Paper 399, pp. 1–40 doi: 10.1130/2006.2399 (01)

28a A. C. Scott

28b A. C. Scott

29 © BalazsKovacs/Depositphotos.com

30 Adapted from Glasspool, I. J. and Scott, A. C. 2010. Phanerozoic concentrations of atmospheric oxygen reconstructed from sedimentary charcoal. Nature Geoscience 3, 627–30

31 Image courtesy of Steve Greb

32 Adapted from Glasspool, I. J. and Scott, A. C. 2010. Phanerozoic concentrations of atmospheric oxygen reconstructed from sedimentary charcoal. Nature Geoscience 3, 627–30

33 Adapted from Glasspool, I. J. and Scott, A. C. 2010. Phanerozoic concentrations of atmospheric oxygen reconstructed from sedimentary charcoal. Nature Geoscience 3, 627–30

34 Modified from Berner R. A., Beerling, D. J., Dudley, R., Robinson, J. M., Wildman, R. A., 2003. Phanerozoic atmospheric oxygen. Annual Review of Earth and Planetary Sciences 31, 105–34

35 Artwork by Richard Bizley, www.bizleyart.com

36 Figure 6 in Rimmer, S. M., Hawkins, S. J., Scott, A. C., and Cressler, III, W. L. 2015. The rise of fire: fossil charcoal in late Devonian marine shales as an indicator of expanding terrestrial ecosystems, fire, and atmospheric change. American Journal of Science 315, 713–33. Reprinted by permission of the American Journal of Science

37 Reprinted from Palaeogeography, Palaeoclimatology, Palaeoecology 106, Scott, A. C. and Jones, T. J., The nature and influence of fires in Carboniferous ecosystems, pp. 91–112, Copyright (1994), figure 6, with permission from Elsevier

38 Redrawn with data from W. G. Chaloner and W. S. Lacey (1973) The distribution of Late Palaeozoic floras. In Hughes, N. F. (ed.), Organisms and Continents Through Time. Special Papers in Palaeontology, 12, 241–69

図版出典

1a A. C. Scott

1b A. C. Scott

2 T. Swetnam from Terra Nova database, NASA

3 A. C. Scott

4a-c Reprinted from International Journal of Coal Geology 12, A. C. Scott, Observations on the nature and origin of fusain, pp. 443–75, Copyright (1989), figure 1, with permission from Elsevier

5 Image courtesy of J. Moody

6 Image courtesy of J. Moody

7 Photo D. Neary, USFS

8 Adapted from papers of Glasspool and Scott

9 NASA Earth Observatory, 24 September 2015, <http://earthobservatory.nasa.gov/NaturalHazards/view.php?id=40182>

10 Image courtesy of T. Swetnam

11 A. C. Scott

12 A. C. Scott

13a A. C. Scott

13b A. C. Scott

14 Image courtesy of S. Baldwin

15 From : Lyell, C., 1847. On the structure and probable age of the coal-field of the James River, near Richmond, Virginia. Q. J. Geol. Soc. London III, 261–88

16 H. Stopes-Roe

17a Micrographia

17b A. C. Scott

18 A. C. Scott

19 Reprinted from Palaeogeography, Palaeoclimatology, Palaeoecology, 291, Scott, A. C., Charcoal recognition, taphonomy and uses in palaeoenvironmental analysis, pp. 11–39, Copyright (2010), figure 7, with permission from Elsevier

20a-d Reprinted from Palaeogeography, Palaeoclimatology, Palaeoecology, 291, Scott, A. C., Charcoal recognition, taphonomy and uses in palaeoenvironmental analysis, pp. 11–39, Copyright (2010), figure 8, with permission from Elsevier

21 A. C. Scott

Pyne, S. J. (2007). Awful Splendour : A Fire History of Canada. University of British Columbia Press, Vancouver.

Pyne, S. J. (2012). Fire : Nature and Culture. Reaktion Books, London. スティーヴン・J・パイン著、鎌田浩毅監修、生島緑訳『図説 火と人間の歴史』(原書房、2014)。

Scott, A. C., Moore, J., and Brayshay, B. (eds) (2000). Fire and the Palaeoenvironment. Palaeogeography, Palaeoclimatology, Palaeoecology 164, 1-412.

Scott, A. C. and Damblon, F. (eds) (2010). Charcoal and its use in palaeoenvironmental analysis. Palaeogeography, Palaeoclimatology, Palaeoecology 291, 1-165.

Scott, A. C., Bowman, D. J. M. S., Bond, W. J., Pyne, S. J., and Alexander, M. (2014). Fire on Earth : An Introduction. John Wiley and Sons, Chichester.

Scott, A. C., Chaloner, W. G., Belcher, C. M., and Roos, C. (eds) (2016). The interaction of fire and mankind. Philosophical Transactions of the Royal Society B 371.

Willis, K. J. and McElwain, J. C. (2014). The Evolution of Plants, 2nd edition. Oxford University Press, Oxford.

Wrangham, R. W. (2009). Catching Fire : How Cooking Made Us Human. Profile Books, London. リチャード・ランガム著、依田卓巳訳『火の賜物――ヒトは料理で進化した』(NTT 出版、2010)。

推薦図書

山火事に関する一般書は数少なく、地質時代の火事に関する一般書にいたっては皆無である。本書で語ったテーマについてもう少し詳しく知りたい学生や研究者には、以下の書籍をお薦めする。

Beerling, D. (2007). The Emerald Planet: How Plants Changed Earth's History. Oxford University Press, Oxford. デイヴィッド・ビアリング著、西田佐知子訳『植物が出現し、気候を変えた』(みすず書房、2015)。

Belcher, C. M. (ed.) (2013). Fire Phenomena in the Earth System: An Interdisciplinary Approach to Fire Science. John Wiley and Sons, Chichester.

Berner, R. A. (2004). The Phanerozoic Carbon Cycle. Oxford University Press, Oxford.

Burton, F. D. (2009). Fire: The Spark that Ignited Human Evolution. University of New Mexico Press, Albuquerque.

Cerdà, A. and Robichaud, P. (eds) (2009). Fire Effects on Soils and Restoration Strategies. Science Publishers Inc., New Hampshire.

Cochrane, M. A. (ed.) (2009). Tropical Fire Ecology: Climate Change, Land Use and Ecosystem Dynamics. Springer, Berlin.

Dunbar, R. I. M., et al. (2014). Lucy to Language. Oxford University Press, Oxford.

Keeley, J. E., Bond, W. J., Bradstock, R. A., Pausas, J. G., and Rundel, P. W. (2012). Fire in Mediterranean Climate Ecosystems: Ecology, Evolution and Management. Cambridge University Press, Cambridge.

Kennedy, R. G. (2006). Wildfire and Americans. How to Save Lives, Property, and Your Tax Dollars. Hill and Wang, New York.

Peluso, B. (2007). The Charcoal Forest: How Fire Helps Animals and Plants. Mountain Press Publishing Company, Missoula, MT.

Pyne, S. J. (1982). Fire in America: A Cultural History of Wildland and Rural Fire. Princeton University Press, Princeton, NJ.

Pyne, S. J. (1992). Burning Bush: A Fire History of Australia. Allen and Unwin, Sydney.

Pyne, S. J. (1997). Vestal Fire: An Environmental History, Told through Fire, of Europe and of Europe's Encounter with the World. University of Washington Press, Seattle.

Pyne, S. J. (2001). Fire: A Brief History. University of Washington Press, Seattle. スティーヴン・J・パイン著、寺嶋英志訳『ファイア 火の自然誌』(青土社、2003)。

Pyne, S. J. (2002). Year of the Fires: The Story of the Great Fires of 1910. Penguin, London.

fire emissions have influenced human health from the Pleistocene to the Anthropocene. *Philosophical Transactions of the Royal Society B* 371, 20150173.

25. Johnston, F. H., Henderson, S. B., Chen, Y., Randerson, J. T., Marlier, M., DeFries, R. S., Kinney, P., Bowman, D. M. J. S., and Brauer, M. (2012). Estimated global mortality attributable to smoke from landscape fires. *Environmental Health Perspectives* 120, 695–701.
26. Moritz, M. A., Moody, T. J., Krawchuk, M. A., Hughes, M., and Hall, A. (2010). Spatial variation in extreme winds predicts large wildfire locations in chaparral ecosystems. *Geophysical Research Letters* 37, L04801 ; Peterson, S. H., Moritz, M. A., Morais, M. E., et al. (2011). Modelling long-term fire regimes of southern California shrub-lands. *International Journal of Wildland Fire* 20, 1–16 ; Moritz, M. A., Parisien, M.-A., Batllori, E., Krawchuk, M. A., Van Dorn, J., Ganz, D. J., and Hayhoe, K. (2012). Climate change and disruptions to global fire activity. *Ecosphere* 3(6) A49, 1–22 ; Chornesky, E. A., Ackerly, D. D., Beier, P., et al. (2015). Adapting California's ecosystems to a changing climate. *Bioscience* 65, 247–62 ; Barros, A. M. G., Pereira, J. M. C., Moritz, M. A., et al. (2013). Spatial characterization of wildfire orientation patterns in California. *Forests* 4, 197–217.
27. Archibald (2016) ; Bond, W., and Zaloumis, N. P. (2016). The deforestation story : testing for anthropogenic origins of Africa's flammable grassy biomes. *Philosophical Transactions of the Royal Society B* 371, 20150170.
28. ここ数年で火事に対する事前計画は大きく前進した。以下を参照。Gazzard, R., McMorrow, J., and Aylen, J. (2016). Emergency planning for wildfire in the United Kingdom : an evolving response from forestry, fire and rescue services. *Philosophical Transactions of the Royal Society B* 371, 20150341.
29. Scott, A. C., Chaloner, W. G., Belcher, C. M., and Roos, C. (2016). The interaction of fire and mankind : introduction. *Philosophical Transactions of the Royal Society B* 371, 20150162.
30. Martin, D. A. (2016). At the nexus of fire, water and society. *Philosophical Transactions of the Royal Society B* 371, 20150172.
31. Moritz, M. A., Batllori, E., Bradstock, R. A., et al. (2014). Learning to coexist with wildfire. *Nature* 515, 58–66. Doerr, S. and Santín, C. (2016). The 'wildfire problem' : perceptions and realities in a changing world. *Philosophical Transactions of the Royal Society B*. 371, 20150345 ; Roos, C. I., Scott, A. C., Belcher, C. M., Chaloner, W. G., Aylen, J., Bliege Bird, R., Coughlan, M. R., Johnson, B. R., Johnston, F. H., McMorrow, J., Steelman, T. and the Fire and Mankind Discussion Group (2016). Contradiction, conflict, and compromise : addressing the many dimensions of human-fire-climate relationships. *Philosophical Transactions of the Royal Society B* 371, 20150469.
32. Scott et al. (2016).

16. Earles, T. A., Wright, K. R., Brown, C., et al. (2004). Los Alamos forest fire impact modeling. *Journal of the American Water Resources Association* 40, 371–84; Holloway, M. (2000). Uncontrolled: the Los Alamos blaze exposes the missing science of forest management. *Scientific American* 283, 16–17.

17. Scott et al. (2014).

18. Johnson, B. (1984). *The great fire of Borneo: report of a visit to Kalimantan-Timur a year later, May 1984*. World Wildlife Fund, Godalming.

19. Bowman, D. M. J. S., et al. (2009). Fire in the Earth System. *Science* 324, 481–4; Scott et al. (2014); Bowman, D. M. J. S., Perry, G., Higgins, S., Johnson, C., and Murphy, B. (2016). Pyrodiversity and biodiversity are coupled because fire is embedded in food-webs. *Philosophical Transactions of the Royal Society B* 371, 20150169; Pringle, R. M., Kimuyu, D. M., Sensenig, R. L., et al. (2015). Synergistic effects of fire and elephants on arboreal animals in an African savanna. *Journal of Animal Ecology* 84, 1637–45; Strahan, R. T., Stoddard, M. T., Springer, J. D., et al. (2015). Increasing weight of evidence that thinning and burning treatments help restore understory plant communities in ponderosa pine forests. *Forest Ecology and Management* 353, 208–20; Keane, R. E., McKenzie, D., Falk, D. A., et al. (2015). Representing climate, disturbance, and vegetation interactions in landscape models. *Ecological Modelling* 309, 33–47.

20. 以下を参照。Keeley, J. E., Bond, W. J., Bradstock, R. A., Pausas, J. G., and Rundel, P. W. (2012). *Fire in Mediterranean Climate Ecosystems: Ecology, Evolution and Management*. Cambridge University Press, Cambridge; Sugihara, N. G., Van Wagtendonk, J. W., Shaffer, K. E., Fites, K. J., and Thode, A. E. (eds) (2006). *Fire in California's Ecosystems*. University of California Press, Berkeley. こうした重要な問題を偏りなく議論しているウェブサイトはこちら。<http://www.californiachaparral.com>; Mortiz, M. A., Batlori, E., Bradstock, R. A., Gill, A. M., Handmer, J., Hessburg, P. F., Leonard, J., McCaffrey, S., Odion, D. C., Schoennagel, T., and Syphard, A. D. (2014). Learning to coexist with wildfire. *Nature* 525, 58–66.

21. Bond, W. and Zaloumis, N. P. (2016). The deforestation story: testing for anthropogenic origins of Africa's flammable grassy biomes. *Philosophical Transactions of the Royal Society B* 371, 20150170.

22. Davies, G. M., Kettridge, N., Stoof, C. R., Gray, A., Ascoli, D., Fernandes, P. M., Marrs, R., Allen, K. A., Doerr, S. H., Clay, G. D., McMorrow, J., and Vandvik, V. (2016). The role of fire in UK peatland and moorland management: the need for informed, unbiased debate. *Philosophical Transactions of the Royal Society B* 371, 20150342.

23. Johnston, F. H., Henderson, S. B., Chen, Y., Randerson, J. T., Marlier, M., DeFries, R. S., Kinney, P., Bowman, D. M. J. S., and Brauer, M. (2012). Estimated global mortality attributable to smoke from landscape fires. *Environmental Health Perspectives* 120, 695–701; Tse, K., Chen, L., Tse, M., et al. (2015). Effect of catastrophic wildfires on asthmatic outcomes in obese children: breathing fire. *Annals of Allergy, Asthma & Immunology* 114, 308–11.

24. Johnston, F., Melody, S., and Bowman, D. M. J. S. (2016). The pyrohealth transition: how

Distributions 18, 10–21. Springer, A. C., Swann, D. E., and Crimmins, M. A. (2015). Climate change impacts on high elevation saguaro range expansion. *Journal of Arid Environments* 116, 57–62; Brooks, M. L., D'Antonio, C. M., Richardson, D. M., et al. (2004). Effects of invasive alien plants on fire regimes. *Bioscience* 54, 677–88.

7. Mistry, J., Bilbao, B., and Berardi, A. (2016). Engineering and innovation community owned solutions for fire management in tropical forest and savanna ecosystems: case studies from indigenous communities of South America. *Philosophical Transactions of the Royal Society B*, 371, 20150174.
8. Cochrane, M. A. (2003). Fire science for rainforests. *Nature* 421, 913–19; Cochrane, M. A. (ed.) (2009). *Tropical Fire Ecology: Climate Change, Land Use and Ecosystem Dynamics*. Springer, Berlin; Davidson, E. A., de Araujo, A. C., Artaxo, P., et al. (2012). The Amazon basin in transition. *Nature* 481, 321–8 ; Balch, J. K., Brando, P. M., Nepstad, D. C., et al. (2015). The susceptibility of southeastern Amazon forests to fire: insights from a large-scale burn experiment. *Bioscience* 65, 893–905.
9. Mistry et al. (2016).
10. Nawrotzki, R. J., Brenkert-Smith, H., Hunter, L. M., et al. (2014). Wildfire-migration dynamics: lessons from Colorado's Four Mile Canyon Fire. *Society & Natural Resources* 27, 215–25.
11. Moody, J. A. and Ebel, B. A. (2012). Hyper-dry conditions provide new insights into the cause of extreme floods after wildfire. *Catena* 93, 58–63.
12. 消防士の死の問題は、2013 年にアリゾナ州フェニックス近郊で発生した火事（ヤーネル・ヒル・ファイヤー）のときに注目を集めた。消防士 19 名が死亡したこの火事は落雷による自然火災だった。<https://en.wikipedia.org/wiki/Yarnell_Hill_Fire>.
13. 有意義な議論が以下に。Doerr, S. and Santín, C. (2016). The 'wildfire problem': perceptions and realities in a changing world. *Philosophical Transactions of the Royal Society B* 371, 20150345. この問題は一流科学誌『サイエンス』でも取り上げられた。*Science*: Topik, C. (2015). Wildfires burn science capacity. *Science* 349, 1263; North, M. P., Stephens, S. L., Collins, B. M., Agee, J. K., Aplet, G., Franklin, J. F., and Fulé, P. Z. (2015). Reform forest fire management: agency incentives undermine policy effectiveness. *Science* 349, 1280–1.
14. Bowman, D. M. J. S., Balch, J., Artaxo, P., Bond, W. J., Cochrane, M. A., D'Antonio, C. M., DeFries, R., Johnston, F. H., Keeley, J. E., Krawchuk, M. A., Kull, C. A., Mack, M., Moritz, M. A., Pyne, S. J., Roos, C. I., Scott, A. C., Sodhi, N. S., and Swetnam, T. W. (2011). The human dimension of fire regimes on Earth. *Journal of Biogeography* 38, 2223–36; Roos, C. I., Bowman, D. M. J. S., Balch, J. K., Artaxo, P., Bond, W. J., Cochrane, M., D'Antonio, C. M., DeFries, R., Mack, M., Johnston, F. H., Krawchuk, M. A., Kull, C. A., Moritz, M. A., Pyne, S., Scott, A. C., and Swetnam, T. M. (2014). Pyrogeography, historical ecology, and the human dimensions of fire regimes. *Journal of Biogeography* 41, 833–6.
15. Doerr and Santin (2016).

PLoS ONE 5(2), e9157.

37. Hardiman, M., Scott, A. C., Pinter, N. P., Anderson, R. S., Ejarque, A., and Carter-Champion, A. (2016). Fire history on California Channel Islands spanning human arrival in the Americas. *Philosophical Transactions of the Royal Society B* 371, 20150167.
38. Hardiman et al. (2016); Muhs, D. R., Simmons, K. R., Groves, L. T., et al. (2015). Late Quaternary sea-level history and the antiquity of mammoths (*Mammuthus exilis and Mammuthus columbi*), Channel Islands National Park, California, USA. *Quaternary Research* 83, 502–21.
39. Balch, J., Nagy, R., Archibald, S., Bowman, D., Moritz, M., Roos, C., Scott, A. C., and Williamson, G. (2016). Global combustion: the connection between fossil fuel and biomass burning emissions (1997–2010). *Philosophical Transactions of the Royal Society B* 371, 20150177.
40. Westerling, A. L., Hidalgo, H. G., Cayan, D. R., and Swetnam, T. W. (2006). Warming and earlier spring increase western U. S. forest wildfire activity. *Science* 313, 940–3; Westerling, A. L., Turner, M. G., Smithwick, E. A. H., Romme, W. H., and Ryan, M. G. (2011). Continued warming could transform Greater Yellowstone fire regimes by mid-21st century. *Proceedings of the National Academy of Sciences* 108, 13165–70; Westerling, A. L. R. (2016). Increasing western US forest wildfire activity: sensitivity to changes in the timing of spring. *Philosophical Transactions of the Royal Society B* 371, 20150178.

8章

1. この話は、2015年9月に開催された王立協会の会合「火事と人類」で議題となった。Scott, A. C., Chaloner, W. G., Belcher, C., and Roos, C. (eds) (2016). The interaction of fire and mankind. *Philosophical Transactions of the Royal Society B* 371.
2. Collinson, M. E., and Crane, P. R. (1978). *Rhododendron* seeds from Palaeocene of southern England. *Botanical Journal of the Linnean Society* 76(3), 195–205.
3. Pearce, F. (2015). *The New Wild: Why Invasive Species Will Be Nature's Solution*. Icon Books, London.
4. Crisp, M. D., Burrows, G. E., Cook, L. G., Thornhill, A. H., and Bowman, D. M. J. S. (2011). Flammable biomes dominated by eucalypts originated at the Cretaceous-Palaeogene boundary. *Nature Communications* 2, 193.
5. Balch, J. K., Bradley, B. A., D'Antonio, C. M., and Gomez-Dans, J. (2013). Introduced annual grass increases regional fire activity across the arid western USA (1980–2009). *Global Change Biology* 19, 173–83; Butler, D. W., Fensham, R. J., Murphy, B. P., Haberle, S. G., Bury, S. J., and Bowman, D. M. J. S. (2014). Aborigines managed forest, savanna and grassland: biome switching in montane eastern Australia. *Journal of Biogeography* 41, 1492–505.
6. 以下を参照。(2014); Olsson, A. D., Betancourt, J., McClaran, M. P., et al. (2012). Sonoran Desert ecosystem transformation by a C4 grass without the grass/fire cycle. *Diversity and*

Archaeological Science 40, 659–70; Brown, T. A. and Brown, K. A. (2011). *Biomolecular Archaeology: An Introduction.* Wiley-Blackwell, Chichester; Brown, T. A. (1999). How ancient DNA may help in understanding the origin and spread of agriculture. *Philosophical Transactions of the Royal Society B* 354, 89–98.

27. Brown et al. (2015).
28. Margaritis, E. and Jones, M. (2006). Beyond cereals: crop processing and Vitis vinifera L. Ethnography, experiment and charred grape remains from Hellenistic Greece. *Journal of Archaeological Science* 33(6), 784–805.
29. Chrzazvez, J., Thery-Parisot, I., Fiorucci, G., Terral, J. F., and Thibaut, B. (2014). Impact of post-depositional processes on charcoal fragmentation and archaeobotanical implications: experimental approach combining charcoal analysis and biomechanics. *Journal of Archaeological Science* 44, 30–42 ; Henry, A. and Thery-Parisot, I. (2014). From Evenk campfires to prehistoric hearths: charcoal analysis as a tool for identifying the use of rotten wood as fuel. *Journal of Archaeological Science* 52, 321–36 ; Thery-Parisot, I. and Henry, A. (2012). Seasoned or green ? Radial cracks analysis as a method for identifying the use of green wood as fuel in archaeological charcoal. *Journal of Archaeological Science* 39, 381–8.
30. Bliege Bird, R., Bird, D. W., Codding, B. F., Parker, C. H., and Jones, J. H. (2008). The 'fire stick farming' hypothesis: Australian Aboriginal foraging strategies, biodiversity, and anthropogenic fire mosaics. *Proceedings of the National Academy of Sciences* 105, 14796–801.
31. Archibald, S., Staver, A. C., and Levin, S. A. (2012). Evolution of human driven fire regimes in Africa. *Proceedings of the National Academy of Sciences* 109, 847–52; Pyne, S. J. (1992). *Burning Bush. A Fire History of Australia.* Allen and Unwin, Sydney; Pyne, S. J. (2001). *Fire: A Brief History.* University of Washington Press, Seattle.
32. Scott et al. (2014) ; Archibald, S. (2016). Managing the human component of fire regimes : lessons from Africa. *Philosophical Transactions of the Royal Society B* 371, 20150346.
33. Pyne (1992) ; Gould, R. A. (1971). Uses and effects of fire among the western desert Aborigines of Australia. *Mankind* 8, 14–24; Williams, A. N., Mooney, S. D., Sisson, S. A., and Marlon, J. (2015). Exploring the relationship between Aboriginal population indices and fire in Australia over the last 20,000 years. *Palaeogeography, Palaeoclimatology, Palaeoecology* 432, 49–57.
34. Swetnam, T. W., Farella, J., Roos, C. I., Liebmann, M. J., Falk, D. A., and Allen, C. D. (2016). Multi-scale perspectives of fire, climate and humans in western North America and the Jemez Mountains, USA. *Philosophical Transactions of the Royal Society B* 371, 20150168.
35. Turney, C. S. M., Kershaw, A. P., Moss, P., et al. (2001). Redating the onset of burning at Lynch's Crater (North Queensland): implications for human settlement in Australia. *Journal of Quaternary Science* 16, 767–71.
36. Daniau, A.-L., d'Errico, F., and Sánchez Goñi, M. F. (2010). Testing the hypothesis of fire use for ecosystem management by Neanderthal and Upper Palaeolithic modern human populations.

15. Shahack-Gross, R., Berna, F., Karkanas, P., Lemorini, C., Gopher, A., and Barkai, R. (2014). Evidence for the repeated use of a central hearth at Middle Pleistocene (300 ky ago) Qesem Cave, Israel. *Journal of Archaeological Science* 44, 12–21.

16. Thieme, H. (1998). The oldest spears in the world : Lower Palaeolithic hunting weapons from Schöningen, Germany. In : E. Carbonell, J. M. Bermudez de Castro, J. L. Arsuaga, and X. P. Rodriguez (eds), *The First Europeans : Recent Discoveries and Current Debate*, pp. 169–93. Aldecoa, Burgos ; Stahlschmidt, M. C., Miller, C. E., Ligouis, B., Hambach, U., Goldberg, P., Berna, F., Richter, D., Urban, B., Serangeli, J., and Conard, N. J. (2015). On the evidence for human use and control of fire at Schöningen. *Journal of Human Evolution* 89, 181–201.

17. 以下を参照。Preece, R. C., Gowlett, J., Parfitt, S. A., Bridgland, D. R., and Lewis, S. G. (2006). Humans in the Hoxnian : habitat, context and fire use at Beeches Pit, West Stow, Suffolk, UK. *Journal Of Quaternary Science* 21(5), 485–96.

18. 以下を参照。Gowlett and Wrangham (2013) for recent discussion.

19. Bensten, S. E. (2014). Using pyrotechnology : fire-related features and activities with a focus on the African Middle Stone Age. *Journal of Archaeological Research* 22, 141–75.

20. Karkanas, P., et al. (2007). Evidence for habitual use of fire at the end of the Lower Paleolithic : site-formation processes at Qesem Cave, Israel. *Journal of Human Evolution* 53, 197–212 ; Alperson-Afil, N. and Goren-Inbar, N. (2010). *The Acheulian Site of Gesher Benot Ya'aqov : Ancient Flames and Controlled Use of Fire*. Springer, New York, volume 2 ; Roos, C. I., Bowman, D. M. J. S., Balch, J. K., Artaxo, P., Bond, W. J., Cochrane, M., D'Antonio, C. M., DeFries, R., Mack, M., Johnston, F. H., Krawchuk, M. A., Kull, C. A., Moritz, M. A., Pyne, S., Scott, A. C., and Swetnam, T. M. (2014). Pyrogeography, historical ecology, and the human dimensions of fire regimes. *Journal of Biogeography* 41, 833–6.

21. Sorensen, A., Roebroeks, W., and van Gijn, A. (2014). Fire production in the deep past ? The expedient strike-a-light model. *Journal of Archaeological Science* 42, 476–86, 477.

22. Comment by Chris Stringer on <http://www.bbc.co.uk/news/science-environment -32976352>.

23. Koller, J., Baumer, U., and Mania, D. (2001). High-tech in the Middle Palaeolithic : Neandertal-manufactured pitch identified. *European Journal of Archaeology* 4, 385–97.

24. Jones, M. (2002). *The Molecule Hunt : Archaeology and the Search for Ancient DNA*. Allen Lane, London.

25. Brown, T., Allaby, R., Sallares, R., and Jones, G. (1998). Ancient DNA in charred wheats : taxonomic identification of mixed and single grains. *Ancient Biomolecules* 2, 185–93.

26. Brown, T. A., Cappellini, E., Kistler, L., Lister, D. L., Oliveira, H. R., Wales, N., and Sclumbaum, A. (2015). Recent advances in ancient DNA research and their implications for archaeobotany. *Vegetation History and Archaeobotany* 24, 207–14 ; Fernandez, E., Thaw, S., Brown, T. A., Arroyo-Pardo, E., Buxó, R., Serret, M. D., and Araus, J. L. (2013). DNA analysis in charred grains of naked wheat from several archaeological sites in Spain. *Journal of*

hominin scavenging. *Journal of Human Evolution* 84, 62–70.

2. Gowlett and Wrangham (2013) ; Gowlett, J. (2010). Firing up the social brain. In : R. Dunbar, C. Gamble, and J. Gowlett (eds), *Social Brain and Distributed Mind*, pp. 345–70. Oxford University Press, Oxford, table 17.1, p. 349.
3. Warneken, F. and Rosati, A. G. (2015). Cognitive capacities for cooking in chimpanzees. *Proceedings of the Royal Society of London B* 282, 1809.
4. Wrangham, R. (2009). *Catching Fire : How Cooking Made Us Human*. Basic Books, New York ; Rowlett, R. M. (2000). Fire control by Homo erectus in East Africa and Asia. *Acta Anthropologica Sinica*, Supplement to 19, 198–208 ; Clark, J. D and Harris, J. W. K. (1985). Fire and its roles in early hominid lifeways. *African Archaeological Review* 3, 3–27.
5. Zhong, M., Shi, C., Gao, X., Wu, X., Chen, F., Zhang, S., Zhang, X., and Olsen, J. W. (2014). On the possible use of fire by *Homo erectus* at Zhoukoudian, China. *Chinese Science Bulletin* 59(3), 335–43.
6. Roebroeks, W. and Villa, P. (2011). On the earliest evidence for habitual use of fire in Europe. *Proceedings of the National Academy of Sciences* 108, 5209–14.
7. Bellomo, R. V. (1993). A methodological approach for identifying archaeological evidence of fire resulting from human activities. *Journal of Archaeological Science* 20, 525–55.
8. Dibble, H., Berna, F., Goldberg, P., McPherron, S. J. P., Mentzer, S., Niven, L., et al. (2009). A preliminary report on Pech de l'Azé IV, Layer 8 (Middle Paleolithic, France). *PaleoAnthropology*, 182–219, p. 187.
9. Mentzer, S. M. (2012). Microarchaeological approaches to the identification and interpretation of combustion features in prehistoric archaeological sites. *Journal of Archaeological Method and Theory* 21, 616–68.
10. Berna, F., Goldberg, P., Horwitz, L. K., Brink, J., Holt, S., Bamford, M., and Chazang, M. (2001). Microstratigraphic evidence of in situ fire in the Acheulean strata of Wonderwerk Cave, Northern Cape province, South Africa. *Proceedings of the National Academy of Sciences* 109(20), E1215–E1220.
11. James, S. R. (1989). Hominid use of fire in the Lower and Middle Pleistocene : a review of the evidence. *Current Anthropology* 30, 1–26 ; Sandgathe, D. M., Dibble, H. L., Goldberg, P., McPherron, S. P., Turq, A., Niven, L., and Hodgkins, J. (2011). Timing of the appearance of habitual fire use. *Proceedings of the National Academy of Sciences* 108, E298.
12. Roebroeks and Villa (2011).
13. 以下を参照。Goren-Inbar, N., Alperson, N., Kislev, M. E., Simchoni, O., Melamed, Y., Ben-Nun, A., and Werker, E. (2004). Evidence of hominin control of fire at Gesher Benot Ya'aqov, Israel. *Science* 304, 725–7 ; Alperson-Afil, N. (2008). Continual fire-making by hominins at Gesher Benot Ya'aqov, Israel. *Quaternary Science Reviews* 27, 1733–9.
14. Shimelmitz, R., Kuhn, S. L., Jelinek, A. J., et al. (2014). 'Fire at will' : the emergence of habitual fire use 350,000 years ago. *Journal of Human Evolution* 77, 196–203.

Younger Dryas was the last of three closely related cooling events that took place over the past 16,000 years, following the end of the last ice age, 27,000–24,000 years ago. It is named after a flower that became common in Europe during this time (*Dryas octopetala*), which thrives in cold conditions.
28. Firestone et al. (2007).
29. Kennett, D. J., Kennett, J. P., West, C. J., et al. (2008). Wildfire and abrupt ecosystem disruption on California's Northern Channel Islands at the Allerod-Younger Dryas boundary (13.0–12.9 ka). *Quaternary Science Reviews* 27, 2530–45.
30. Pinter, N., Scott, A. C., Daulton, T. L., Podoll, A., Koeberl, C., Anderson, R. S., and Ishman, S. E. (2011). The Younger Dryas impact hypothesis : a requiem. *Earth Science Reviews* 106, 247–64.
31. Kennett, D. J., Kennett, J. P., West, A., et al. (2009). Nanodiamonds in the Younger Dryas boundary sediment layer. *Science* 323, 94. 以下も参照。Daulton, T. L., Amari, S., Scott, A. C., Hardiman, M., Pinter, N., and Anderson, R. S. (2017). Comprehensive analysis of nanodiamond evidence relating to the Younger Dryas impact hypothesis. *Journal of Quaternary Science* 32, 7–34.
32. Scott, A. C., Pinter, N., Collinson, M. E., Hardiman, M., Anderson, R. S., Brain, A. P. R., Smith, S. Y., Marone, F., and Stampanoni, M. (2010). Fungus, not comet or catastrophe, accounts for carbonaceous spherules in the Younger Dryas 'impact layer'. *Geophysical Research Letters* 37, L14302.
33. Scott et al. (2010). 以下も参照。Scott, A. C., Hardiman, M., Pinter, N. P., Anderson, R. S., Daulton, T. L., Ejarque, A., Finch, P., and Carter-Champion, A. (2017). Interpreting palaeofire evidence from fluvial sediments : a case study from Santa Rosa Island, California with implications for the Younger Dryas impact hypothesis. *Journal of Quaternary Science* 32, 35–47.
34. Daulton, T. L., Pinter, N., and Scott, A. C. (2010). No evidence of nanodiamonds in Younger Dryas sediments to support an impact event. *Proceedings of the National Academy of Sciences* 107, 16043–7. 以下も参照。Daulton et al. (2017).

7章

1. Gowlett, J. (2010). Firing up the social brain. In : R. Dunbar, C. Gamble, and J. Gowlett (eds), *Social Brain and Distributed Mind*, pp. 345–70. The British Academy, London ; Gowlett, J. and Wrangham, R. W. (2013). Earliest fire in Africa : the convergence of archaeological evidence and the cooking hypothesis. *Azania : Archaeological Research in Africa* 48, 5–30 ; Twomey, T. (2013). The cognitive implications of controlled fire use by early humans. *Cambridge Archaeological Journal* 23, 113–28 ; Dunbar, R. I. M. and Gowlett, J. (2014). Fireside chat : the impact of fire on hominin socioecology. In : R. I. M. Dunbar, C. Gamble, and J. Gowlett (eds), *Lucy to Language : The Benchmark Papers*, pp. 277–96. Oxford University Press, Oxford ; Smith, A. R., Carmody, R. N., Dutton, R. J., et al. (2015). The significance of cooking for early

Archean to Present. Geophysical Monographs 32, 419–42.
18. Cerling, T. E., Wang, Y., and Quade, J. (1993). Expansion of C_4 ecosystems as an indicator of global ecological change in the late Miocene. *Nature* 361, 344–5.
19. Urban, M. A., Nelson, D. M., Street-Perrott, F. A., Verschuren, D., and Hu, F. S. (2015). A late-Quaternary perspective on atmospheric pCO_2, climate, and fire as drivers of C_4-grass abundance. *Ecology* 96, 642–53.
20. Bond, W. J., Woodward, F. I., and Midgley, G. F. (2005). The global distribution of ecosystems in a world without fire. *New Phytologist* 165, 525–38 ; Keeley, J. E. and Rundel, P. W. (2005). Fire and the Miocene expansion of C_4 grasslands. *Ecology Letters* 8, 683–90 ; Osborne, C. P. (2008). Atmosphere, ecology and evolution : what drove the Miocene expansion of C_4 grasslands ? *Journal of Ecology* 96, 35–45 ; Beerling, D. J. and Osborne, C. P. (2006). Origin of the savanna biome. *Global Change Biology* 12, 2023–31 ; Staver, A. C., Archibald, S., and Levin, S. A. (2011). The global extent and determinants of savanna and forest as alternative biome states. *Science* 334, 230–2.
21. Thorn, V. C. and DeConto, R. (2006). Antarctic climate at the Eocene/ Oligocene boundary : climate model sensitivity to high latitude vegetation type and comparisons with the palaeobotanical record. *Palaeogeography, Palaeoclimatology, Palaeoecology* 231, 134–57 ; Francis, J. E. and Hill, R. S. (1996). Fossil plants from the Pliocene Sirius Group, transantarctic mountains : evidence for climate from growth rings and fossil leaves. *PALAIOS* 11, 389–96.
22. Hill, D. J., Haywood, A. M., Valdes, P. J., Francis, J. E., Lunt, D. J., Wade, B. S., and Bowman, V. C. (2013). Paleogeographic controls on the onset of the Antarctic circumpolar current. *Geophysical Research Letters* 40, 5199–204 ; Siegert, M. J., Barrett, P., Decont, R., Dunbar, R., Cofaigh, C. O., Passchier, S., and Naish, T. (2008). Recent advances in understanding Antarctic climate evolution. *Antarctic Science* 20, 313–25.
23. <http://www.gpwg.org/gpwgdb.html>.
24. Swetnam, T. W. (1993). Fire history and climate change in giant sequoia groves. *Science* 262, 885–9.
25. Westerling, A. L., Hidalgo, H. G., Cayan, D. R., and Swetnam, T. W. (2006). Warming and earlier spring increase western U. S. forest wildfire activity. *Science*, 313, 940–3.
26. Marlon, J. R., Bartlein, P. J., Walsh, M. K., Harrison, S. P., Brown, K. J., Edwards, M. E., Higuera, P. E., Power, M. J., Anderson, R. S., Briles, C., Brunelle, A., Carcaillet, C., Daniels, M., Hu, F. S., Lavoie, M., Long, C., Minckley, T., Richard, P. J. H., Scott, A. C., Shafer, D. S., Tinner, W., Umbanhowar, C. E., Jr, and Whitlock, C. (2009). Wildfire responses to abrupt climate change in North America. *Proceedings of the National Academy of Sciences* 106, 2519–24.
27. Kerr, R. A. (2007). Mammoth-killer impact gets mixed reception from Earth scientists. *Science* 316, 1264–5 ; Firestone, R. B., West, A., Kennett, J. P., et al. (2007). Evidence for an extraterrestrial impact 12,900 years ago that contributed to the megafaunal extinctions and the Younger Dryas cooling. *Proceedings of the National Academy of Sciences* 104, 16016–21. The

penecontemporaneous macrofloras of southern England: a record of vegetation and fire across the Paleocene-Eocene Thermal Maximum. In: S. L. Wing, P. D. Gingerich, B. Schmitz, and E. Thomas (eds), *Causes and Consequences of Globally Warm Climates in the Early Paleogene.* Geological Society of America, Special Papers 369, 333–49.

6. Steart, D. C., Collinson, M. E., Scott, A. C., Glasspool, I. J., and Hooker, J. J. (2007). The Cobham lignite bed: the palaeobotany of two petrographically contrasting lignites from either side of the Paleocene-Eocene carbon isotope excursion. *Acta Palaeobotanica* 47, 109–25.
7. See Collinson, M. E., Steart, D. C., Scott, A. C., Glasspool, I. J., and Hooker, J. J. (2007). Episodic fire, runoff and deposition at the Palaeocene-Eocene boundary. *Journal of the Geological Society* 164, 87–97.
8. Steart et al. (2007).
9. Bowen, G. J., Beerling, D. J., Koch, P. L., Zachos, J. C., and Quattlebaum, T. A. (2004). Humid climate state during the Palaeocene/Eocene Thermal Maximum. *Nature* 432, 495–9; Schmitz, B. and Pujalte, V. (2007). Abrupt increase in seasonal extreme precipitation at the Paleocene-Eocene boundary. *Geology* 35, 215–18.
10. Collinson, M. E., Steart, D. C., Harrington, G. J., Hooker, J. J., Scott, A. C., Allen, L. O., Glasspool, I. J., and Gibbons, S. J. (2009). Palynological evidence of vegetation dynamics in response to palaeoenvironmental change across the onset of the Paleocene-Eocene Thermal Maximum at Cobham, Southern England. *Grana* 48, 38–66.
11. Collinson et al. (2009).
12. Pancost, R. D., Steart, D. S., Handley, L., Collinson, M. E., Hooker, J. J., Scott, A. C., Grassineau, N. J., and Glasspool, I. J. (2007). Increased terrestrial methane cycling at the Palaeocene-Eocene Thermal Maximum. *Nature* 449, 332–5.
13. Riegel, W., Wilde, V., and Lenz, O. K. (2012). The early Eocene of Schöningen (N-Germany): an interim report. *Austrian Journal of Earth Sciences* 105, 88–109; Robson, B. E., Collinson, M. E., Riegel, W., Wilde, V., Scott, A. C., and Pancost, R. D. (2014). A record of fire through the Early Eocene. *Rendiconti Online della Società Geologica Italiana* 31, 187–8.
14. Inglis, G. N., Collinson, M. E., Riegel, W., Wilde, V., Farnsworth, A., Lunt, D. J., Valdes, P., Robson, B. E., Scott, A. C., Lenz, O. K., Naafs, D. A., and Pancost, R. D. (2017). Mid-latitude continental temperatures through the early Eocene in Western Europe. *Earth and Planetary Science Letters* 460, 86–96.
15. Robson et al. (2014).
16. Holdgate, G. R., Wallace, M. W., Sluiter, I. R. K., Marcuccioa, D., Fromhold, T. A., and Wagstaff, B. E. (2014). Was the Oligocene-Miocene a time of fire and rain? Insights from brown coals of the southeastern Australia Gippsland Basin. *Palaeogeography, Palaeoclimatology, Palaeoecology* 411, 65–78.
17. Herring, J. R. (1985). Charcoal fluxes into sediments of the North Pacific Ocean : the Cenozoic record of burning. In: *The Carbon Cycle and Atmospheric CO_2: Natural Variations*

Fire across the K/T boundary: initial results from the Sugarite Coal, New Mexico, USA. *Palaeogeography, Palaeoclimatology, Palaeoecology* 164, 381–95.

40. Hildebrand et al. (1991).

41. Belcher, C. M., Collinson, M. E., Sweet, A. R., Hildebrand, A. R., and Scott, A. C. (2003). Fireball passes and nothing burns. The role of thermal radiation in the Cretaceous-Tertiary event: evidence from the charcoal record of North America. *Geology* 31, 1061–4.

42. Belcher, C. M., Collinson, M. E., and Scott, A. C. (2005). Constraints on the thermal energy released from the Chicxulub impactor: new evidence from multi-method charcoal analysis. *Journal of the Geological Society* 162, 591–602.

43. Melosh, H. J., Schneider, N. M., Zahnle, K. J., and Latham, D. (1990). Ignition of global wildfires at the Cretaceous/Tertiary boundary. *Nature* 343, 251–4; Belcher, C. M. (2009). Reigniting the Cretaceous-Palaeogene firestorm debate. *Geology* 37, 1147–8.

44. Harvey, M. C., Brassell, S. C., Belcher, C. M., and Montanari, A. (2008). Combustion of fossil organic matter at the K-P boundary. *Geology* 36, 335–58.

45. Belcher, C. M., Finch, P., Collinson, M. E., Scott, A. C., and Grassineau, N. V. (2009). Geochemical evidence for combustion of hydrocarbons during the K-T impact event. *Proceedings of the National Academy of Sciences* 106, 4112–17.

46. 本書の執筆を終えたころ、また新たな全世界的大火災仮説が出てきた。科学者らはこれからもずっと議論し続けることになるだろう。Toon, O. B., Bardeen, C., and Garcia, R. (2016). Designing global climate and atmospheric chemistry simulations for 1 and 10km diameter asteroid impacts using the properties of ejecta from the K-Pg impact. *Atmospheric Chemistry And Physics* 16, 13185–212.

6章

1. Kennett, J. P. and Stott, L. D. (1991). Abrupt deep-sea warming, palaeoceanographic changes and benthic extinctions at the end of the Palaeocene. *Nature* 353, 225–9.

2. Dickens, G. R. (2003). Rethinking the global carbon cycle with a large, dynamic and microbially mediated gas hydrate capacitor. *Earth and Planetary Science Letters* 213, 169–83; Kurtz, A. C., Kump, L. R., Arthur, M. A., Zachos, J. C., and Paytan, A. (2003). Early Cenozoic decoupling of the global carbon and sulfur cycles. *Paleoceanography* 18, article 1090; Sluijs, A., Schouten, S., Pagani, M., Woltering, M., Brinkhuis, H., Damsté, J. S. S., Dickens, G. R., Huber, M., Reichart, G.-J., and Stein, R. (2006). Subtropical Arctic Ocean temperatures during the Palaeocene/Eocene Thermal Maximum. *Nature* 441, 610–13.

3. Finkelstein, D. B., Pratt, L. M., and Brassell, S. C. (2006). Can biomass burning produce a globally significant carbon-isotope excursion in the sedimentary record? *Earth and Planetary Science Letters* 250, 501–10.

4. Kurtz et al. (2003).

5. Collinson, M. E., Hooker, J. J., and Gröcke, D. R. (2003). Cobham lignite bed and

232, 251–93; Friis, E. M., Pedersen, K. R., and Crane, P. R. (2010). Diversity in obscurity: fossil flowers and the early history of angiosperms. *Philosophical Transactions of the Royal Society B* 365, 369–82; Brown, S. A. E., Scott, A. C., Glasspool, I. J., and Collinson, M. E. (2012). Cretaceous wildfires and their impact on the Earth system. *Cretaceous Research* 36, 162–90.

28. Eklund, H. (2003). First Cretaceous flowers from Antarctica. *Review of Palaeobotany and Palynology* 127, 187–217; Eklund, H., Cantrill, D. J., and Francis, J. E. (2004). Late Cretaceous plant mesofossils from Table Nunatak, Antarctica. *Cretaceous Research* 25, 211–28.
29. Bond, W. J. and Scott, A. C. (2010). Fire and the spread of flowering plants in the Cretaceous. *New Phytologist* 118, 1137–50. 私たちのプレスリリースを参照。 <https://www.royalholloway.ac.uk/research/news/newsarticles/firefuelsflowerssuccess.aspx>.
30. Evans, D. C., Eberth, D. A., and Ryan, M. J. (2015). Hadrosaurid (*Edmontosaurus*) bonebeds from the Horseshoe Canyon Formation (Horsethief Member) at Drumheller, Alberta, Canada: geology, preliminary taphonomy, and significance. *Canadian Journal of Earth Sciences* 52, 642–54.
31. Keeley, J. E., Pausas, J. G., Rundel, P. W., Bond, W. J., and Bradstock, R. A. (2011). Fire as an evolutionary pressure shaping plant traits. *Trends in Plant Science* 16, 406–11.
32. He, T., Pausas, J. G., Belcher, C. M., Schwilk, D. W., and Lamont, B. B. (2012). Fire-adapted traits of *Pinus* arose in the fiery Cretaceous. *New Phytologist* 194, 751–9.
33. He, T., Lamont, B. B., and Downes, K. S. (2011). *Banksia* born to burn. *New Phytologist* 191, 184–96 ; Lamont, B. B. and He, T. (2012). Fire adapted Gondwanan Angiosperm floras evolved in the Cretaceous. *BMC Evolutionary Biology* 12, article 223.
34. Carpenter, R. J., Macphail, M. K., Jordan, G. J., and Hill, R. S. (2015). Fossil evidence for open, Proteaceae-dominated heathlands and fire in the Late Cretaceous of Australia. *American Journal of Botany* 102, 1–16.
35. Kump, L. (1988). Terrestrial feedback in atmospheric oxygen regulation by fire and phosphorous. *Nature* 335, 152–4.
36. Alvarez, L. W., Alvarez, W., Asaro, F., and Michal, H. V. (1980). Extraterrestrial cause for the Cretaceous-Tertiary extinction. *Science* 208, 1095–108; Hildebrand, A. R. et al. (1991). Chicxulub crater: a possible Cretaceous-Tertiary boundary impact crater on the Yucatan Peninsula, Mexico. *Geology* 19, 867–71.
37. Wolbach, W. S., Lewis, R. S., and Anders, E. (1985). Cretaceous extinctions: evidence for wildfires and search for meteoritic material. *Science* 230, 167–230; Wolbach, W. S., Gilmour, I., Anders, E., Orth, C. J., and Brooks, R. R. (1988). Global fire at the Cretaceous-Tertiary boundary. *Nature* 334, 665–9; Wolbach, W. S., Gilmour I., and Anders, E. (1990). Major wildfires at the Cretaceous/Tertiary. *Geological Society of America Special Paper* 247, 391–400.
38. Jones, T. P. and Lim, B. (2000). Extraterrestrial impacts and wildfires. *Palaeogeography, Palaeoclimatology, Palaeoecology* 164, 57–66.
39. Scott, A. C., Lomax, B. H., Collinson, M. E., Upchurch, G. R., and Beerling, D. J. (2000).

fossil forests. *Palaeogeography, Palaeoclimatology, Palaeoecology* 48, 285–307.

15. Matthewman, R., Cotton, L. J., Martins, Z., and Sephton, M. A. (2012). Organic geochemistry of late Jurassic paleosols (dirt beds) of Dorset, UK. *Marine and Petroleum Geology* 37, 41–52.

16. Seward, A. C. (1894). The Wealden flora I. Thallophyta-Pteridophyta. *Catalogue of the Mesozoic plants in the Department of Geology, British Museum (Natural History)*, volume 1; Seward, A. C. (1895). The Wealden flora II. Gymnospermae. *Catalogue of the Mesozoic plants in the Department of Geology, British Museum (Natural History)*, volume 2; Seward, A. C. (1913). Contributions to our knowledge of Wealden floras, with especial reference to a collection of plants from Sussex. *Journal of the Geological Society* 69, 85–116; Stopes, M. C. (1915). *Catalogue of the Cretaceous plants in the British Museum (Natural History)*, Part 2; Allen, P. (1976). Wealden of the Weald: a new model. *Proceedings of the Geologists' Association* 86 (for 1975), 389–437; Allen, P. (1981). Pursuit of Wealden models. *Journal of the Geological Society* 138, 375–405.

17. Alvin, K. L. (1974). Leaf anatomy of *Weichselia* based on fusainized material. *Palaeontology* 17, 587–98.

18. Allen (1976).

19. Collinson, M. E., Featherstone, C., Cripps, J. A., Nichols, G. J., and Scott, A. C. (2000). Charcoal-rich plant debris accumulations in the lower Cretaceous of the Isle of Wight, England. *Acta Palaeobotanica* Supplement 2, 93–105.

20. Scott, A. C. and Stea, R. (2002). Fires sweep across the Mid-Cretaceous landscape of Nova Scotia. *Geoscientist* 12(1), 4–6.

21. Falcon-Lang, H. J., Mages, V., and Collinson, M. E. (2016). The oldest *Pinus* and its preservation by fire. *Geology* 44, 303–6.

22. Crane, P. R., Friis, E. M., and Chaloner, W. G. (eds) (2010). Darwin and the evolution of flowers. *Philosophical Transactions of the Royal Society B* 365, 345–543.

23. Stopes, M. C. (1912). Petrifactions of the earliest European angiosperms. *Philosophical Transactions of the Royal Society B* 203, 75–100.

24. Friis, E. M., Crane, P. R., and Pedersen, K. R. (eds) (2011). *Early Flowers and Angiosperm Evolution*. Cambridge University Press, Cambridge.

25. Hughes, N. F., Drewry, G., and Laing, J. F. (1979). Barremian earliest angiosperm pollen. *Palaeontology* 22, 513–36; Hughes, N. F. and McDougall, A. B. (1990). Barremian-Aptian angiospermid pollen records from southern England. *Review of Palaeobotany and Palynology* 65, 145–51.

26. Hickey, L. J. and Doyle, J. A. (1977). Early Cretaceous fossil evidence for angiosperm evolution. *Botanical Review* 43, 2–104.

27. Friis, E. M., Pedersen, K. R., and Crane, P. R. (2006). Cretaceous angiosperm flowers : innovation and evolution in plant reproduction. *Palaeogeography, Palaeoclimatology, Palaeoecology*

2. Berner, R. A., Beerling, D. J., Dudley, R., Robinson, J. M., and Wildman, R. A. (2003). Phanerozoic atmospheric oxygen. *Annual Review of Earth and Planetary Sciences* 31, 105–34.
3. Retallack, G. J., Veevers, J. J., and Morante, R. (1996). Global coal gap between Permian-Triassic extinction and Middle Triassic recovery of peat-forming plants. *Geological Society of America Bulletin* 108, 195–207.
4. Sheldon, N. D. and Retallack, G. J. (2002). Low oxygen levels in earliest Triassic soils. *Geology* 30, 919–22.
5. Uhl, D., Jasper, A., Hamad, A. M. B., and Montenari, M., (2008). Permian and Triassic wildfires and atmospheric oxygen levels. *Proceedings of the 1st WSEAS International Conference on Environmental and Geological Science and Engineering (EG'08)*, Environment and Geoscience Book Series: Energy and Environmental Engineering Series, pp. 179–87; Whiteside, J. H., Lindstrom, S., Irmis, R. B., Glasspool, I. J., Schaller, M. F., Dunlavey, M., Nesbitt, S. J., Smith, N. D., and Turner, A. H. (2015). Extreme ecosystem instability suppressed tropical dinosaur dominance for 30 million years. *Proceedings of the National Academy of Sciences* 112, 7909–13.
6. Harris, T. M. (1957). A Liasso-Rhaetic flora in South Wales. *Proceedings of the Royal Society of London B* 147, 289–308.
7. Havlik, P., Aiglstorfer, M., El Atfy, H., and Uhl, D. (2013). A peculiar bonebed from the Norian Stubensandstein (Löwenstein Formation, Late Triassic) of southern Germany and its palaeoenvironmental interpretation. *Neues Jahrbuch für Geologie und Paläontologie* 269(3), 321–37.
8. Belcher, C. M., Mander, L., Rein, G., Jervis, F. X., Haworth, M., Hesselbo, S. P., Glasspool, I. J., McElwain, J. C. (2010). Increased fire activity at the Triassic/Jurassic boundary in Greenland due to climate-driven floral change. *Nature Geoscience* 3, 426–9.
9. Petersen, H. I. and Lindström, S. (2012). Synchronous wildfire activity rise and mire deforestation at the Triassic-Jurassic boundary. *PLoS ONE 7* (10), e47236.
10. Berner, R. A. (2009). Phanerozoic atmospheric oxygen: new results using the GEOCARBSULF model. *American Journal of Science* 309, 603–6.
11. Cope, M. J. (1993). A preliminary study of charcoalfield plant fossils from the Middle Jurassic Scalby Formation of North Yorkshire. *Special Papers in Palaeontology* 49, 101–11.
12. Jones, T. P. (1997). Fusain in Late Jurassic sediments from the Witch Ground Graben, North Sea, UK. In: G. F. W. Herngreen (ed.), *Proceedings of the 4th European Palaeobotanical and Palynological Conference: Heerlen/Kerkrade,* 19–23 September 1994. Mededelingen Nederlands Instituut voor Toegepaste Geowetenschappen TNO 58, 93–103.
13. Uhl, D., Jasper, A., and Schweigert, G. (2012). Charcoal in the Late Jurassic (Kimmeridgian) of western and central Europe: palaeoclimatic and palaeoenvironmental significance. *Palaeobiodiversity and Palaeoenvironments* 92, 329–41.
14. Francis, J. E. (1983). The dominant conifer of the Jurassic Purbeck Fm, England. *Palaeontology* 26, 277–94 ; Francis, J. E. (1984). The seasonal environment of the Purbeck (Upper Jurassic)

5. Scott, A. C. and Glasspool, I. J. (2006). The diversification of Paleozoic fire systems and fluctuations in atmospheric oxygen concentration. *Proceedings of the National Academy of Sciences* 103, 10861–5.
6. Rimmer, S. M., Hawkins, S. J., Scott, A. C., and Cressler, III, W. L. (2015). The rise of fire : fossil charcoal in late Devonian marine shales as an indicator of expanding terrestrial ecosystems, fire, and atmospheric change. *American Journal of Science* 315, 713–33. このとき、私たちの写真が雑誌の表紙に掲載されたこと、故 Karl Turekian との思い出を論文に献辞できたことは大変うれしかった。Turekian は私が追究していた火の研究をずっと応援してくれていたが、つい先ごろ亡くなった。
7. Falcon-Lang, H. J. (1998). The impact of wildfire on an Early Carboniferous coastal system, North Mayo, Ireland. *Palaeogeography, Palaeoclimatology, Palaeoecology* 139, 121–38.
8. Rolfe, W. D. I., Durant, G. M., Fallick, A. E., Hall, A. J., Large, D. J., Scott, A. C., Smithson, T. R., and Walkden, G. M. (1990). An early terrestrial biota preserved by Visean vulcanicity in Scotland. In : M. G. Lockley and A. Rice (eds), *Volcanism and Fossil Biotas*. Geological Society of America Special Publication 244, 13–24.
9. Smithson, T. R. (1989). The earliest known reptile. *Nature* 342, 676–8 ; Smithson, T. R. and Rolfe, W. D. I. (1990). *Westlothiana* gen. nov. : naming the earliest known reptile. *Scottish Journal of Geology* 26, 137–8 ; Smithson, T. R., Carroll, R. L., Panchen, A. L., and Anderson, S. M. (1994). *Westlothiana lizziae* from the Viséan of East Kirkton, West Lothian, Scotland. *Transactions of the Royal Society of Edinburgh : Earth Sciences* 84, 387–412.
10. Lyell, C. and Dawson, J. W. (1853). On the remains of a reptile (Dendrerpeton acadianum, Wyman and Owen), and of a land shell discovered in the interior of an erect fossil tree in the coal measures of Nova Scotia. *Quarterly Journal of the Geological Society* 9, 58–63.
11. Scott, A. C. (2001). Roasted alive in the Carboniferous. *Geoscientist* 11(3), 4–7.
12. Hudspith, V., Scott, A. C., Collinson, M. E., Pronina, N., and Beeley, T. (2012). Evaluating the extent to which wildfire history can be interpreted from inertinite distribution in coal pillars : an example from the Late Permian, Kuznetsk Basin, Russia. *International Journal of Coal Geology* 89, 13–25.
13. Shao, L., Wang, H., Yu, X., Lu, J., and Mingquan, Z. (2012). Paleo-fires and atmospheric oxygen levels in the latest Permian : evidence from maceral compositions of coals in Eastern Yunnan, Southern China. *Acta Geologica Sinica* (English edition) 86, 949–62.
14. Whiteside, J. H., Lindstrom, S., Irmis, R. B., Glasspool, I. J., Schaller, F., Dunlavey, M., Nesbitt, S. J., Smith, N. D., and Turner, A. H. (2015). Extreme ecosystem instability suppressed tropical dinosaur dominance for 30 million years. *Proceedings of the National Academy of Sciences* 112, 7909–13.

5章

1. Harris, T. M. (1958). Forest fire in the Mesozoic. *Journal of Ecology* 46, 447–53.

8. Berner, R. A., Beerling, D. J., Dudley, R., Robinson, J. M., and Wildman, R. A. (2003). Phanerozoic atmospheric oxygen. *Annual Review of Earth and Planetary Sciences* 31, 105–34.
9. Berner, R. A. and Canfield, D. E. (1989). A new model for atmospheric oxygen over Phanerozoic time. *American Journal of Science* 289, 333–61.
10. Berner, R. A. (2006). A combined model for Phanerozoic atmospheric O_2 and CO_2. *Geochemica et Cosmochimica Acta* 70, 5653–64; Berner, R. A. (2009). Phanerozoic atmospheric oxygen: new results using the GEOCARBSULF model. *American Journal of Science* 309, 603–6.
11. Poulsen, C. J., Tabor, C., and White, J. D. (2015). Long-term climate forcing by atmospheric oxygen concentrations. *Science* 348, 1238–41.
12. Watson, A. J., Lovelock, J. E., and Margulis, L. (1978). Methanogenesis, fires and the regulation of atmospheric oxygen. *Biosystems* 10, 293–8; Watson, A. J. and Lovelock, J. E. (2013). The dependence of flame spread and probability of ignition on atmospheric oxygen. In: C. M. Belcher (ed.), *Fire Phenomena and the Earth System: An Interdisciplinary Guide to Fire Science*, pp. 273–87. John Wiley and Sons, Chichester.
13. Wildman, R. A., Hickey, L. J., Dickinson, M. B., Berner, R. A., Robinson, J. M., Dietrich, M., Essenhigh, R. H., and Wildman, C. B. (2004). Burning of forest materials under Late Paleozoic high atmospheric oxygen levels. *Geology* 32, 457–60.
14. Belcher, C. M. and McElwain, J. C. (2008). Limits for combustion in low O_2 redefine paleoatmospheric predictions for the Mesozoic. *Science* 321, 1197–200.
15. Belcher, C. M., Yearsley, J. M., Hadden, R. M., McElwain, J. C., and Rein, G. (2010). Baseline intrinsic flammability of Earth's ecosystems estimated from paleoatmospheric oxygen over the past 350 million years. *Proceedings of the National Academy of Sciences* 107, 22448–53.
16. Scott, A. C. and Glasspool, I. J. (2006). The diversification of Paleozoic fire systems and fluctuations in atmospheric oxygen concentration. *Proceedings of the National Academy of Sciences* 103, 10861–5.
17. Glasspool, I. J. and Scott, A. C. (2010). Phanerozoic concentrations of atmospheric oxygen reconstructed from sedimentary charcoal. *Nature Geoscience* 3, 627–30.

4章

1. Glasspool, I. J., Edwards, D., and Axe, L. (2004). Charcoal in the Silurian as evidence of the earliest wildfire. *Geology* 32, 381–3.
2. Glasspool, I. J., Edwards, D., and Axe, L. (2006). Charcoal in the Early Devonian : a wildfire-derived Konservat-Lagerstätte. *Review of Palaeobotany and Palynology* 142, 131–6.
3. Hueber, F. M. (2001). Rotted wood-alga-fungus: the history and life of Prototaxites Dawson 1859. *Review of Palaeobotany and Palynology* 116, 123–58.
4. Scott, A. C. (2010). Charcoal recognition, taphonomy and uses in palaeoenvironmental analysis. *Palaeogeography, Palaeoclimatology, Palaeoecology* 291, 11–39.

12. Muir, M. (1970). A new approach to the study of fossil wood. *Proceedings of the Third Annual Scanning Electron Microscope Symposium*, ITT Research Institute, Chicago, IL, pp. 129–35.
13. Scott, A. (1974). The earliest conifer. *Nature* 251, 707–8 ; Scott, A. C. and Chaloner, W. G. (1983). The earliest fossil conifer from the Westphalian B of Yorkshire. *Proceedings of the Royal Society of London B* 220, 163–82.
14. 以下の私の図を参照。Willis, K. J. and McElwain, J. C. (2014). *The Evolution of Plants*, 2nd edition, fig. 3.9, p. 66. Oxford University Press, Oxford.
15. Friis, E.-M. and Skarby, A. (1981). Structurally preserved angiosperm flowers from the Upper Cretaceous of southern Sweden. *Nature* 291, 484–6.
16. Scott, A. C., Cripps, J. A., Nichols, G. J., and Collinson, M. E. (2000). The taphonomy of charcoal following a recent heathland fire and some implications for the interpretation of fossil charcoal deposits. *Palaeogeography, Palaeoclimatology, Palaeoecology* 164, 1–31.
17. Nichols, G. J. and Jones, T. P. (1992). Fusain in Carboniferous shallow marine sediments, Donegal, Ireland : the sedimentological affects of wildfire. *Sedimentology* 39, 487–502.
18. Scott et al. (2000).
19. Scott, A. C., Galtier, J., Gostling, N. J., Smith, S. Y., Collinson, M. E., Stampanoni, M., Marone, F., Donoghue, P. C. J., and Bengtson, S. (2009). Scanning electron microscopy and synchrotron radiation X-ray tomographic microscopy of 330 million year old charcoalified seed fern fertile organs. *Microscopy and Microanalysis* 15, 166–73.

3章

1. Robinson, J. M. (1989). Phanerozoic O_2 variation, fire, and terrestrial ecology. *Palaeogeography, Palaeoclimatology, Palaeoecology* 75, 223–40 ; Robinson, J. M. (1990). Lignin, land plants, and fungi : biological evolution affecting Phanerozoic oxygen balance. *Geology* 15, 607–10 ; Robinson, J. M. (1991). Phanerozoic atmospheric reconstructions : a terrestrial perspective. *Palaeogeography, Palaeoclimatology, Palaeoecology* 97, 51–62.
2. Falcon-Lang, H. J. (2000). Fire ecology of the Carboniferous tropical zone. *Palaeogeography, Palaeoclimatology, Palaeoecology* 164, 355–71.
3. Krings, M., Kerp, H., Taylor, T. N., and Taylor, E. L. (2003). How Paleozoic vines and lianas got off the ground : on scrambling and climbing Carboniferous-Early Permian Pteridosperms. *The Botanical Review* 69, 204–24.
4. Benton, M. J. (2003). *When Life Nearly Died : The Greatest Mass Extinction Event of All Time.* Thames and Hudson, London.
5. Nichols, D. J. and Johnson, K. R. (2008). *Plants and the K-T Boundary*. Cambridge University Press, Cambridge.
6. Billings Gazette (1995). *Yellowstone on Fire*, 2nd edition. Billings Gazette, Billings, MT.
7. Harland, W. B. and Hacker, J. L. (1966). 'Fossil' lightning strikes 250 million years ago. *Advancement of Science* 22, 663–71.

12. 以下の図を参照。(2014), fig. 1.44, p. 46.

13. Holloway, M. (2000). Uncontrolled: the Los Alamos blaze exposes the missing science of forest management. *Scientific American* 283, 16–17.

14. Peluso, B. (2007). *The Charcoal Forest: How Fire Helps Animals and Plants*. Mountain Press Publishing Company, Missoula, MT. See more at <http://www.brucebyersconsulting.com/colorado-fires-andfiremoths/#sthash.qbaxkYbE.dpuf>.

15. Bond, W. J. and Midgley, J. J. (1995). Kill thy neighbour: an individualistic argument for the evolution of flammability. *Oikos* 73, 79–85.

16. 以下を参照。 Pyne, S. J. (2001). *Fire: A Brief History*. University of Washington Press, Seattle, WA; and Roos, C. I., Bowman, D. M. J. S., Balch, J. K., Artaxo, P., Bond, W. J., Cochrane, M., D'Antonio, C. M., DeFries, R., Mack, M., Johnston, F. H., Krawchuk, M. A., Kull, C. A., Moritz, M. A., Pyne, S., Scott, A. C., and Swetnam, T. M. (2014). Pyrogeography, historical ecology, and the human dimensions of fire regimes. *Journal of Biogeography* 41, 833–6.

2章

1. <https://www.thenakedscientists.com/articles/interviews/planetearth-online-friendly-fires>.

2. Hooke, R. (1665). *Micrographia or some physiological descriptions of minute bodies made by magnifying glasses with observations and inquiries thereupon*. Royal Society, London. Observ. XVI. Of Charcoal, or burnt Vegetables.

3. Lyell, C. (1847). On the structure and probable age of the coal-field of the James River, near Richmond, Virginia. *Quarterly Journal of the Geological Society of London* III, 261–88. See discussion in Scott, A. C. (1998). The legacy of Charles Lyell: advances in our knowledge of coal and coal-bearing strata. In: Blundell, D. J. and Scott, A. C. (eds), *Lyell: The Past is the Key to the Present*, 243–60. Geological Society Special Publication 143.

4. Stopes, M. C. (1919). On the four visible ingredients in banded bituminous coal. *Proceedings of the Royal Society Series B* 90, 470–87.

5. <https://www.mariestopes.org.uk/aboutmariestopesuk>.

6. フゼインという語についての議論は以下にある。Scott, A. C. (1989). Observations on the nature and origin of fusain. *International Journal of Coal Geology* 12, 443–75.

7. Harris, T. M. (1958). Forest fire in the Mesozoic. *Journal of Ecology* 46, 447–53.

8. Harris, T. M. (1981). Burnt ferns from the English Wealden. *Proceedings of the Geologists' Association* 92, 47–58.

9. Hooke, R. (1665). Observ XVII. Of Petrify'd wood, and other Petrify'd bodies. For downloadable text see <https://www.gutenberg.org/files/15491/15491-h/15491-h.htm>.

10. 以下の議論を参照。Scott (1998).

11. McGinnes, E. A., Harlow, C. A., and Beale, F. C. (1976). Use of scanning electron microscopy and image processing in wood charcoal studies. *Scanning Electron Microscopy* 7, 543–8.

原 注

1 章

1. Kull, C. A. (2004). *Isle of Fire: The Political Ecology of Landscape Burning in Madagascar.* University of Chicago Press, Chicago, IL.
2. テレビのドキュメンタリーより。イギリスでは 1990 年代後半と 2000 年代前半に多くのドキュメンタリー番組が放映された。ITV の番組「災害の解剖」*Anatomy of Disaster* で 2002 年にカリフォルニアの山火事が取り上げられた。そのフィルムはアメリカの GRB スタジオが 1997 年に制作したものだった。
3. Roy, D. P., Boschetti, L., Smith, A. M. S. (2013). Satellite remote sensing of fires. In : Belcher, C. M. (ed.). *Fire Phenomena and the Earth System: An Interdisciplinary Guide to Fire Science*, 1st edition, pp. 97–124. J. Wiley & Sons, Chichester.
4. <http://www.firelab.org/project/farsite>.
5. この火事とその後については秀逸な説明があり、要約がインターネットで自由に読める。Graham, R. T., Technical Editor (2003). *Hayman Fire Case Study*. Gen. Tech. Rep. RMRSGTR-114. Ogden, UT: US Department of Agriculture, Forest Service, Rocky Mountain Research Station.
6. 火事の種類と広がり方についての詳細な議論は以下を参照。Scott, A. C., Bowman, D. M. J. S., Bond, W. J., Pyne, S. J., and Alexander M. (2014). *Fire on Earth: An Introduction*. John Wiley and Sons, Chichester.
7. <https://en.wikipedia.org/wiki/Rim_Fire>.
8. Moody, J. A. and Martin, D. A. (2009). Forest fire effects on geomorphic processes. In : A. Cerda and P. Robichaud (eds), *Fire Effects on Soils and Restoration Strategies*, 41–79. Science Publishers, Enfield, NH; Moody, J. A. and Martin, D. A. (2001). Initial hydrologic and geomorphic response following a wildfire in the Colorado Front Range. *Earth Surface Processes and Landforms* 26, 1049–70.
9. Meyer, G. A. and Pierce, J. L. (2003). Climatic controls on fire-induced sediment pulses in Yellowstone National Park and central Idaho: a long term perspective. *Forest Ecology and Management* 178, 89–104.
10. <https://en.wikipedia.org/wiki/Yarnell_Hill_Fire>.
11. Johnston, F. H., Henderson, S. B., Chen, Y., Randerson, J. T., Marlier, M., DeFries, R. S., Kinney, P., Bowman, D. M. J. S., and Brauer, M. (2012). Estimated global mortality attributable to smoke from landscape fires. *Environmental Health Perspectives* 120, 695–701.

マセラル　Maceral　石炭の組成成分に関する石炭岩石学の基本用語。マセラルという言葉は、1935年にマリー・ストープスが導入した。ストープスは、浸して柔らかくすることを意味するラテン語のmacerareを元に、鉱物を意味する英語のmineralの語感と合わせて、maceralという言葉を編み出した。マセラルは、有機物質または光学的に同質な有機物質の集合体で、明白な物理的・化学的特性を有し、地球上の堆積岩や変成岩、火成岩の中で自然に生じるものとされた。

木部　Xylem　植物の輸送組織。ほとんどの場合、仮道管（薄く細長い細胞）でできているが、一部の被子植物にはもっと大きな道管でできているものもある。木部は水（および多少の栄養も）を根から枝葉に運ぶのに使われる。木部柔細胞と木部繊維のような他の種類の細胞も存在する。二次木部は木材となる部分で、セルロースでできた細胞壁を、リグニン（芳香環をもつ炭素化合物）が強化するという形になっている。

葉理　Lamination　葉層ともいう。堆積岩の構造において最も薄い、明確に区別できる層。単層（bed）や層準（horizon）よりも小さな単元である。

裸子植物　Gymnosperm　生殖に、むき出しの種子を使う陸生の維管束植物。多くは球果が種子を保護している。典型的な現生種のグループは、針葉樹類とソテツ類。

リグナイト　Lignite　石炭の一種。褐炭ともいう。石炭形成における泥炭のつぎの段階。埋まっているあいだに温度の上昇（および何らかの圧力）を受けて変性し、石炭分類上のリグナイトという等級に達したもの。炭素含有量は60～70％だが、水分を多く含む。変性度合いまたは石炭化作用の度合いを示す石炭等級は、低い順から泥炭、リグナイト（褐炭）、亜瀝青《あれきせい》炭、瀝青《れきせい》炭で、最も高いのが無煙炭である。

リグニン　Lignin　植物の細胞壁を強化するのに重要な物質（通常は木部に最大30％含まれている）。炭素、水素、酸素の芳香環をもつ有機重合体。これらは三つの異なるフェニルプロパン単量体で構成されている。リグニンは植物グループごとに違い、たとえば針葉樹と被子植物では成分構成が異なる。

6か7または8の中性子数と6の陽子数を有する。炭素12と炭素13はどちらも安定炭素同位体だが、炭素14は放射性崩壊する炭素同位体である。

同位体エクスカーション　Isotope excursion　酸素や炭素の同位体の値が、岩石記録全体のデータポイントを垂直に並べたとき、そこから負または正の方向に逸脱することを言う。こうしたエクスカーションが観察された岩石は、その岩石の形成期に地球の大気に大きな乱れがあったことを示している。なお、その乱れは基本的に地球全体に及ぶ。

反射率　Reflectance　入射光に対する反射光の強度の比率。有機物質を顕微鏡で調べるとき、通常はオイルを垂らした研磨岩石標本に光を照射して観察する。その反射光の強度から反射率という数量データが得られる。反射率の測定値から当時の火事の温度を知ることができる。

被子植物　Angiosperm　陸生の維管束植物。生殖に、花と保護器官に覆われた種子を使う。胚珠は子房に包まれていて、受粉すると、心皮から発生した実《み》の内部で種子が育つ。

フゼイン　Fusain　木炭化石のこと。フゼインは、光をさまざまな入射角で当てたとき、高い反射率と鈍い光沢を示す。また、ほぼ純粋な炭素であるため化学的に不活性である。フゼインという言葉は、石炭の基本的な4つの成分（ビトレイン、クラレイン、デュレイン、フゼイン）の一つとしてマリー・ストープスが考案し、定着させたものである。ストープスは、フランス語で木炭を意味していたフゼインを、瀝青《れきせい》炭に含まれる木炭に似た成分を表す語として英語にとり入れた。

ボーゲン構造　Bogen-structure　石炭マセラル・グループの、おもにフジナイトとセミフジナイトを反射顕微鏡で観察したときに見られる構造。元の植物の細胞構造を保ちながら、細胞壁がガラスのように粉砕されている。この粉砕は、植物が埋没後に石炭へと変成する過程で起こる。ボーゲン構造が見られるということは、その植物が埋没前からもろい素材だったこと、たとえば木炭だったことを示している。

ボーン・ベッド　Bone bed　脊椎動物の骨の化石が大量に含まれている単層。

記載岩石学　**Petrography**　岩石学の一分野。岩石の系統的な記載と分類をする（しばしば顕微鏡による観察を頼る）。

暁新世・始新世境界の温暖化極大（PETM）　**Paleocene-Eocene Thermal Maximum (PETM)**　5550万年前ごろ、地球が短期間に急激に温暖化（5℃～8℃ほどの上昇）した時期で、2万年ほど続いた。この出来事は炭素同位体エクスカーションとして岩石に記録されている。

シーケンス　**Sequence**　同じ作用で堆積していった連続的な地層の集まり。

樹冠火　**Crown fire**　樹木の頂上部まで燃え広がる火災。山火事は通常、地表火として始まるが、はしご状の燃料（つる植物など）をつたって樹冠に達することがある。

セルロース　**Cellulose**　植物の細胞壁の主成分。D-グルコース分子が鎖状に連なった、炭素・水素・酸素でできた炭水化物。

走査型電子顕微鏡　**Scanning electron microscope (SEM)**　数千倍から数万倍という高倍率の三次元画像（分解能は1ナノメートル以上）を作成する電子顕微鏡。通常は真空内で、焦点を絞った電子ビームで標本の表面を走査する。表面から放出される二次電子を集めて画像を構築するのが最も一般的な手法。得られる画像は三次元（立体像）となる。画像は白黒だが、人工的に着色されることもある。

層準　**Horizon**　ある特定の時期に形成された、他と明白に区別できる岩石または土の層のことを指す。

地表火　**Surface fire**　林床に存在する枯れた植物と生きている植物の両方を焼く火事。草原や低木林でも発生する。

同位体　**Isotopes**　陽子と電子の数は同じだが中性子の数が異なる元素を互いに同位体と呼ぶ。同位体は、原子番号が同じでも質量数（陽子の数と中性子の数の総数）が異なる。例として、酸素の質量数は16または18。炭素は

用語集

維管束植物　Vascular plant　水と食料を輸送するための維管束（脈管組織）をもつ植物の総称。維管束には、木部（通水細胞）および師部（食料運搬細胞）の両方が含まれる。維管束植物は、高等植物または管束植物とも呼ばれる。現生グループで最も繁栄しているのは、シダ類、ヒカゲノカズラ類、トクサ類、裸子植物、被子植物である。

イナーチナイト　Inertinite　石炭マセラル・グループの一つ。高反射率を特徴とし、元の植物の組織構造を示す。イナーチナイト・グループには、フジナイト、セミフジナイト、イナートデトリナイト、マクリナイト、ミクリナイト、フンギナイト、セクレチナイトが含まれる。イナーチナイトは、低～中級の石炭またはそれに相当するランクのマセラル・グループで、ビトリナイト・グループやリプチナイト・グループのマセラルと比較して高い反射率を示す。

火事後浸食　Post-fire erosion　山火事は消えたあとも周囲に甚大な影響を与える。火事は植物だけでなく、植物と土を結びつけている根系を破壊したり、土の水分浸透能力を弱めたりする。火事のあとに雨が降ると、土はその水を吸収できずに植物の燃えかすといっしょに流され、下流域に運ばれる。流水が土壌を浸食し、V字状の溝ができることもある。こうした現象をまとめて火事後浸食と呼ぶ。

火事レジーム　Fire regime　ある地域で長きにわたって恒常化している火事のパターン。レジームとは「体制」のこと。

気孔　Stomata（単数形 stoma）　植物がガス交換に使う開口部または小孔。通常、葉の表面にある。その開口部から大気が入り、光合成によって二酸化炭素が糖に変えられ、副産物としての酸素が排出される。気孔の開閉は孔辺細胞がおこなう。気孔は植物の水分消失（蒸散）を抑える働きもしている。

【訳者】矢野真千子（やの・まちこ）
翻訳家。訳書にW・ムーア『解剖医ジョン・ハンターの数奇な生涯』、S・ジョンソン『感染地図』、D・チャモヴィッツ『植物はそこまで知っている』、A・コリン『あなたの体は9割が細菌』、K・アーニー『ヒトはなぜ「がん」になるのか』（以上、河出書房新社）、N・ホルト『完治』（岩波書店）、E・ビス『子どもができて考えた、ワクチンと命のこと。』（柏書房）など多数。

【解説者】矢部 淳（やべ・あつし）
国立科学博物館地学研究部生命進化史研究グループ・研究主幹。専門は古植物学。筑波大学大学院地球科学研究科中退、千葉大学大学院自然科学理学研究科にて論文博士（理学）取得。福井県立恐竜博物館研究員を経て2012年より現職。

山火事《やまかじ》と地球《ちきゅう》の進化《しんか》

2022年10月20日　初版印刷
2022年10月30日　初版発行

著　者　アンドルー・C・スコット
訳　者　矢野真千子
解　説　矢部淳
装　幀　岩瀬聡
発行者　小野寺優
発行所　株式会社河出書房新社
〒151-0051　東京都渋谷区千駄ヶ谷2-32-2
電話（03）3404-1201［営業］（03）3404-8611［編集］
https://www.kawade.co.jp/
印　刷　株式会社亨有堂印刷所
製　本　大口製本印刷株式会社
Printed in Japan
ISBN978-4-309-25454-8